普通高等学校省级规划教材
电子商务课改系列教材

网络信息采集与编辑

主　　编　范生万　张　磊
副 主 编　陶迎松　康　彦
编写人员（以姓氏笔画为序）
王良斌　孙　华　张平平
陈　芳　陈清清　张　磊
范生万　陶迎松　康　彦
樊杨梅

中国科学技术大学出版社

内 容 简 介

本书包括网络编辑基础、计算机与互联网应用概述、多媒体基本技术、网页制作与发布、信息发布技术、网络内容编辑、网络专题策划与制作、网络时评等内容。本书的编写既包含了网络编辑职业岗位基本的理论知识与职业能力要求，又体现了职业教育理念。

本书既可作为高等职业院校电子商务专业、新闻出版专业、信息管理专业及相关专业的教学用书，也可作为相关专业人员自学的参考用书或者网络编辑员考证的参考用书。

图书在版编目(CIP)数据

网络信息采集与编辑/范生万，张磊主编. 一合肥：中国科学技术大学出版社，2014.8（2023.7 重印）

安徽省高等学校省级规划教材

ISBN 978-7-312-03480-0

Ⅰ. 网… Ⅱ. ① 范… ② 张… Ⅲ. 计算机网络—情报检索—高等学校—教材 Ⅳ. G354.4

中国版本图书馆 CIP 数据核字(2014)第 107500 号

出版 中国科学技术大学出版社
安徽省合肥市金寨路 96 号，230026
http://press.ustc.edu.cn
https://zgkxjsdxcbs.tmall.com

印刷 安徽国文彩印有限公司

发行 中国科学技术大学出版社

开本 787 mm×1092 mm 1/16

印张 15.75

字数 402 千

版次 2014 年 8 月第 1 版

印次 2023 年 7 月第 8 次印刷

定价 32.00 元

前　言

本书为安徽省省级规划教材，在编写中我们以培养高素质技术技能人才为目标，以适应工学结合的人才培养模式及教学做一体化的要求为准绳，对接《网络编辑员国家职业标准》，系统地阐述了网络信息采集与编辑的基本知识和职业技能要求，以项目导向、任务驱动的编写体例完成编写。

全书分为8个项目，项目1为网络编辑基础，项目2为计算机与互联网应用概述，项目3为多媒体基本技术，项目4为网页制作与发布，项目5为信息发布技术，项目6为网络内容编辑，项目7为网络专题策划与制作，项目8为网络时评。每个项目均由理论知识目标、职业能力目标、引例、知识准备、相关链接、业务操作、项目知识结构图和课后自测等栏目组成，优化了教材类型结构，引入了网络编辑的新知识、新方法，使教材情景化、形象化，突出了重点，强化了衔接，体现了标准，创新了形式。全书的编写既包含了网络编辑职业岗位基本的理论知识和职业能力要求，又体现了职业教育理念。本书既可作为高等职业院校电子商务专业、新闻出版专业、信息管理专业及相关专业的教学用书，也可作为相关专业人员自学的参考用书或者网络编辑员考证的参考用书。

本书由安徽工商职业学院范生万和张磊任主编，负责全书的框架设计，拟定编写大纲，并总纂定稿。项目1、项目2、项目7由安徽工商职业学院陈清清、安徽城市管理职业学院康彦、安徽城市管理职业学院樊杨梅和安徽财贸职业学院王良斌共同编写；项目3由张磊编写；项目4、项目5由万博科技职业学院张平华和安徽城市管理职业学院陈芳共同编写；项目6由安徽工商职业学院陶迎松编写；项目8由安徽工商职业学院范生万和安徽审计职业学院孙华共同编写。

本书在编写过程中参阅了国内外大量的文献资料及网络信息，借鉴和吸收了众多学者的研究成果，引用了网络编辑职业岗位中的相关管理规章与制度，参考文献中难以一一列出，我们在此对原作者一并表示最真挚的谢意！

由于编写时间仓促，水平有限，同时采用了新的体例，书中难免有错漏或者未注明之处，敬请广大读者批评指正，以便及时改进。如读者在使用本书的过程中有其他意见或建议，恳请向编者提出宝贵意见（邮箱：fansw@126. com）。

编者

2014年4月

前言

目　录

项目1

网络编辑基础

理论知识目标

(1) 学生能够了解网络编辑及其发展趋势;
(2) 学生能够理解网络编辑的职业特点及其工作的主要内容;
(3) 学生能够掌握网络媒体的特点和网络编辑的职业守则;
(4) 学生能够掌握现代汉语基本知识;
(5) 学生能够理解单位与数字使用的基本知识与使用场合;
(6) 学生能够了解编辑与校对的基本知识,掌握校对与稿件加工的基本方法;
(7) 学生能够了解网络语言基本知识,理解网络语言与网络编辑的重要关系。

职业能力目标

(1) 学生能够根据网站的媒体元素分析网络媒体的特点;
(2) 学生能够对不同类型的网站进行分析,体验网络编辑工作的特点;
(3) 学生能够对稿件中出现的语法、标点符号、用字错误等进行修改;
(4) 学生能够对稿件中涉及的单位与数字的错误用法进行修改;
(5) 学生能够根据稿件编辑与校对的方法对稿件进行加工、校对操作。

典型工作任务

任务1　查找并更正网络稿件错误
任务2　撰写新闻报道

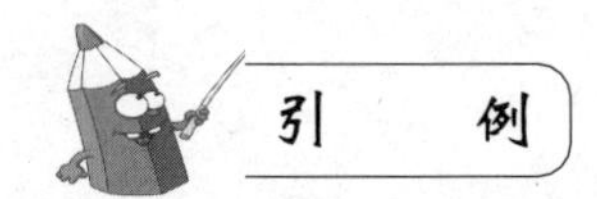

据中国互联网络发展状况统计报告(2013 年 7 月)显示,截至 2013 年 6 月底,我国网民规模达 5.91 亿,较 2012 年年底增加 2656 万人。互联网普及率为 44.1%,较 2012 年年底提升了 2.0 个百分点。

我国域名总数为 1470 万个,其中".cn"域名总数为 781 万,相比 2012 年年底增长了 4.0 个百分点,占中国域名总数比例达到 53.1%;".中国"域名总数达到 27 万。中国网站总数升至 294 万个。

随着互联网的普及,网络编辑这个工作也成为非常受欢迎的一个岗位。网络编辑职位需求将呈上升趋势,网络编辑职业的发展,已日益引起业界和相关领域的密切关注。那么网络编辑应该是一个怎样的职业,作为网络编辑又该掌握怎样的技能?

1.1 认识网络编辑职业

1.1.1 网络编辑概述

1.1.1.1 网络编辑概况

网络编辑是指利用相关专业知识及计算机和网络等现代信息技术,从事互联网网站内容建设的人员。网络编辑通过网络对信息进行收集、分类、编辑、审核,然后通过网络向世界范围的网民进行发布,并且通过网络从网民那里接收反馈信息,产生互动。网络编辑作为互联网时代的新兴职业,2006 年首次被列入国家职业大典。

据估算,中国目前拥有网络编辑人员近 1000 万,预计在未来的 10 年内,网络媒体从业人员从数量上将会远远超过传统媒体。同时,当前网络编辑的学科背景,也有了显著的变化。2000 年以前,有着计算机学科背景的编辑成为各大网站的主力军,但自 2000 年以后,网络媒体竞争逐渐激烈,内容为主的理念被视为网站发展的"圣经",有着社会科学背景的编辑逐渐占据主流,传统媒体的编辑记者进入网络大潮。从 2004 年开始,网络媒体从业人员与传统媒体从业人员进行大轮换,网站人力资源结构也向多元化方向发展,既有新闻、计算机的专业人才,也有涉及中文、法律、财经、历史、外语等专业的人员。当前网络编辑体现出如下特点:

首先,网络编辑涉及的专业领域多,工作的整合性强。即使一个普通的网络编辑,也要时常考虑网站的定位、内容的特色以及技术支持对内容实现的影响等问题,其业务范围经常横跨整个编辑部,专业知识涉及众多领域。

其次,网络媒体的迅速发展使得网络编辑的竞争性进一步增强,网络编辑队伍流动性大大加剧。网站内容的更新要求质量更高,速度更快,内容更加丰富,从而导致了网络编辑工作的高强度与高效率,加剧了网络编辑队伍的高流动性。

再次,网络媒体的便捷性提高了网络编辑工作的效率,使其工作方式更加现代化。网络编辑除了需要具备传统媒体编辑的业务能力外,还需要掌握相关的法律知识和网络编辑的技术手段,信息技术的使用能大大地提高网络编辑的工作效率。

1.1.1.2 网络编辑的职责

概括而言,网络编辑的主要职责有:

(1) 内容编辑

内容编辑包括信息筛选、内容加工和内容原创等内容。

(2) 互动组织

网络编辑人员不仅要为受众参与信息传播提供更好的条件,还要通过各种方式对受众的参与行为进行组织与管理。

(3) 网页实现

网络编辑人员通过网站的信息发布系统,将加工好的稿件发布到互联网上。这要求编辑人员熟悉信息发布系统的使用,具备相关软件和 HTML 语言的知识。

1.1.1.3 网络编辑的职业特点

(1) 非线性编辑

非线性编辑是相对于传统以时间顺序进行线性编辑而言的。非线性编辑借助计算机来进行数字化制作,几乎所有的工作都在计算机上完成,不再需要那么多的外部设备,对素材的调用也是瞬间实现的,不用反反复复在磁带上寻找,打破了单一的时间顺序编辑限制,可以按各种顺序排列,具有快捷简便、随机的特性。

网络信息编辑是以数字化技术为基础的非线性编辑方式,将图像、图形、动画、字幕等进行数字化综合处理,以一种分散的、不连续的离散方式来编辑。非线性编辑的特点要求网络编辑人员具有不同于传统编辑人员的思维方式和工作能力,具有更高层次的整体意识。

(2) 编辑工作的复合性

网络编辑是集信息采集、编辑加工以及制作于一体的职业,需具备丰厚的知识与较强的技能。网络编辑信息整合分为传统媒体信息整合、网络媒体信息整合和网上互动信息整合,在操作过程中,网络信息编辑人员应注意操作的规范性,防止出现差错。网络信息是多媒体的整合,网络编辑应掌握文字、音频、视频等不同媒体信息的剪辑和编辑技能。

(3) 全时化

网络传递信息不受地域、时间、空间的影响,所以在网络上可以第一时间发布新闻,可以随时更新、修改、删除已经发布的新闻,甚至可以在线直播,这种特性造就了网络编辑全时化的特点。

(4) 交互性

作为网络编辑,可以从网络上获取相应的反馈信息,并据此作为改进网络编辑工作的动力,在此期间应充分尊重受众的主体精神和传播权利,自觉维护自由平等交流的网络环境。

(5) 数据库化

网络媒体的信息量巨大,因此每个网站都会有自己的数据库管理系统用于信息的管理、存储。强大的数据库有利于增强网络传播的影响力和吸引力。

1.1.2 网络编辑职业素养

网络编辑不但是新媒体时代的"把关人",更是一位思想者,这就对网络编辑的素质与综合能力提出了很高的要求。网络编辑人员素质的高低,将直接影响网络编辑队伍的整体水平。根据网络编辑的职业特点,网络编辑应该具备以下几种基本素养:

1.2.2.1 较高的政治素养

互联网是一个复杂的"社会",网络信息在其中传播具有不可控性。网络编辑对信息的选择将直接影响网络世界的秩序,这就要求网络编辑在内容选择、传播手段与传播策略上把握好方向。只有具有较高政治素质和政策水平的网络编辑才能应对复杂的网络环境,严守党的宣传纪律,分清是非,坚持正确的舆论导向,传播有价值的新思想、新观点。

1.2.2.2 合格的记者

作为一名网络编辑,在编辑别人的稿件之前,首先自己要能写出漂亮的文章,有一定的新闻敏感性。如果网络编辑自己的写作水平不高,新闻敏感性不强,又怎能对别人的文章"编辑"呢?要知道,很多作者的水平是非常高的。发现不了文章中的问题,那就是编辑失职;文章本身没有问题,被编辑修改之后出了问题,那就闹出笑话了。

1.2.2.3 扎实的编辑业务能力

网络编辑除了应具备传统编辑的基本素质外,还应具备一定的文字能力、信息筛选与加工的能力、新闻采访和写作的技能等。

1.2.2.4 丰厚的知识储备

网络编辑是一个需要具备复合型知识的职业。在信息时代除了应该具备编辑本身的基本知识外,还应该对所负责领域的最新发展和动态有较好的了解与掌握,始终保持对相关领域的关注度。例如:汽车频道的编辑至少应该懂得汽车领域的基本概念,体育频道的编辑就需要懂得相关的体育基本知识。

1.2.2.5 必要的信息技术素养

网络不仅是网络编辑获取信息的渠道,也是受众参与互动的平台,作为网络编辑应该具备网络的基本知识,掌握基本的网页制作技术,具备娴熟的数字化信息处理能力和网络应用能力,为更好地实现网络信息的传播提供支持。

1.1.3 网络编辑的职业道德

1.1.3.1 职业道德的定义

职业道德,就是同人们的职业活动紧密联系的符合职业特点所要求的道德准则、道德情操与道德品质的总和,它既是本职人员在职业活动中的行为标准和要求,同时又是职业对社会所承担的道德责任与义务。职业道德是指人们在职业生活中应遵循的基本道德,即一般社会道德在职业生活中的具体体现。职业道德是职业品德、职业纪律、专业胜任能力及职业责任等的总称,属于自律范围,它通过公约、守则等对职业生活中的某些方面加以规范。职业道德既是本行业人员在职业活动中的行为规范,又是行业对社会所承担的道德责任和义务。

1.1.3.2 网络编辑职业道德的内容

(1) 网络编辑人员应确保传播信息的真实性、可靠性,信息必须符合新闻的真实性原则,不制作、传播虚假消息;

(2) 网络编辑人员应坚决抵制有害信息的传播,树立正确的人生观、价值观;

(3) 网络编辑人员应具有高度的社会责任感,抵制、远离有害信息;

(4) 网络编辑人员应公平、公正,自觉维护自由平等交流的网络环境;

(5) 网络编辑人员应自觉遵守著作权法,保护版权所有人的合法权益。

1.1.4　网络编辑的相关法律法规

网络编辑在工作过程中除了受一套职业道德准则约束外,还要受到相关法律法规的约束。

1.1.4.1 《中华人民共和国著作权法》

(1) 概况

《中华人民共和国著作权法》是我国出版行业最高级别的法律,由全国人民代表大会常务委员会审议通过并颁布实施。《中华人民共和国著作权法》于1990年9月7日由第七届全国人民代表大会常务委员会第十五次会议通过,根据2001年10月27日第九届全国人民代表大会常务委员会第二十四次会议《关于修改〈中华人民共和国著作权法〉的决定》第一次修正,根据2010年2月26日第十一届全国人民代表大会常务委员会第十三次会议《关于修改〈中华人民共和国著作权法〉的决定》第二次修正。

(2)《著作权法》中"作品"的含义

《著作权法》所称的作品,包括以下列形式创作的文学、艺术和自然科学、社会科学、工程技术等作品:

① 文字作品;

② 口述作品;

③ 音乐、戏剧、曲艺、舞蹈、杂技艺术作品;

④ 美术、建筑作品;

⑤ 摄影作品;

⑥ 电影作品和以类似摄制电影的方法创作的作品;

⑦ 工程设计图、产品设计图、地图、示意图等图形作品和模型作品;

⑧ 计算机软件;

⑨ 法律、行政法规规定的其他作品。

(3)《著作权法》中"著作权"的解释

著作权包括下列人身权和财产权:

① 发表权,即决定作品是否公之于众的权利;

② 署名权,即表明作者身份,在作品上署名的权利;

③ 修改权,即修改或者授权他人修改作品的权利;

④ 保护作品完整权,即保护作品不受歪曲、篡改的权利;

⑤ 复制权,即以印刷、复印、拓印、录音、录像、翻录、翻拍等方式将作品制作一份或者多份的权利;

⑥ 发行权,即以出售或者赠与方式向公众提供作品的原件或者复制件的权利;

⑦ 出租权,即有偿许可他人临时使用电影作品和以类似摄制电影的方法创作的作品、计算机软件的权利,计算机软件不是出租的主要标的的除外;

⑧ 展览权,即公开陈列美术作品、摄影作品的原件或者复制件的权利;

⑨ 表演权，即公开表演作品，以及用各种手段公开播送作品的表演的权利；

⑩ 放映权，即通过放映机、幻灯机等技术设备公开再现美术、摄影、电影和以类似摄制电影的方法创作的作品等的权利；

⑪ 广播权，即以无线方式公开广播或者传播作品，以有线传播或者转播的方式向公众传播广播的作品，以及通过扩音器或者其他传送符号、声音、图像的类似工具向公众传播广播的作品的权利；

⑫ 信息网络传播权，即以有线或者无线方式向公众提供作品，使公众可以在其个人选定的时间和地点获得作品的权利；

⑬ 摄制权，即以摄制电影或者以类似摄制电影的方法将作品固定在载体上的权利；

⑭ 改编权，即改变作品，创作出具有独创性的新作品的权利；

⑮ 翻译权，即将作品从一种语言文字转换成另一种语言文字的权利；

⑯ 汇编权，即将作品或者作品的片段通过选择或者编排，汇集成新作品的权利；

⑰ 应当由著作权人享有的其他权利。

(4)《著作权法》关于"权利的限制"的解释

在下列情况下使用作品，可以不经著作权人许可，不向其支付报酬，但应当指明作者姓名、作品名称，并且不得侵犯著作权人依照本法享有的其他权利：

① 为个人学习、研究或者欣赏，使用他人已经发表的作品；

② 为介绍、评论某一作品或者说明某一问题，在作品中适当引用他人已经发表的作品；

③ 为报道时事新闻，在报纸、期刊、广播电台、电视台等媒体中不可避免地再现或者引用已经发表的作品；

④ 报纸、期刊、广播电台、电视台等媒体刊登或者播放其他报纸、期刊、广播电台、电视台等媒体已经发表的关于政治、经济、宗教问题的时事性文章，但作者声明不许刊登、播放的除外；

⑤ 报纸、期刊、广播电台、电视台等媒体刊登或者播放在公众集会上发表的讲话，但作者声明不许刊登、播放的除外；

⑥ 为学校课堂教学或者科学研究，翻译或者少量复制已经发表的作品，供教学或者科研人员使用，但不得出版发行；

⑦ 国家机关为执行公务在合理范围内使用已经发表的作品；

⑧ 图书馆、档案馆、纪念馆、博物馆、美术馆等为陈列或者保存版本的需要，复制本馆收藏的作品；

⑨ 免费表演已经发表的作品，该表演未向公众收取费用，也未向表演者支付报酬；

⑩ 对设置或者陈列在室外公共场所的艺术作品进行临摹、绘画、摄影、录像；

⑪ 将中国公民、法人或者其他组织已经发表的以汉语言文字创作的作品翻译成少数民族语言文字作品在国内出版发行；

⑫ 将已经发表的作品改成盲文出版。

1.1.4.2 互联网管理相关法规

(1)《信息网络传播权保护条例》

《信息网络传播权保护条例》已于 2006 年 7 月 1 日起施行。《信息网络传播权保护条例》制定的目的在于保护著作权人、表演者、录音录像制作者的信息网络传播权，鼓励有益于社会主义精神文明、物质文明建设的作品的创作和传播。

其第六条规定：通过信息网络提供他人作品，属于下列情形的，可以不经著作权人许可，不向其支付报酬：

① 为介绍、评论某一作品或者说明某一问题，在向公众提供的作品中适当引用已经发表的作品；

② 为报道时事新闻，在向公众提供的作品中不可避免地再现或者引用已经发表的作品；

③ 为学校课堂教学或者科学研究，向少数教学、科研人员提供少量已经发表的作品；

④ 国家机关为执行公务，在合理范围内向公众提供已经发表的作品；

⑤ 将中国公民、法人或者其他组织已经发表的、以汉语言文字创作的作品翻译成的少数民族语言文字作品，向中国境内少数民族提供；

⑥ 不以营利为目的，以盲人能够感知的独特方式向盲人提供已经发表的文字作品；

⑦ 向公众提供在信息网络上已经发表的关于政治、经济问题的时事性文章；

⑧ 向公众提供在公众集会上发表的讲话。

其第十九条规定：违反本条例规定，有下列行为之一的，由著作权行政管理部门予以警告，没收违法所得，没收主要用于避开、破坏技术措施的装置或者部件；情节严重的，可以没收主要用于提供网络服务的计算机等设备，并可处以 10 万元以下的罚款；构成犯罪的，依法追究刑事责任：

① 故意制造、进口或者向他人提供主要用于避开、破坏技术措施的装置或者部件，或者故意为他人避开或者破坏技术措施提供技术服务的；

② 通过信息网络提供他人的作品、表演、录音录像制品，获得经济利益的；

③ 为扶助贫困通过信息网络向农村地区提供作品、表演、录音录像制品，未在提供前公告作品、表演、录音录像制品的名称和作者、表演者、录音录像制作者的姓名（名称）以及报酬标准的。

(2)《互联网出版管理暂行规定》

《互联网出版管理暂行规定》已于 2002 年 8 月 1 日起施行。《互联网出版管理暂行规定》制定的目的在于加强对互联网出版活动的管理，保障互联网出版机构的合法权益，促进我国互联网出版事业健康、有序地发展。

其第五条规定所称互联网出版，是指互联网信息服务提供者将自己创作或他人创作的作品经过选择和编辑加工，登载在互联网上或者通过互联网发送到用户端，供公众浏览、阅读、使用或者下载的在线传播行为。其中的作品主要包括：

① 已正式出版的图书、报纸、期刊、音像制品、电子出版物等出版物内容或者在其他媒体上公开发表的作品；

② 经过编辑加工的文学、艺术和自然科学、社会科学、工程技术等方面的作品。

其第十七条规定互联网出版不得载有以下内容：

① 反对宪法确定的基本原则的；

② 危害国家统一、主权和领土完整的；

③ 泄露国家秘密、危害国家安全或者损害国家荣誉和利益的；

④ 煽动民族仇恨、民族歧视，破坏民族团结，或者侵害民族风俗、习惯的；

⑤ 宣扬邪教、迷信的；

⑥ 散布谣言，扰乱社会秩序，破坏社会稳定的；

⑦ 宣扬淫秽、赌博、暴力或者教唆犯罪的;

⑧ 侮辱或者诽谤他人,侵害他人合法权益的;

⑨ 危害社会公德或者民族优秀文化传统的;

⑩ 有法律、行政法规和国家规定禁止的其他内容的。

其第十九条规定互联网出版的内容不真实或不公正,致使公民、法人或者其他组织合法利益受到侵害的,互联网出版机构应当公开更正,消除影响,并依法承担民事责任。

其第二十一条规定互联网出版机构应当实行编辑责任制度,必须有专门的编辑人员对出版内容进行审查,保障互联网出版内容的合法性。互联网出版机构的编辑人员应当接受上岗前的培训。

(3)《互联网电子公告服务管理规定》

《互联网电子公告服务管理规定》是由信息产业部于 2000 年 11 月 7 日发布的,其制定的目的在于加强对互联网电子公告服务(以下简称电子公告服务)的管理,规范电子公告信息发布行为,维护国家安全和社会稳定,保障公民、法人和其他组织的合法权益。其第六条规定开展电子公告服务,除应当符合《互联网信息服务管理办法》规定的条件外,还应当具备下列条件:

① 有确定的电子公告服务类别和栏目;

② 有完善的电子公告服务规则;

③ 有电子公告服务安全保障措施,包括上网用户登记程序、上网用户信息安全管理制度、技术保障设施;

④ 有相应的专业管理人员和技术人员,能够对电子公告服务实施有效管理。

其第十条规定了公告服务提供者应当在电子公告服务系统的显著位置刊载经营许可证编号或者备案编号、电子公告服务规则,并提示上网用户发布信息需要承担的法律责任。

其第十四条规定了公告服务提供者应当记录在电子公告服务系统中发布的信息内容及其发布时间、互联网地址或者域名,记录备份应当保存 60 日,并在国家有关机关依法查询时,予以提供。

1.2 编辑基础知识

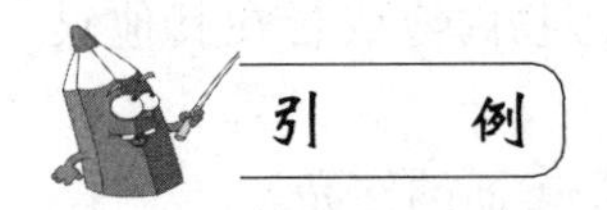

合肥希宇网络科技有限公司"网络编辑"招聘启事

职位:网络编辑		学历:大专	电话:181××××7282
发布日期: 2013 年 6 月 2 日	工作地点: 安徽省合肥市	招聘人数:1	工作年限:应届毕业生

1. 岗位职责

(1) 负责公司网站的各个板块内容的规划和设计；

(2) 负责公司网站内容的编辑及论坛等日常管理；

(3) 负责网站信息内容的更新和维护；

(4) 负责栏目资料和信息的搜集、整理；

(5) 负责网站信息内容的编辑、审校，保证信息内容的健康；

(6) 负责选取、撰写、摘录、转载各类站点相关文章；

(7) 协助主管策划网站和站点、频道页面及专题活动等。

2. 任职要求

(1) 大专及以上学历，新闻、中文、旅游相关专业；

(2) 具有较广的知识面，良好的文字编辑、写作能力；

(3) 熟悉电脑操作，熟悉 Photoshop、Dreamweaver 等软件工具；

(4) 熟悉 HTML 语言使用，掌握网络知识，有网站从业经验或旅游类媒体从业经验者优先；

(5) 积极向上，学习能力好，创新意识强，能够承受工作压力，工作责任心强，富有团队合作精神。

这是2013年6月合肥希宇网络科技有限公司在“58同城”上发布的招聘“网络编辑”一职的启事，从启事中我们可以看到，网络编辑需要有扎实的文字功底、较强的文字表达能力和沟通能力，同时还需要参与频道的策划与采编工作。因此，网络编辑编辑中文稿件是不可或缺的工作。在本章中我们将根据网络编辑的工作要求，对现代汉语知识、单位与数字的使用和文字稿件的编辑与校对的基础知识做简单阐述。

1.2.1　现代汉语基础知识

网络编辑了解汉语的基础知识，掌握汉语的基本使用规范，是进行稿件编辑和加工的前提和基础。

1.2.1.1　汉语用字规范

2000年10月31日，第九届全国人民代表大会常务委员会第十八次会议通过《中华人民共和国国家通用语言文字法》，并于2001年1月1日起正式实施。2001年4月，国家语委立项启动《规范汉字表》，2004年1月和10月，先后成立了《字表》研制领导小组。2005年11月23日，课题组提出关于《字表》的定级定量、繁体字、异体字、类推简化和字形处理等重要学术问题。2013年8月19日，国务院公布《通用规范汉字表》，《通用规范汉字表》是贯彻《中华人民共和国国家通用语言文字法》，适应新形势下社会各领域汉字应用需要的重要汉字规范。制定和实施《通用规范汉字表》，对提升国家通用语言文字的规范化、标准化、信息化水平，促进国家经济社会和文化教育事业发展具有重要意义。公告指出《通用规范汉字表》公布后，社会一般应用领域的汉字使用应以《通用规范汉字表》为准，原有相关字表停止使用。这里的“一般应用领域”包含汉语网络出版物。

(1) 汉字规范标准

规范汉字适用于现代汉语，其规范标准主要有以下几个方面：

① 收录范围与字数

《通用规范汉字表》共收字8105个，分为三级。

一级字表为常用字集，收字 3500 个，主要满足基础教育和文化普及的基本用字需要。

二级字表收字 3000 个，使用度仅次于一级字。一、二级字表合计 6500 字，主要满足出版印刷、辞书编纂和信息处理等方面的一般用字需要。

三级字表收字 1605 个，是姓氏人名、地名、科学技术术语和中小学语文教材文言文用字中未进入一、二级字表的较通用的字，主要满足信息化时代与大众生活密切相关的专门领域的用字需要。

《通用规范汉字表》一、二级字表新收《现代汉语通用字表》以外的 56 字，如“唰”“晳”“吼”等。同时，《现代汉语通用字表》中有 556 字未被收入《通用规范汉字表》，如“犴”“诎”“朊”等。

② 关于异体字

异体字又称又体、或体，《说文解字》中称为重文，是指读音、意义相同，但写法不同的汉字。

《通用规范汉字表》在以往相关规范文件对于异体字的调整基础上，又将《第一批异体字整理表》中的“昇、喆、堃、淼、晳”等 45 个异体字收录其中。

此次制定《通用规范汉字表》尽量将姓氏用字收全，并在已有的人名用字中选择一些适合于起名的汉字进行规范，可以保证个人姓名有效地在社会上流通。

③ 关于类推简化字

类推简化指某个字形简化了，当这个字作为其他字的构件时如果也可以跟着简化，就形成类推简化。例如：“嚴、龍”简化作“严、龙”，“儼、壟”可以类推简化作“俨、垄”；“車”简作“车”，则以“車”为偏旁的“軌、軍、庫、載”可以类推简化为“轨、军、库、载”。

《通用规范汉字表》对于社会上出现在《简化汉字总表》和《现代汉语通用字表》之外的类推简化字进行了严格的甄别，仅收录了符合本表收录原则，且已在社会上广泛使用的“闫”“频”等 226 个字。

④ 关于繁体字、自造字

《通用规范汉字表》不恢复繁体字，拒绝“自造字”，《通用规范汉字表》在坚持简化原则的基础上，广泛征求意见，没有恢复一个繁体字。

近年来，随着中国内地与港澳台地区人员往来和信息交流的推进，简化字与繁体字对应的问题亟待解决。字表研制组组长王宁指出，弄清楚简化字和繁体字的对应关系十分重要。比如，简化字的“干”字对应着几个繁体字，涉及词语包括干净、干预、干部、树干等，针对这种现象，我们专门征求了中国香港、中国澳门和中国台湾地区用字专家的意见，制作了简、繁、易三种对照表。维护汉字的基本稳定是《通用规范汉字表》制定的重要原则。从汉字发展的历史看，简化一直是主要趋势。

近年来网上大热的“囧”字，没有被收录进《通用规范汉字表》。王宁表示，网络用字里反映我国的信息、在国际国内表现的字频等，我们都考虑了。但是现在网络用字十分混乱，类似“囧”字这样的字没有固定意义，不是传承字，并且可以由其他字词来取代，因此我们不赞成将其收录。

⑤ 字形标准

《通用规范汉字》的字形以 1988 年 3 月 25 日由国家语委和新闻出版署联合发布的《现代汉语通用字表》中规定的字形为准，字序遵循 GB13000.1《字符集汉字字序(笔画序)规范》的规定。

(2) 音、形、义相近的字词的区分

现在人们使用的汉语中,有很多字或词的音、形、义相近,但其使用场合却不同。我们在使用的时候应该注意其差异,正确使用。下面列举一些常见的容易混淆的字、词。

① 份、分

份:股份、身份、省份、年份、份额、份子(凑份子)、一式两份、一份、两份……

分:分子、水分、福分、过分、情分、辈分、部分、分量、分外、分内、成分、本分……

② 象、像

象:指自然界、人或物的形态、样子。例如:现象、形象、印象、意象、迹象、假象、表象、景象、天象、气象、星象……

像:指用模仿、比照等方法制成的人或物的形象(包括经光线折射、反射形成的图像)……例如:人像、画像、肖像、遗像、图像、成像、音像、声像、录像、放像、像片、显像……

③ 损害、损坏

损害:减少,降低,损失。使某种事物受到损失、效能降低。

损坏:破坏。使某种事物原有的功能丧失或组织受到破坏。

例如:“放射性物质会对生物造成损坏”,其中的“损坏”应改为“损害”或“伤害”。

④ 工夫、功夫

工夫:时间。

功夫:本领。

例如:“工夫不负有心人”和“走上工作岗位,那就要看你的真工夫如何了”,其中的“工夫”应改为“功夫”。

⑤ 认识、意识

二者都有“人的头脑对客观世界的反映”的含义。但“认识”还有通过思维活动去认识、确定某种事物的含义;“意识”则还有感觉、觉察的含义。前者的层次更进一步。

例如:“人的意识水平越高,处理这种问题的能力就越强。”其中的“意识”应改为“认识”。再如:“通过认真学习和实践,我们更加深刻地意识到‘三个代表’思想的正确和深远意义。”句中的“意识”应改为“认识”。

⑥ 实行、执行

实行:实现某种纲领、政策等。

执行:实施某项具体的任务。

例如:“我国实行计划生育的政策”;“执行任务”“执行命令”。

⑦ 启示、启事

启示:启发,启迪,使人有所领悟。

启事:为了说明、告示某件事情而登在报刊或布告栏内的文字。

例如:“招聘启示”,其中的“启示”应改为“启事”。

⑧ 品味、品位

品味:品尝。

品位:多用于某种事物的品质、素质。

例如:“这个人生活富有情趣,品味很高。”其中的“品味”应为“品位”。

“他品位了人生的酸甜苦辣。”其中的“品位”应为“品味”。

⑨ 以至、以致

以至:到。

以致:致使,由此造成。

例如:“四大火炉之一的重庆,今年夏天的气温高达 37 ℃以致 40 ℃。”其中“以致”应改为“以至”。

“因为开错了阀门,以至把大量有毒的液体排到了河里。”其中的“以至”应改为“以致”。

⑩ 制订、制定

制订:订立、拟订,一般用于方案、合同、文书等。“订”字还有商订、订正、修正的含义。

制定:定立、定出,一般用于法律、规程、章程等。

例如:“经过广泛征求意见和反复讨论,制定了‘汉语拼音方案’。”其中的“制定”应改为“制订”。

⑪ 逐渐、逐步

逐渐:多用于表示自然的、缓慢的变化。

逐步:多用于表示人为的、有步骤的变化。

例如:“这个经验要在各个单位逐渐推广。”其中“逐渐”应改为“逐步”。

“鸦片战争后,中国逐步沦为半封建半殖民地的社会。”其中的“逐步”应改为“逐渐”。

⑫ 记录、纪录

记录:一般的文字记录、记载。

纪录:在一定时期或范围内记录下来的最高成绩或者某些值得记录下来的事件。

例如:“他一举打破了保持了十年的百米短跑世界记录。”其中的“记录”应改为“纪录”。

“这是一部反映改革开放的记录片。”其中的“记录”应改为“纪录”。

⑬ 发愤、发奋

发愤:痛下决心。重在表达感情强烈。

发奋:振作起来。重在动作、行动。

例如:“挫折和失败使他更加发愤努力。”其中的“发愤”改为“发奋”更为合适。

⑭ 一齐、一起

一齐:同时,偏重于时间上的一致。

一起:一块,偏重于空间上的一致。

例如:“升旗的时候,孩子们一起立正敬礼。”其中的“一起”应改为“一齐”。

“校长把学生们叫到了一齐。”其中的“一齐”应改为“一起”。

⑮ 精炼、精练

精炼:用于修辞手法或表示文字简明扼要。

精练:表示久经训练而精强。

例如:“武警部队是一支精炼的队伍。”其中的“精炼”应改用“精练”。

⑯ 片断、片段

片断:整体中零碎的不完整的部分。

片段:整体中相对完整的一段。

例如:“影片只是记录了他人生中的一个片段、一个方面,还不能概括他整个的人生。”其中的“片段”用“片断”更好。

⑰ 作、做

“作”“做”二字在很多地方是可以通用的，但二者还是有区别的，有相当多的地方是不能混用的。根据现代汉语使用的习惯和约定俗成，本人体会二者最主要的区别是：

“作”字包含有人为的主动的思维活动的过程，含有创制、创作、制造、作为的含义。

“做”字就是单纯的操作、制作、干、从事。

例如：“做作”一词，其中任何一个字都不能用另一个字所代替；“作文”不能写成“做文”；“做工作”不能写成“作工做”；“文学作品”不能写成“文学做品”；“创作”不能写为“创做”；“有所作为”不能写成“有所做为”。

再如：“这种作法，违背了作学问的诚信原则。”句中的两个“作”字应改为“做”。

又如：“要在竞争中取胜，就要作到‘人无我有，人有我优’。”句中的“作”字应改为“做”。二者不能混用的例子还有很多，不一一列举。

⑱ 或、和；必须、必需

“或”“和”二字照理不应该用错，但也有用错的例子。

例如：“这说明我国加快信息化或科技创新的极端重要性。”其中的“或”字应改为“和”字。

“必须”和“必需”的词义有明显的区别，照理也不该用错，然而书稿中也有用错的例子。

例如：“现代企业的很多工作都必需依靠这种‘团队精神’才能完成。”其中的“必需”应改为“必须”。

⑲ 的(de)、地(de)和得(de)

三者均为结构助词，读音相同，但其具体用法不同。

(a)“的”的用法

用在定语之后，例如：我的笔、幸福的时光。

用在名词、动词、形容词之后，例如：中国的、吃的、红的。

用在句末，例如：这是不行的、什么时候来的。

用在句子的动词和宾语之间，例如：他写的字、在国外念的大学。

(b)“地”的用法

状语的标记，一般用在谓语(动词、形容词)前面。“地”前面的词语一般用来形容“地”后面的动作，说明“地”后面的动作怎么样。结构方式一般为：形容词(副词)＋地＋动词(形容词)，例如：她愉快(形容词)地接受(动词，谓语)了这件礼物。

(c)“得”的用法

补语的标记，一般用在谓语后面。“得”后面的词语一般用来补充说明“得”前面的动作怎么样，结构形式一般为：动词(形容词)＋得＋副词。

用在动词或形容词的后面连接表程度和结果的补语，例如：讲得很清楚、做得好。

用在某些动词后面表可能，例如：听得清楚、提得动。

容易混淆的词还有很多，应注意掌握它们各自的用法。例如：

报复—抱负，爆发—暴发，变换—变幻，篡改—窜改，处世—处事，法制—法治，反应—反映，抚养—扶养，沟通—勾通，贯注—灌注，检查—检察，截至—截止，界限—界线，刻画—刻划，权利—权力，熔化—溶化，委屈—委曲，需要—须要，品味—品位，意气—义气，施行—实行。

1.2.1.2 常见语法错误

现代汉语中有很多基本语法规则，违背这些规则就会导致语法问题。在实践中，常见的语法错误主要有以下几类。

(1) 词类误用

词类误用主要是由于没有掌握词的词性和用法造成的，也有的是因为不了解词义造成的。主要有：名词、动词、形容词的误用；数词、量词的误用；代词的误用；副词的误用；介词的误用；连词的误用和助词的误用等。

【例1】 王老师已年过花甲，他还常年坚持为学生讲座。

"讲座"是名词，应改为动词"讲课"，或者在名词"讲座"前加一个动词"做"。

【例2】 听众对他的精彩演讲报以了热烈的掌声。

"以"是介词，后面不能有助词"了"。

【例3】 毕业之际，我面临工作和专升本的两种选择。前者自然会对减轻家庭负担非常裨益。

名词"裨益"误用为动词，可改为"……非常有益"。

【例4】 你如果替我做完了所有的文章，你都署第一作者，我排第两就行。

这是数词"二"与"两"的误用，应该是"我排第二就行"。

(2) 指代不明

指代不明的第一种情况是，前词语在文中没有出现或没有交代清楚，而使用代词。

所谓前词语是指代词所代的词语。句子里要用到除第一、第二人称代词(如"你、你们、我、我们、咱们")以外的代词时，必须先出现前词语。如果前词语在文中没有出现，或没说清楚，而运用了代词，便会造成指代不明的毛病。

【例1】 同学之间，特别是班级干部之间有了意见，应开诚布公地交流，否则，这将不利于团结，不利于工作。

此例中的"这"指代没着落，是多余的，应删去。用相同的代词指代不同的对象也是指代不明的一种表现。

【例2】 我刚把书发给大家，就你一言我一语地议论开了。

此例中的"我"指代不明。第一个"我"是实指，第二个"我"是虚指，同时使用就会产生混乱。

如果可以被视为前词语的词不止一个，而代词只有一个，也会造成指代不明。

(3) 搭配不当

搭配不当主要有：主语和谓语搭配不当；述语和宾语搭配不当；定语、状语、补语与中心语搭配不当；主语和宾语搭配不当等。

【例1】 虽然家境贫寒，父母多病，但是学习千万不能荒废。

这是主谓搭配不当的用法。后一分句中主语"学习"与谓语动词"荒废"不能搭配，可改为"……学业千万不能荒废"。

【例2】 中国队在比赛中充分发挥了自身的水平和风格，但也暴露了一些问题和不足。

这是述语和宾语搭配不当的用法。句中"发挥"与"风格"不能搭配，"风格"一般只能与"发扬"搭配。本句的错误在于联合短语做中心语时，其中含有不能与定语搭配的词，可改为"……发挥了自身的水平……"。

【例3】 近年来,中国高等职业教育的改革和发展却是历史上从未有过的阶段。

这是主语和宾语搭配不当的用法。句中"改革和发展"与"阶段"搭配不当,可将"却是"改为"却经历了"。

(4) 成分残缺

句子里应有的成分缺少了,就是残缺。主要有:主语、谓语、宾语残缺;定语、状语残缺。

【例1】 从中国人民认识到再也不能错过历史机遇之日起,就开始了新的长征。

句中误将主语"中国人民"放到了介词短语"从……起"之中,可将主语"中国人民"放在介词"从"之前。全句改为:中国人民从认识到再也不能错过历史机遇之日起,就开始了新的长征。

【例2】 一个人的见解代表他自己,你认为好的教材或许在别人眼里未必就好。

这是状语残缺。句中动词"代表"之前状语残缺,与后一分句的表义不协调,可加上"只能"做状语。

(5) 成分冗余

句子中出现多余的成分,便是成分冗余。

【例1】 因为版面有限,我们不得不对你的来稿略加删改一些。

"略加删改"含有"删改一些"的意思,因而"一些"是多余的,应删去。

【例2】 由于没有招聘到符合条件的员工,那家公司的招聘进行降低标准了。

句中谓语中动词"进行"是多余的,应去掉。

(6) 句式杂糅

句式杂糅是把两句话糅到一句话里,该结束的地方不结束,前后交叉错叠,句子结构混乱,形成病句。

【例1】 作为一个网络编辑,一方面要掌握新闻知识,一方面要掌握相关计算机知识也是非常重要的。

此例可以改为:"一方面要掌握新闻知识,另一方面,掌握相关计算机知识也是非常重要的。"当前后该用同一种句式而杂用不同句式时,也会带来语法问题。

【例2】 雷锋同志有善于挤和善于钻的"钉子"精神作为我们学习的榜样。

句中前一句话是"雷锋同志有善于挤和善于钻的'钉子'精神",后一句话是"善于挤和善于钻的'钉子'精神是我们学习的好榜样",可改为:

雷锋同志善于挤和善于钻的"钉子"精神是我们学习的榜样。

或者改为:

雷锋同志有善于挤和善于钻的"钉子"精神,这是我们学习的榜样。

(7) 语序错位

语序错位主要是指句中定语、状语或其他成分的顺序错误。主要表现为:定语和中心语位置颠倒、定语误做状语、状语误做定语、多层定语语序不当和多层状语语序不当。

【例1】 这次展览中有几千年前新出土的珍贵文物。

"几千年前"的位置不当,应将其移到"珍贵文物"之前。

【例2】 他向我招了招手转身走了,但父亲的背影永远留在了我心中。

这个例句中"他"和"父亲"易被误认为是两个人,原因是代词与前词语的位置颠倒了。应把前词语"父亲"与代词"他"交换一下位置。

【例3】 在学代会上,我们向学院提出了关于学生社团改革的明确意见。

该句中形容词"明确"应该做状语修饰"提出",而不是做定语修饰"意见",因此,应把"明确"放在"提出"之前。

1.2.1.3 逻辑顺序错误

逻辑顺序错误主要有因果牵强、自相矛盾、并列不当等。

【例1】 他是多少个死难者中幸免的一个。

既然"幸免",就不是死难者,说法显然自相矛盾。

【例2】 都是党的政策好,今年的庄稼才长得格外好。

党的政策与庄稼长得好之间并无必然的因果关系。

【例3】 这种电子产品已经出口到美国、韩国、亚洲等地。

韩国属于亚洲,二者并列是不恰当的。这类问题属于形式逻辑问题。

以上是常见的一些汉语语法问题,但在实际应用中出现的语法毛病可能更复杂,我们应该将各种因素加以综合考虑,做到不犯或少犯上述类似的错误。

1.2.1.4 常见修辞错误

(1) 重复

这里的"重复"是指那些不必要的重复出现的词语。

【例1】 在无数的不可计算的市区的村镇中,最使我因怀念而想起的,是我的出生地——故乡。

这是唐弢先生在《文章修养》一书中举的典型的例子,例中"无数"与"不可计数","怀念"和"想起","出生地"和"故乡"在意义上都是重复的。

【例2】 肖芸1949年9月出生于湖南湘潭县刘家桥乡一个书香门第之家……

书香门第,即上辈有读书人的家庭。门第,指家族的登记,也包括家庭的意思,所以后面无须再加"之家"两字。

(2) 赘余

文章里多余的,没有表现力的词,不是重复也非堆砌,是"可有可无"的累赘。

【例1】 星期天的时候,本来应该好好休息一下,我却到图书馆里坐了十二个钟头。

"的时候"属于可有可无的累赘,去掉对意思毫无损失。

【例2】 有关部门要加强监督和管理,以减少不必要的粮食浪费。

"不必要"滥用已经成为流行语病。"不必要"作为修饰语,是相对于"必要"而言。只有某事物存在必要一面才用得上"不必要"。"浪费粮食"本身就是负面的,不存在任何"必要",所以在这里"不必要"的使用就是赘余。

(3) 过度省略

文章不应重复啰嗦,但也不是越简越好。说话不周全,过度省略,就会造成表述不清,意思含混,严重的会使人产生误解。

【例1】 朱自清去世后,编《杂文遗集》,收入《朱自清集·三》。

朱自清已去世,如何编书。编书的是别人而非朱自清本人。过分省略,引发误解。

【例2】 2003年8月13日,某晨报娱乐新闻头版标题:李林夫妇首度联袂。

读者都不清楚李林夫妇是谁,只有主编清楚这是李宗盛、林忆莲夫妇姓名的简省。

(4) 比喻不当

比喻是积极的修辞手法,能使文章格外生动。一般来说,比喻要用的恰当、贴切,即本体和喻体有相似处，否则就会适得其反。

【例 1】 时机已经成熟，我们的心，再也不能像煮熟的米饭那样散了。

用“米饭”来比喻人心涣散很不恰当，因为米饭一般是不散的，而是黏的。而且煮熟的米饭绝不比大米更“散”。

【例 2】 分裂与统一不能共存，犹如鱼和熊掌，不可得兼。

习惯上“鱼”与“熊掌”是指相容并列的关系，二者都能得到更好，得不到则“两利取其重”；而分裂和统一是不相容的矛盾概念，这样做比喻不伦不类。

(5) 夸张失实

夸张要以客观实际为基础，不能漫无边际，否则给人浮夸，不真实的感觉。

【例 1】 为了四个现代化，谁也不愿歇一歇。汗水如喷泉，在我心中喷泻。

“汗水如喷泉”已经远离真实，“在心中喷泻”更无法理解。

【例 2】 在山下那雪白的电视机房里，传出震响万里高原的机器轰鸣声。

这是王宗仁小说《夜明星》中的原句，极写机器响声之大，但是客观效果不佳，一个电视机房的机器声，竟然发出“震响万里高原”的噪音。后来作者改为“从山下那片雪山的电视机房里传出机器轰鸣声”。

(6) 滥用长句

长句容量大，表达精确、细致、周密。但是，长句容易出现语病，而且容易让人读后面忘前面。因此在不影响表达的情况下，尽量设法把长句转化为短句。

【例 1】 由中国质量万里行促进会组织的、紧密结合当前市场经济热点和市场消费环境，围绕打击假冒、信用建设、质量兴国、名牌战略等社会热点、焦点问题，以“诚信·科技·质量·名牌”为主题，聚集各个领域专家学者进行互动交流的“中国 3.15 论坛”，将于 3 月 9 日在京拉开序幕。

在这个一百多字的长句中，包含了 4 个动词结构定语，每个定语中包含动宾结构、介宾结构、并列结构、偏正结构或连动结构等各种语法结构短语，内容庞杂，信息繁复，不利于读者理解。

【例 2】 早在三十年代，这位老太太就以烧得一手让人垂涎的红焖肉而闻名于她丈夫任教的山东齐鲁大学医学院教授圈内。

可改为：“早在三十年代，这位老太太的丈夫在山东齐鲁大学医学院任教时，在教授圈内，她就以烧得一手让人垂涎的红焖肉而闻名。”

1.2.1.5 标点符号的使用

标点符号是汉语写作规范中必不可少的，但是，很多人对标点符号的用法却认识得不够清楚或不够全面。在文章中，误用或滥用标点符号的情况常常出现。作为网络编辑，改正标点符号错误也是一项基本的工作内容。

1995 年 12 月 13 日，国家技术监督局发布了我国标准标点符号用法，并于 1996 年 6 月 1 日施行。

(1) 基本规则

标点符号是辅助文字记录语言的符号，是书面语的有机组成部分，用来表示停顿、语气，以及词语的性质和作用。

常用的标点符号有 16 种，分为点号和标号两大类。

点号的作用在于点断，主要表示说话时的停顿和语气。点号又分为句末点号和句内点号。句末点号用在句末，有句号、问号、叹号 3 种，表示句末的停顿，同时表示句子的语气。句内点号用在句内，有逗号、顿号、分号、冒号 4 种，表示句内的各种不同性质的停顿。

标号的作用在于标明，主要标明语句的性质和作用。常用的标号有 9 种，即引号、括号、破折号、省略号、着重号、连接号、间隔号、书名号和专名号。

根据标点符号的用法标准，不同的标点符号应该处于不同的位置。

① 句号、问号、叹号、逗号、顿号、分号和冒号一般占一个字的位置，居左偏下，不出现在一行之首。

② 括号、引号、书名号的前半边可以标在一行的开头，但不能标在一行的末尾，后半边可以标在一行的末尾，但不能标在一行的开头。如果句子的最后一个字恰好在一行的末尾，引号、括号和书名号的后半边必须紧跟句子，标在最后一个字的旁边，不能标到下一行的开头。括号和引号经常和其他的标点符号连用，书写时，它们的前半边和后半边可以和其他的标点符号合占一个字格。

③ 破折号和省略号都占两个字的位置，中间不能断开。连接号和间隔号一般占一个字的位置。这四种符号上下居中。

④ 着重号、专名号和浪线式书名号标在字的下边，可以随字移行。

(2) 点号的正确用法

① 句号

句号的形式为“。”。句号还有一种形式，即一个小圆点“.”，但一般只用在科技文献中，且全文应统一，不能混用。其主要用法如下：

(a) 陈述句末尾的停顿，用句号。

【例 1】 北京是 2008 年奥运会主办城市。

【例 2】 虚心使人进步，骄傲使人落后。

(b) 语气舒缓的祈使句末尾，也用句号。

【例】 请您再等会儿。

② 问号

问号的形式为“?”。其主要用法如下：

(a) 疑问句末尾的停顿，用问号。

【例 1】 你去过故宫吗?

【例 2】 他的笔名是什么?

(b) 反问句的末尾，也用问号。

【例 1】 难道不是你的错吗?

【例 2】 你怎么能这么不讲理呢?

③ 叹号

“叹号”又叫“感叹号”，形式为“!”。其主要用法如下。

(a) 感叹句末尾的停顿，用叹号。

【例】 为祖国的繁荣昌盛而努力奋斗!

(b) 语气强烈的祈使句末尾，也用叹号。

【例 1】 你马上给我出来!

【例 2】 停止答题!

(c) 语气强烈的反问句末尾，也用叹号。

【例】 我哪里能和他比呀！

(3) 标号的正确用法

① 逗号

逗号的形式为“，”。其主要用法如下：

(a) 句子内部主语与谓语之间如需停顿，用逗号。

【例】 我们看得见的星星，绝大多数是恒星。

(b) 句子内部动词与宾语之间如需停顿，用逗号。

【例】 我们应该知道，作为一个网络编辑需要掌握很多学科的知识。

(c) 句子内部状语后边如需停顿，用逗号。

【例】 对于这个结果，早在他的预料之中。

(d) 复句内各分句之间的停顿，除了有时要用分号外，都要用逗号。

【例】 这道数学题有多种解法，可是多数同学只能想到一种解题方法。

② 顿号

顿号的形式为“、”。其主要用法如下：

句子内部并列词语之间的停顿，用顿号。

【例】 指南针、火药、活字印刷术和造纸术是中国的四大古发明。

③ 分号

分号的形式为“；”。其主要用法如下。

(a) 非并列关系（如转折关系、因果关系、选择关系、承接关系、递进关系、假设关系等）的多重复句，第一层的前后两部分之间，也用分号。

【例】 我国年满十八周岁的公民，不分民族、种族、性别、职业、家庭出身、宗教信仰、教育程度、财产状况、居住年限，都有选举权和被选举权；但是依照法律被剥夺政治权力的人除外。

(b) 复句内部并列分句之间的停顿，用分号。

【例】 Word，可以用来进行文字处理；Excel，可以用来进行表格处理。

(c) 分行列举的各项之间，也可以用分号。

【例】 词大致可分三类：① 小令；② 中调；③ 长调。

④ 引号

引号表示文中引用的部分。引号的形式为双引号（“”）和单引号（‘’）。其主要用法如下：

(a) 需要着重论述的对象，用引号。

【例】 古人对写文章的基本要求叫做“有物有序”。“有物”就是要有内容，“有序”就是要有条理。

(b) 行文中直接引用的话，用引号标示。

【例】 爱因斯坦说：“想象力比知识更重要，因为知识是有限的，而想象力概括着世界上的一切，推动着进步，并且是知识进化的源泉。”

(c) 具有特殊含义的词语，也用引号标示。

【例】 这种人过分“聪明”了，以至于把自己都送进了监狱。

(d) 引号里面还要用引号时，外面一层用双引号，里面一层用单引号。

【例】 举手站起来问：“老师，‘学习实践科学发展观’的基本内涵是什么？”

⑤ 冒号

冒号的形式为“:”。其主要用法如下。

(a) 用在“说、想、是、证明、宣布、指出、透露、例如、如下”等词语后边,表示提起下文。

【例】 老师告诉我们说:“你们一定要好好努力,争取在全国技能大赛中取得好成绩。”

(b) 用在称呼语后边,表示提起下文。

【例】 同志们,朋友们:

晚会现在正式开始。

(c) 用在总说性话语的后边,表示引起下文的分说。

【例】 中国的四大名著包括:《三国演义》《水浒传》《西游记》《红楼梦》。

(d) 用在需要解释的词语后边,表示引出解释或说明。

【例】 省技能大赛日程安排

日　　期:2009 年 4 月 11 日至 12 日

地　　点:合肥

主办单位:省教育厅、省职教学会等

⑥ 括号

括号常用的形式是圆括号“()”,此外还有方括号“[]”、六角括号“〔〕”和方头括号“【】”。

行文中注释性的文字,用括号标明。注释句子里某种词语的,括注紧贴在被注释词语之后;注释整个句子的,括注放在句末标点之后。

【例】 施耐庵(1296—1371)名子安(一说名耳),又名肇瑞,彦端,号耐庵。籍贯:兴化白驹场人(今属江苏)。

⑦ 省略号

省略号的形式为“……”,6 个小圆点,占两个字的位置。在标示诗行、段落的省略时,可以使用 12 个小圆点来表示。其主要用法如下:

(a) 引文的省略,用省略号。

【例】 她轻轻地哼起了《摇篮曲》:“小宝贝快快睡,梦中会有我相随,……”。

(b) 说话断断续续,可以用省略号标示。

【例】 “我……对不起……大家,我……说……谎了”。

(c) 列举的省略,用省略号标明。

【例】 在广州的花市上,牡丹、吊钟、水仙、梅花、菊花、山茶、墨兰……春秋冬三季的鲜花都挤到一起啦!

使用省略号时应注意以下问题:

省略号后语境不明的不能用省略号。

用了“等”“等等”就不能再用省略号。

要正确处理省略号前后的点号问题:一是省略号前是个完整的句子的,省略号前应使用句末标点,表示省略的是句子;二是省略号前不是完整句子的,省略号前一般不用点号,表示省略的是词语、短语;三是省略号后一般不用标点。

如果省略的是一大段或几段文字,用 12 个圆点来表示,单独成行,不顶格。

⑧ 破折号

破折号的形式为“——”,占两个字的位置。——是表示话题或语气的转变,声音的延续等的符号。其主要用法如下：

(a) 话题突然转变，用破折号标明。

【例】 “怎么突然下雨了！——你不是出差了吗?”张三对刚刚进门的李四说。

(b) 声音延长，象声词后用破折号。

【例】 “滴滴——”汽车启动了。

(c) 事项列举分承，各项之前用破折号。

(d) 行文中解释说明的语句，用破折号标明。

【例】 迈进金黄色的大门，穿过宽阔的风门厅和衣帽厅，就到了大会堂建筑的枢纽部分——中央大厅。

⑨ 连接号

连接号的形式有短横线“-”一字线“—”(占一个字的位置)和浪纹“～”(占一个字的位置)三种。其主要用法如下：

两个相关的名词构成一个意义单位，中间用连接号；相关的时间、地点或数目之间用连接号表示起止；相关的字母、阿拉伯数字等之间用连接号，表示产品型号；几个相关的项目表示递进式发展，中间用连接号。

⑩ 着重号

着重号的形式为“.”。在要求读者特别注意的字、词、句中用着重号标明。

【例】 事业是干出来的，不是吹出来的。

⑪ 间隔号

间隔号的形式为“·”。其主要用法如下：

(a) 外国人和某些少数民族人名内各部分的分界，用间隔号标示。

【例】 卡尔·亨利希·马克思

(b) 书名与篇(章、卷)名之间的分界，用间隔号标示。

【例】《中国大百科全书·地质学》

⑫ 书名号

书名号的形式为双书名号“《》”和单书名号“〈〉”。其主要用法如下。

(a) 书名、篇号、报纸名、刊物名等，用书名号标志。

【例1】《西游记》的作者是吴承恩。

【例2】 他手里拿着一本《网络编辑》。

(b) 书名号里边还要用书名号时，外面一层用双书名号，里边一层用单书名号。

【例】《〈中国工人〉发刊词》发表于1940年2月7日。

(4) 标点符号使用中的注意事项

不同的标点符号在直行文稿与横行文稿中有着不同的位置或形式。

① 标点符号在横行文稿中的注意事项

(a) 句号、逗号、顿号、问号、叹号、冒号和分号一般占一个字的位置，不出现在一行之首，居左偏下。

(b) 引号、括号、书名号的前一半不出现在一行之末，后一半不出现在一行之首。

(c) 破折号和省略号占两个字的位置，中间不能断开，上下居中。

(d) 连接号和间隔号占一个字的位置，上下居中。

② 标点符号在直行文稿中的注意事项

(a) 句号、逗号、顿号、问号、叹号、冒号和分号放在字下偏右。

(b) 破折号、省略号、连接号和间隔号放在字下居中。

(c) 双引号为"『』",单引号为"「」"。

1.2.2 单位与数字使用基本知识

单位和数字在各类稿件中都会经常出现,其表达方式多种多样,了解和掌握正确的使用规范是网络编辑的必修课之一。

1.2.2.1 单位及其名称、符号的使用规则

在各种稿件中,经常会使用到各种计量单位,计量单位的使用主要应注意单位、单位名称、单位符号的规范问题,下面从这 3 个方面来进行介绍:

(1) 国家法定计量单位

国家法定计量单位是政府以命令的形式明确规定要在全国采用的计量单位制度。现行的我国法定单位是以国际单位(SI)为基础,加上我国选定的一些非 SI 的单位构成的。

① 我国法定单位的组成部分

(a) SI 基本单位(7 个),它们是 SI 单位的基础,如表 1.1 所示。

(b) 具有专门名称的 SI 导出单位和 SI 辅助单位(21 个)。

(c) 我国选定的非 SI 单位(16 个),如表 1.2 所示。

在国际标准中升的符号为 l、L;科技界倾向于用 L,我国和美国等国的国标中都推荐采用 L。公顷的法定符号为 hm^2,而不是国际标准推荐的 ha。

(d) 由以上单位构成的组合单位。

(e) 由 SI 词头(20 个)与以上单位构成的倍数单位。

物理量有基本量与导出量,因此单位也必然有基本单位和导出单位。导出单位是用基本单位以代数形式表示的单位。这种单位符号中的乘和除采用数学符号。详情可参见有关国家标准。

表 1.1 SI 基本单位

量的名称	单位名称	单位符号	量的名称	单位名称	单位符号
长度	米	m	质量	千克(公斤)	kg
时间	秒	s	电流	安[培]	A
热力学温度	开[尔文]	K	物质的量	摩[尔]	mol
发光强度	坎[德拉]	cd			

表 1.2 我国选定的作为法定单位的非 SI 的单位

量的名称	单位名称	单位符号	换算关系和说明
时间	分	min	1 min=60 s
	[小]时	h	1 h=60 min=3600 s
	H(天)	d	1 d=24 h=86400 s

续表

量的名称	单位名称	单位符号	换算关系和说明
[平面]角	[角]秒	$''$	$1''=(\pi/648000)$ rad
	[角]分	$'$	$1'=60''=(\pi/10800)$ rad
	度	°	$1°=60'=(\pi/180)$ rad
旋转速度	转/每分	r/min	1 r/min=(1/60) s^{-1}
长度	海里	n mile	1 n mile=1852 m(只用于航程)
质量	吨	t	1 t=10^3 kg
	原子质量单位	u	1 u≈1.660540×10^{-27} kg
体积	升	L	1 L=1 dm^3=10^{-3} m^3
能	电子伏	eV	1 eV≈1.602177×10^{-19} J
级差	分贝	dB	
线密度	特[克斯]	tex	1 tex=10^{-6} kg/m=1 g/km
面积	公顷	hm^2	1 hm^2=10000 m^2

② 应停止使用的非法定单位举例

(a) 应停止使用所有市制单位。

所有市制单位从1992年1月1日起都已停止使用。现在仍在使用的应该纠正、停止。

1990年12月28日，在由农业部、国家土地管理局和国家技术监督局联名发布的文件(该文件经国务院批准)中公布，从1992年1月1日起实施关于土地面积的法定计量单位规定，如表1.3所示。考虑到我国的实际情况，对于以农民为主要读者的普通书刊，土地面积单位用公顷时，可以括注亩。例如："1公顷(15亩)"。

表1.3　土地面积法定单位及其大致使用场合

名　　称	中文符号	国际符号	换算关系	大致使用场合
平方千米	千米^2	km^2	1 km^2=10^6 m^2	国家版图、地区疆域面积
公顷		hm^2	1 hm^2=10^4 m^2=15 市亩	耕地、林地、草地面积
平方米	米^2	m^2		建筑面积、宅基地面积

(b) 应停止使用除公里、公顷以外的"公"字头单位。

公尺(米)、公分(厘米)、公亩(百平方米)、公斤(升)、公方(立方米)、公吨(吨)等都应废弃。但是考虑到国内长期形成的使用习惯，"公里"也可以作为"千米"的同义语和俗称使用。

(c) 应停止使用的英制单位。

英制单位是必须废弃的单位。当必须用到某些英制单位时，一是应把名称写对，例如，英寸、英尺、英里等不应写成吋、呎、哩；二是要利用脚注等方式注明与法定单位的换算关系。

(d) 应停止使用的其他非法定单位。

例如，微米、标准大气压、毫米汞柱、卡、度(电能)等，详情可参见相关国家标准。

常见废弃单位及换算因数如表1.4所示。

表 1.4　常见废弃单位及换算因数

量的名称	符　号	换算因数
微	μ	1 μ=1 μm
千克力	kgf	1 kgf=9.806 N
吨力	tf	1 tf=9.806 kN
标准大气压	atm	1 atm=101.325 kPa
托	Torr	1 Torr=133.322 Pa
毫米汞柱	mmHg	1 mmHg=133.322 Pa
大卡	kcal	1 kcal=4.2 kJ
体积克分子浓度	M	1 M=1 mol/L
化学位移	ppm	改用 δ

(2) 单位名称的使用规则及常见错误

① 法定计量单位的名称

(a) 单位的中文名称分全称和简称两种。例如:电压单位全称为“伏特”,简称为“伏”。

(b) 组合单位的中文名称与其符号表示的顺序要一致。符号中除号的对应名称为“每”,无论分母中有几个单位,“每”字都只能出现一次。例如:某电机的转速可表示为 800 r/min,正确的单位名称是 800 转每分,而不能读成每分 800 转。乘号没有对应名称。

(c) 乘方形式的单位名称,其顺序应是指数名称在前,单位名称在后。相应的指数名称由数字加“次方”构成,但长度的 2 次和 3 次幂在表示面积和体积时,可用“平方”和“立方”做指数名称,例如:$10^5\ m^2$。

(d) 书写单位名称时,不加任何表示乘或除的符号。

(e) 单位名称和符号必须统一使用,不能分开。例如:温度单位的摄氏度不能写成“摄氏 37 度”,而应写成“37 摄氏度”。

② 单位名称与符号的使用规则

单位名称,一般只用于叙述性的文字中;单位符号则在公式、数据表和产品品牌等需要简单明了表示的地方使用,也可用于叙述性文字中。

不过,这里需要注意以下事项:

(a) 单位的简称在不会导致混淆的场合下可等效于其全称使用,可以用于叙述性文字中。

(b) 国际符号可使用于任何场合,但不能借做文字使用。

(c) 在使用符号时,应优先使用国际符号。

(d) 中文符号一般在初中、小学课文和普通书刊中使用。

③ 网络编辑中使用单位名称时常见的错误

(a) 词头和单位的大小写混乱。

计量单位符号用大写,但米(m)、克(g)用小写,书写时数字与单位之间必须空半字距离,例如:10 m、10 kg、10 A、220 V、50 MHz、10 kW,不能写成:10 M、10 KG、10 a、220 v、50 mHz、10 Kw。

(b) 中英文混用。

例如:传输速率应为:Gb/s或吉比特/秒或Mb/s,不能为:Gb/秒或Mb/秒。

(c) 不能独立使用词头。

不使用单位而独立使用词头是错误的。在文稿中常见的独立使用的词头有 μ,k 和M。

【例】 电容 C=10 μ,应为 C=10 μF;电阻 R=10 k,应为 R=10 kΩ;频率 f=50 M,应为 f=50 MHz

(d) 不得重叠使用词头。

在文稿中常见的mμm,mμs,μμm,μμF和kMW等,都是错误的,应分别改为nm,ns,pm,pF和GW。在纯叙述性文字中,常见的"毫微秒级""微微米级"一类说法,也是不允许的,应分别改用"纳秒级"(或ns级)、"皮米级"(或pm级)。

需要指出的是,由于历史的原因,质量的SI单位名称"千克"中,已经包含词头"千",所以质量的十进倍数或分数单位应由词头加在"克"(g)之前构成,如微克(μg)不得写做纳千克(nkg)。

以上是单位及其名称和符号的常见用法,具体的使用规则可参见《中华人民共和国法定计量单位使用方法》和相关规则。

1.2.2.2　数字的规范使用

在网络稿件的撰写中,我们经常会用到阿拉伯数字和中文数字,在虚拟的网络世界中我们同样需要遵循国家出版物数字用法的规定。

(1) 阿拉伯数字与汉字数字使用的一般原则

国家语言文字工作委员会、国家出版局、国家标准局、国家计量局等单位为使出版物在涉及数字(如表示时间、长度、重量、面积、容积和其他量值)时使用汉字和阿拉伯数字体例统一,特联合制定了关于出版物数字用法的规定。规定中明确指出:凡是可以使用阿拉伯数字而且又很得体的场合,均应使用阿拉伯数字。遇到特殊情况,可以灵活变通,但力求相对统一。重排古籍,出版文学书刊等,仍依照传统体例。

(2) 阿拉伯数字的适用场合

① 公历的世纪、年代、年、月、日和时刻等的用法

常见用法:20世纪,80年代,20世纪80年代,公元前100年,公元前6世纪,2009年4月20日22时30分。

引文著录、行文注释、表格、索引、年表等,年、月、日的标记格式可表示为另一形式。年、月、日间用半字线,月、日是一位数时,在前面上加"0"。例如:2001年4月20日可写作2001-04-20,仍读做2001年4月20日。

时、分、秒的表示格式也可表示为另一形式。例如:9点30分50秒可写作9:30:50,其中以":"作为分隔号。

② 物理量值

物理量即科学技术领域里使用的表示长度、质量、时间、电流、热力学温度、物质的量和发光强度的量,等等。使用的单位是法定计量单位。

物理量值必须使用阿拉伯数字,并正确使用法定计量单位。

常见物理量值如:10 km(千米),5 KB(千字节),1000 W(瓦),1 kW(千瓦),220 V(伏特),10 A(安培),5 Ω(欧姆),1000 g(克),1 kg(千克),5 m^2(平方米),32 ℃(摄氏度)等。

③ 一般情况下的非物理量应使用阿拉伯数字

【例】 如各国货币的表示：5 角，10 万元，70 美元，80 日元等。

【例】 如年龄大小的表示：18 岁，3 个月，2 周等。

其他的一些表示方法：1000 份，10 万册，20 名等。

④ 统计表中数值的用法

如正、负整数，小数，分数，百分比，比例等。例如：55，－70，0.8，1/3，80％，1∶100。

⑤ 多位整数与小数应使用阿拉伯数字

用阿拉伯数字书写的多位整数和小数要分节，有两种情况：

专业性科技出版物的分节法：从小数点起分别向左向右每 3 位数字一组，组间空四分之一个汉字(二分之一个阿拉伯数字)的位置。例如：1 234 567，3.141 592，6 666 666.666 666 6。

非专业性科技出版物因排版留四分之一空有困难，可仍采用传统的千分撇“，”，小数部分不分节，例如：6，666，666 和 3.114159。四位整数也可以不分节，例如：8705。

⑥ 数值巨大的精确数字中阿拉伯数字的用法

数值巨大的精确数字为了便于定位读数或移行，作为特例可以同时使用“亿、万”单位。

例如：根据相关数据显示，至 2007 年末，我国总人口数为 13 亿 2129 万零 10 人。

⑦ 非科技出版物中的数值用“万”“亿”与阿拉伯数字配合使用

在非科技性出版物中的数值一般可以用“万”“亿”做单位，与阿拉伯数字配合使用。

例如：123000000 可写成 12300 万或 1.23 亿，但一般不能写成 1 亿 2 千 3 百万。

⑧ 在部队番号、文件编号、证件号码等中阿拉伯数字的用法

部队番号、文件编号、证件号码和其他序号均用阿拉伯数字。

例如：12345 部队，国家标准 GB/T 1234—1995，教秘字〔2006〕16 号文件，Z73/14 次特快，93 号汽油等。

⑨ 引文标注中版次、卷次、页码等中阿拉伯数字的用法

引文标注中版次、卷次、页码，除古籍与所据版本一致外，一般均使用阿拉伯数字。

⑩ 竖排文字中阿拉伯数字的用法

竖排文章的竖排文字中涉及的数字应使用阿拉伯数字。此时，阿拉伯数字、外文字母应用横排，即按顺时针方向转 90°。如图 1.1 所示。

根据《全国年节及纪念日放假办法》及国务院办公厅通知，2009 年【五一】放假调休具体安排：5 月 1 日至 3 日放假，共 3 天。其中，5 月 1 日为法定节假日，5 月 2 日，5 月 3 日为公休日，5 月 4 日上班。

图 1.1 竖排文字中的阿拉伯数字用法

⑪ 用“左右”“上下”“多”“余”“约”等表示约数时阿拉伯数字的用法

用“左右”“上下”“多”“余”“约”等表示的约数，如果一组具有统计和比较意义的数字，其中既有精确数字，也有用“多”“余”等表示的约数，为保持局部体例上的一致，其约数也可以使用阿拉伯数字。例如：有 325 人出席了会议，一共进行了 6 次小组会议，讨论了 30 多个问题，约 200 人进行了重点发言。

⑫ 使用阿拉伯数字中需要注意的问题

(a) 年份一般不应简写。例如：1980 年不应写做“八〇年”或“80 年”。书稿中应避免出现“今年”“明年”等字样。

(b) 阿拉伯数字书写的数值在表示数值范围时使用浪纹式连接号“～”，例如：120～150 千克，－1～4 ℃。

(c) 用阿拉伯数字书写的一个数值应避免断开移行。一旦断开,数值便难以准确、快速地识读。如果一行的末尾没有足够的空间放下一个数值,最好把它放到下一行的开头,特别大的数值,可以用"亿""万"等做单位。

(d) 阿拉伯数字字体一般使用正体二分字身,即占半个汉字位置。

(e) 纯小数必须写出小数点前定位的"0",小数点是齐底线的黑圆点"."。例如:"0.28"不能写成".28"。

(3) 汉字数字的适用场合

① 定型的词、词组、成语、惯用语、缩略语和具有修辞色彩在词语中作为语素的数字,必须用汉字数字。例如:应是"八国联军",而不是"8国联军";"两万五千里长征"不能写作"25000里长征"。

② 中国干支纪年和夏历月日,以及清代以前的历史纪年,多民族的非公历纪年,例如:丙寅年十月十五日,八月十五,正月初一,嘉庆八年。

③ 含有月日简称表示事件、节日和其他意义的词组,例如:五一国际劳动节,七七事变,国家"十一五"规划。

④ 整数一至十,如果不是出现在具有统计意义的一组数字中,可以用汉字,但要保持上下文体例的一致性,例如:一个人,三本书,四种产品,六条意见,五个百分点。

⑤ 相邻的两个数字并列连用表示概数必须用汉字。连用的两个数字之间不能用顿号"、"隔开,例如:七八米高,两三岁,五六十种。

⑥ 用带有"几"的数表示约数,必须使用汉字,例如:几千年的历史,十几个小时之后,几十万分之一。

⑦ 用"左右""上下""多""余""约""之间"等表示的约数一般用汉字,例如:招收了约三千名学生,发表论文二十余篇,在三十至五十之间。

⑧ 汉字数字使用中需要注意的问题。

(a) 涉及一月、十一月、十二月,应用间隔号"·"将表示月和日的数字隔开并外加引号避免歧义,例如:"一·二八"事变(1月28日),"一二·九"运动(12月9日)。

(b) 在汉字数字中是否使用引号,视事件的知名度而定,例如:八一建军节,五一国际劳动节,"十五"规划,五卅运动。

(c) 星期几中不能使用阿拉伯数字,例如:"星期三"不能写成"星期3"。

1.2.3　稿件编辑与校对基本知识

扎实的编辑业务能力是网络编辑应具备的主要能力之一。网络编辑是对传统编辑工作的继承,主要工作包括对稿件的编辑与校对等。

1.2.3.1　稿件编辑基本知识

无论是哪种类型的稿件,其编辑过程一般可分为稿件的审读与稿件加工两个环节。

(1) 稿件的审读

以下是上海市《报刊审读稿件录用办法》的摘录:

上海市《报刊审读稿件录用办法》中规定的审读内容可以概括为"三审":一是审导向。看报刊是否坚持党的基本路线,是否坚持为人民服务、为社会主义服务的方针,是否坚持正面宣传为主的原则和党的新闻宣传纪律,是否遵守各项法规。二是审秩序。看报刊社是否坚持办报办刊宗旨,报名、主管主办单位、开版、刊期、文种、期数、版序、出版日期、定价、地址、印刷版位、文章署名是否标志规范。三是审质量。标题、内容、编排、图片、校对、印刷、广告和整体版面等,是否存在重大质量问题。特别注意报刊登载的内容是否存在以下问题:否定马列主义、毛泽东思想、邓小平理论和“三个代表”重要思想指导地位的;违背党的方针、路线、政策的;泄露国家机密,危害国家安全,损害国家利益的;违反民族、宗教政策,危害民族团结,影响社会稳定的;宣扬凶杀、暴力、色情、迷信和伪科学的;传播谣言,编发假新闻的;违反出版管理法规和规定的。当前,应特别把学术理论、时事政治、文化生活、文学艺术、文摘类报刊(或文章)作为重点进行审读。

从这里我们不难看出,对稿件的审查既要对思想政治性方面进行审查,还要对稿件的自身价值、文字质量和规范性进行审查。

① 思想政治上的审查

思想政治上的审查主要是看文章或新闻是否坚持党的路线方针政策,是否遵守各项法律法规。特别注意文章的内容是否存在以下问题:否定马列主义、毛泽东思想、邓小平理论和“三个代表”重要思想指导地位的;违背党的方针、路线、政策的;泄露国家机密,危害国家安全,损害国家利益的;违反民族、宗教政策,危害民族团结,影响社会稳定的;宣扬凶杀、暴力、色情、迷信和伪科学的;传播谣言,编发假新闻的;违反出版管理法规和规定的。当前,应特别把学术理论、时事政治、文化生活、文学艺术、文摘类报刊(或文章)作为重点进行审读。

② 稿件自身价值的审查

稿件自身价值的审查主要是指判断稿件是否具备发表的基本条件,稿件是否能满足读者的需要。如果是新闻稿,可以从时新性、重要性、显著性、趣味性等方面判断其自身的价值,即新闻价值。

时新性:指事实在时间上新近发生的,在内容上是人们所知的新鲜事。

重要性:由新闻所报道的事件、现象对社会所产生的影响所决定的。

显著性:指的是新闻事实的知名度,这一知名度与新闻中所涉及的人物、地点、事件、时间等因素所具有的知名度相关。

趣味性:指新闻事实中所具有的调动人们共同兴趣的能力。趣味性主要可以有两层含义:第一层指新闻信息轻松、有意思,能调节人的情绪;第二层指新闻可以引发人们的情感。

③ 稿件文字质量的审查

稿件文字质量的审查是稿件审读的另一个重要任务,主要是发现稿件中存在的各方面的问题或错误,并采取相应措施改正错误。在稿件中常见以下问题或错误类型:

(a) 文字类差错。文字差错是稿件中最常见的错误之一,主要表现为四类,即错别字、多字、漏字、错位,尤以错别字为最常见。

(b) 语法、逻辑类差错。

(c) 标点符号类差错。

(d) 数字及量和单位类差错。

(e) 内容差错。内容差错主要是指观点性差错、知识性差错、事实性差错、表达性差错、法律性差错和引用性差错等。

④ 稿件规范性的审查

稿件规范性的审查主要是指来稿的标题、导语、主体要素、背景等是否符合稿件的规范性要求。在新闻稿件中要求标题要引人注目,导语要不绕弯、切题快,主体要素“5W”、“五有”要全。“5W”即何人(Who)、何事(What)、何时(When)、何地(Where)、何故(Why)。“五有”即有观点、有情况、有分析、有措施、有结果。语言要简练准确。

通常，对于稿件审查的方法主要包括：通读、比较、分析和综合等。通过这些方法来完成审稿任务：① 判断稿件是否具备发表的基本条件；② 稿件是否能满足读者的需要；③ 在思想政治上有无重大问题；④ 是否符合科学性、知识性、艺术性的要求等。

（2）稿件的加工

稿件的加工是对已采用的稿件做修改和规范化处理的活动。通常，作者的来稿只是一个半成品或原材料，距离刊出还有差距，只有经过编辑的加工整理后才能成为产品刊载登出。

在稿件加工整理方面，网络编辑和传统媒体编辑具有相似的工作。主要包括以下几个方面的工作：

① 对稿件中的差错做修改加工

发现政治性差错是稿件加工的首要任务，网络是无国界的，传播速度快，如果网络编辑忽视了政治性差错的修改，将会给国家带来相当严重的危害。其次是思想性、知识性、科学性和文字、语法、逻辑、标点符号等的差错修改加工。

② 对稿件做规范性修改

网络编辑需要在国家规定的统一规范要求的指导下，按照自己所属网站的规范要求，对同一稿件中的人名、地名、科学数据、体例等做规范性统一。

③ 对稿件做润色修饰

润色修饰主要是对稿件的内容进行合理性的增补和修饰。增补主要是补充原稿件中没有的内容，以便读者能够更好地理解稿件中的内容。修饰主要是对稿件中的主题、结构、文字等进行润饰，从而提高稿件的可读性。

④ 其他加工工作

稿件加工的其他工作主要有推敲标题、校对中英文引文、查对资料等。

作为网络编辑要想很好地完成稿件加工工作，一般可以采用以下几种稿件加工方法：

（a）标题加工的方法

标题加工是网络编辑工作的一项重要内容。网络标题和传统媒体的标题有着很大的区别。网络标题一般是独立出现的，具有超链接性，这就要求网络上的新闻标题必须包括新闻内容的基本要素，而且要准确明断。为了达到这个目的，更容易让人接受，网络编辑可以对稿件的标题进行重新加工或者重新拟定。

（b）对稿件内容和结构进行调整的方法

根据网站栏目的需要，网络编辑需要对篇幅较长、不符合网站栏目需要的文章进行内容的删减，对结构做相应的调整，并给重要稿件加上内容提要或评论等。

（c）对素材进行重新组织的方法

在备选的稿件中，有的素材有独特之处，很适合网站栏目的需要，但是稿件本身有逻辑混乱、语言啰唆、观点不明等问题，进行简单的加工很难获得满意的效果，这时网络编辑可以考虑以原稿为素材，确定一个新的角度重新组织材料。

由于网络媒体具有多媒体的特点，网络编辑的对象就不仅包含文本，也可以包含图像、动画、声音和视频等。所以网络编辑不仅需要对文本内容进行加工，同时也需要对其他的媒体元素进行加工、修改。

1.2.3.2 稿件校对基本知识

校对是指依照原稿及设计要求在校样上检查、标注排版差错，以保证精神产品质量的工作。校对是保证稿件质量的重要环节，是对编辑工作的继续和补充。校对人员必须高度负责，认真细致，树立严谨周密，一丝不苟的作风。

(1) 校对的方法

校对最基本的功能有两个：一是校异同；二是校是非。这是清代著名文学家段玉裁首先提出的，现在已经成为校对界的共识。基本的校对方法主要有4种：对校法、本校法、他校法和理校法。这4种方法是古籍校雠的基本方法，完全适用于现代图书校对工作，因而也是现代校对的基本方法。

① 对校法。对校法也称"版本校"，是最基本的校勘方法。指根据底本内容校对样稿，主旨是"校异同，不校是非"。

② 本校法。本校法即通过稿件前后文字的对照，比较分析其异同，从而找出其中的错误。

③ 他校法。他校法即通过查检与稿件相关的权威工具书或权威著作，找到稿件错误或是非的可靠依据，从而达到校对目的的校对方法。

④ 理校法。理校法即在发现疑问而又找不到可靠依据时，应进行推理判断，包括分析字词含义、进行逻辑推理等，从而实现校对目的的方法。

(2) 网络编辑校对的内容

网络媒体有别于传统的媒体，其校对内容不尽相同。主要有：

① 检查核对多字、漏字、错字及标点、符号错误；

② 核对稿件标题、署名、文中人名、地名、数字、公式；

③ 检查版面、格式，图表位置及表题、图题、字体、字号、字距和行距；

④ 检查标题位置、层次及转行、注释、参考文献及序号等。

(3) 计算机自动校对——黑马校对软件

除了传统的人工校对方法外，网络编辑也可以借助计算机软件进行校对。常见的校对软件有编辑助手、黑马校对软件等。通过这些软件借助计算机可以轻松地完成校对工作。这些校对软件具有校对范围广、功能多、校对速度快和开放性能好等特点。但是校对软件仅仅是一种校对工具而已，不具备高级的智能校对能力，很多校对工作还是不能很好地完成，需要网络编辑再次仔细认真地做好各项内容的校对工作，以免出现谬误。

下面以黑马校对软件为例，对计算机校对做进一步说明。

黑马校对系统现在的最高版本是V12F.0版，该版本是北京黑马公司全力开发的新一代校对系统，内含S2版、PS版、Word版、小样版、飞腾插件版和PDF插件版6个全新的校对界面，采用超大规模词库和先进的校对计算技术，在校对质量、校对功能和易用性等方面都有了飞跃性的提高，达到了当前计算机校对软件发展的最高水平，智能技术居于国际领先水平。

黑马校对V12F.0版的研制基于覆盖社会科学和自然科学各领域的300亿字汉语语料的分析，采用国际计算语言先进的语法分析和语料库统计相结合的方法，具有汉语切分技术、汉语语法分析技术、汉语依存关系分析技术等先进的中文智能技术，内嵌79个专业词库、4000万专业词汇，查错准确率和校对效率已经达到一个崭新的高度。它能够支持各种主流文字处理及排版系统的文件格式，支持各种专业文稿的校对。

对于编辑人员来说，可以根据文件的类型来选择不同的黑马校对界面进行校对，一般可使用黑马嵌入在Word里的“Word版校对界面”校对Word文件，或者使用“小样版校对界面”校对普通的文本文件或小样文件。校对后，可以利用黑马提供的纠错功能结合人工对错误进行修改，修改后的结果再用于排版。校对流程如图1.2所示。

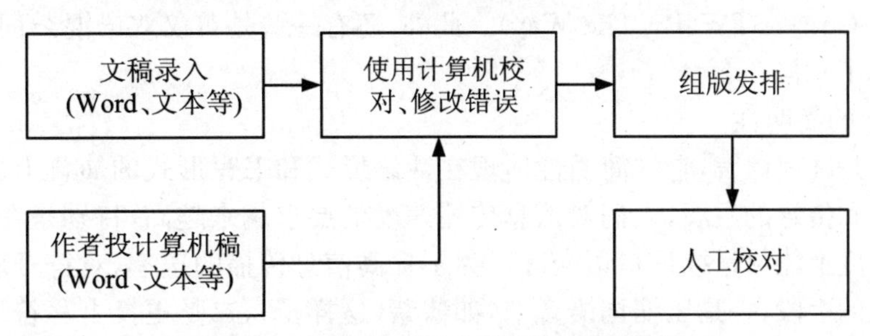

图1.2 黑马校对系统编辑校对流程图

(4) 网络编辑校对的特点

网络编辑是一个新的职业，在很多网站里还没有健全的网络管理队伍，没有专职的稿件校对人员，校对工作和编辑工作往往合二为一，都落在编辑头上，形成了别具一格的“编校合一”的新特点。

从校对内容和校对范围来看，网络编辑的校对工作比期刊、报纸等媒体校对的范围更广，校对的内容更复杂，时效性要求更强。不但要校对文字图片，还应包括别的一些多媒体元素。

1.2.4 网络编辑与网络语言

网络语言是以现代汉语为基础，在网络环境中通过特有的文字符号表示不同含义而逐渐形成的一种语言功能变体，是一种新的语言表现形式。作为网络编辑应加强网络语言的学习，紧跟网络时代的步伐，以科学的态度面对网络语言及网络语言给编辑带来的影响。

1.2.4.1 网络语言及其特点

(1) 网络语言的概念

网络语言是现代汉语的一种网络变体，是伴随着网络的发展而新兴的一种有别于传统平面媒介的语言形式。网络语言包括拼音或者英文字母的缩写，或者是含有某种特定意义的数字以及形象生动的网络动画和图片，起初主要是网虫们为了提高网上聊天的效率或某种特定的需要而采取的方式，久而久之就形成特定语言了。网络语言是不断发展的，网络上会不断冒出一些新词汇，一旦这些新词汇能够经得起时间的考验，约定俗成后我们就可以接受，新的网络语言也就随之诞生了。

(2) 网络语言的特点

网络环境的高度互动性和快捷性在一定程度上促进了网络语言的诞生，从而也导致了网络语言的独有特性。

① 形式上的多样性

网络四通八达，它为使用者提供了自由、便利的交流空间。社会多元化的价值取向导致多元化的思维模式，多元化的思维模式又创造出多样性的语言形式。在网络语言中，不仅英汉杂陈，而且汉字、字母、数字、标点都可以组合构成具有特定内涵的信息符号。卡西尔指出:“符号化的思维和符号化的行为是人类生活中最富于代表性的特征。”如字母使用起来快捷方便,和汉字一起使用有一种醒目凸现的效果,能给人视觉上的冲击。造词方法主要有两种。一是汉语拼音缩写和谐音,例如:MM(美眉),PP(漂漂),PL(漂亮),JS(奸商),BT(变态)等;二是英文缩写或谐音,例如:E 文(英文),u(you),r(are),BBS(电子公告牌系统),OMG(Oh My God),BTW(By The Way)。此外,还有一些是英汉双语混杂词,例如:I 服了 you(我服了你了)等。

② 表达上的简明性

网络语言是屏面语言,它的简明性体现在话语形式和书写形式的简化上。随着社会生活节奏的加快和传媒的发展,人们对信息传播速度的要求越来越高,特别是在网上聊天时,人们希望在速度上能尽量接近口语交际。为了提高信息传播的速率,对符号形式的简化是必然的。简化的手段,一是压缩词语音节,如酱紫(这样子),二是更换书写符号。如数字符号语言 1314(一生一世)。

③ 风格上的诙谐性

网络语言诙谐幽默,别具情趣,这是因为网络语言是虚拟世界的信息符号,人们在网上交际时心态平和而放松,与在现实生活中的交际判然有别。在网络中,网民们不能够像现实生活中那样交流,为了使他们相互间的交流更加生动有趣,一些表意的表情符号就应运而生了。这些表情符号将一些符号、数字或字母组合在一起,模拟一定的表情,传达自己的喜怒哀乐。多以简单符号表示某种特定表情或文字,以表情居多,例如:“==”表示“等等”;“o”表示“哦”;“* *”表示不雅语言等。o(∩_∩)o 和^_^表示高兴的心情,╭∩╮(︶︿︶)╭∩╮ 表示鄙视你;“:)”表示开心的微笑等。

④ 使用上的随意性

网络的开放性为大众提供了无比广阔的虚拟空间,人们在网上可以自由地发表自己的观点,也可以自由地进行网上交际。这种极具个性化的语言交际,必然在一定程度上摆脱传统书面语的规范,只要不妨碍交流,各种材料信手拈来,为我所用,任意组合,标新立异,表现出很大的随意性。“灌水”原指向容器中注水,在网络中则表示在网上发表长篇大论而又内容空洞、“水分”含量高的文章;在网络中使用自创的新词语,如“菜鸟”,指初上网的新手;“见死光”,指网恋后与网友初次见面感到不满意而迅速各奔东西;“东东”意指“东西”;“偶”是的一种比较调皮的说法,并由此推衍出“偶们”。

1.2.4.2　网络编辑与网络语言的内容

在网络时代,作为网络编辑用好网络语言可更好地与读者、作者沟通。虽然网络语言给汉语的规范化、纯洁性带来极大的冲击,但不可否认,网络语言确实也为汉语注入了新鲜成分。网络语言已经介入现实生活,要使其成为编辑与读者、作者和谐的催化剂。

(1) 网络编辑要掌握网络语言的特点

网络语言的出现对现有语言形成了一定的冲击。网络作为第四媒体,除了应该具备传统媒体使用的语言之外,还应有其独特的地方。在虚拟空间使用的网络语言,其构成特点、所蕴涵的社会文化、心理因素等,都将是今后信息传播方面一个十分重要的课题。作为网络编辑,应当也必须了解和掌握网络语言的特点。

(2) 网络编辑要不断学习网络语言

语言总在随时进行新陈代谢,这是语言的发展规律。2003 年 6 月 6 日,《北京晚报》曾发表了一篇题为《上网说话请用网语》的文章,文章认为,每一种语言都是需要不断学习的,如果你拒绝学习某种语言,那么同时也就等于被使用这种语言的人和圈子拒绝。网络编辑应该随时注意学习网络语言,网络语言可以反映作者的心理状态和思维方式,网络编辑学会使用网络语言有助于和作者沟通,更好地了解和理解读者、作者,进一步做好编辑工作。

(3) 网络编辑应学会使用网络语言

网络编辑的工作主要是网上办公,除了使用传统的方式和作者、读者交流,还可以使用网络与读者、作者交流。网络交流的特点决定了网友们多采用较为流行的网络术语,例如:"雷人""土豪""女汉子""伤不起"等。网络编辑们只有学会使用网络语言才能与读者、作者融合在一起,深入而轻松交流,在网络编辑工作中游刃有余。

网络语言作为一种新的语言现象已经渗透到我们的生活中,它是当代面向世界的汉语语言文字迅速发展的推动力。作为网络编辑不应该排斥它,应该努力学习它,应用它,让它更好地为我们编辑服务,更快、更好地融入我们的现代文化。

1.3　网络新闻的写作

1.3.1　新闻的有关概念

1.3.1.1　什么是新闻

在日常生活中"新闻"一词有两种用法,一种是广义的新闻,广义的新闻"就是新近发生的事实报道",泛指报纸、广播、电视中常用的各种报道文章,包括消息、通讯、特写、报告文学、调查报告、评论等。

一种是狭义的新闻,专指消息。除了评论等少数议论文,绝大多数新闻都是记叙性文体。

1.3.1.2　新闻的特点

概括地说,新闻的特点有以下几个方面:

(1) 新闻必须是新近发生和新近发现的事实

"新近发生"是个很容易理解的话语,新闻的"新"主要就体现在这里。我们把新近发生区分为"已经发生"和"正在发生"两种情况,套用英语的时态来解说,"已经发生"是过去时态,"正在发生"是现在进行时态。前者是已经结束了的事件,后者是正在发展变动尚未出现结局的事件。当下的新闻由于传输设备的现代化,报道速度越来越快,正在发生的事件尚未出现结局就已经被报道出来。对一个事件连续追踪报道,甚至干脆进行实况转播,让报道和事件的发生发展同时进行,已经是新闻界常常采用的手段。据此,我们在定义中补充了"正在发生"的话语。

还有必要解释一下"早已发生却是新近发现的"这一话语。现代新闻报道的对象未必都是新近发生的事件。有些早已发生的事件,由于这样那样的原因在当时不为人们所知,虽已时过境迁,但一旦发现它的时候,它仍然有很强的报道价值,这样的事件仍然可以被作为新闻报道出来。

(2) 真实性

新闻必须真实,这是新闻写作的基本要求,也是新闻报道的一项根本原则。这是由新闻的内涵和特性所决定的。新闻所表现的必须是现实生活中真实发生、客观存在的事物,不是炒作,不是虚假新闻、有偿新闻。

(3) 新闻所报道的事实必须是有价值的

并不是所有的事件都值得报道,我们强调新闻报道的事件必须是有价值的。所谓有价值,可以从三个方面加以认识:

① 有教育作用。放在行业来说,就是对全行业或者其他某些单位具有借鉴意义,能使读者从中学习并吸取经验的。

② 有认识作用。可以使读者获得有关社会、人生、自然、科学等方面的知识。

③ 有怡情作用。这里所说的怡情,不包括低级趣味在内。那些对影视明星的私情家事不厌其烦地加以报道的所谓新闻,实在是把肉麻当有趣。我们所说的"情",是指积极、乐观、健康向上的情趣。

例如:有的单位在写新闻报道的时候事无巨细,连单位组织职工去体检都会写成一篇新闻,当然,并不是说这件事情本身没有价值,但是组织职工体检是劳动法规定的,全国各个单位都应该做到的,所以新闻价值是不存在的。

(4) 新闻必须是对事件的"报道"

新闻是报道事件的,但事件本身并不是新闻。一件有价值的事件,还必须通过"报道"才能成为新闻。报道,指记者或其他新闻工作者、爱好者对有价值的事件进行采集、处理之后,再通过相应的新闻传播途径公之于世的手段和过程。

1.3.1.3 新闻的五要素

新闻的五要素,即五个"W"。什么事(What,何事)? 谁被牵连到这个事件之中(Who,何人)? 这个事件是什么时候发生的(When,何时)? 是在什么地方发生的(Where,何地)? 为什么发生这个事件(Why,何故)? 有的还要加上一个 H(How,怎么样)?

1.3.1.4 新闻的体裁

新闻包括多种体裁,大致有以下几种:消息(简讯)、通讯、特写、调查报告、报告文学等。

近几年来,网络作为第四媒体,在我国得到了迅猛发展,截至 2013 年 12 月,我国网民已达 6.18 亿人。或许对很多年轻人而言,可以没有报纸、没有广播、没有电视,但是绝对不能容忍没有网络,因为网络已经成了现代人获取信息的主要途径。网络新闻之所以能够在很短的时间内得到这么好的发展,与其特有的优势特点是分不开的,网络新闻具有以下特点:

(1) 时效性强

与传统媒体相比,网络的时效性是有目共睹的,网络新闻的一大重要特点就是时效性强。纸质媒体的出版周期常以天或周计,像杂志则是或半月或月或季刊,电视、广播的周期以天或小时计算,一般还得根据不同时段的节目设置来安排,而网络新闻的更新周期却是以分钟甚至秒来计算的。尤其在对突发事件的报道中,报纸的时效性并不能达到人们所期望的快,最快的报道也要经过一系列人工编辑进行排版、印刷才能够将新闻传播出去。而网络新闻的信息来源广泛,制作发布的过程也比较简单,因此在遇到什么突发事件时,网络能够在第一时间将新闻发布出去。另外网络能够 24 小时不间断进行新闻传播,这样的新闻传播速度与时效性是传统媒体新闻所不能比拟的。如新浪网的新闻中心,就是典型的 24 小时的新闻值班报道。1999 年 3 月科索沃战争中新浪网采取鼓动播报式,每天发布几十至上百的报道及照片。5 月 8 日我国驻南斯拉夫使馆被炸,新浪仅在半小时内即发出快讯,随即便推出了详细报道。而在奥运会期间,新浪网更是宣称:比赛结束后 5 秒出比赛结果;30 秒后出图片;5分钟后出详细报道。这种时效性极强的网络新闻报道方式给受众感受到了网络新闻的极大威力。2008年汶川特大地震灾害中,各大网站都反应迅速,5月12日14点46分,新华网最早发出快讯:四川汶川发生7.6级地震。15:02央视播出了第一条地震消息,比网络慢了16分钟,而报纸,可能最快也得等晚上了。由此,我们可以看出,网络确实在快速反应、即时更新方面有着传统媒体难以比肩的优势。

(2) 信息容量大

网络容量之大,任何其他媒介都无可企及,对于网络新闻而言,其在空间能力上最突出的特征就是信息贮存与转运的能力。在传统的新闻媒体上如报纸的版面,电视,广播的时间都是有限的,而面对这样一个信息爆炸的时代,以这样传统的版面的信息量是完全不能满足现在社会受众的需要的,传播者还要对信息进行挑选,所以真正意义上登上报纸电视版面的新闻是少而又少的。但网络新闻就很轻松地解决了这一问题。网络新闻的超链接方式使网络新闻的内容在理论上具有无限的扩展性与丰富性。只要是信息,并且传播者觉得对受众有帮助,便可以将这一信息放在互联网上,而不需要受到别的限制。信息空间完全不受三维空间的限制,要表达一个构想或者一连串想法,可以通过一组多维指针,来进一步引申或辩明。阅读者可以选择激活某一构想的引申部分,也可以完全不理睬。整个文字结构仿佛是一个复杂的分子模型,大量信息可以被重新组合,字词可以当场给出定义。

(3) 多媒体

传统的新闻不可能将声音、图像、文字或其他的新闻信息完美结合,报纸只能突出文字性,广播无法提供视觉效果,电视欠缺文字。而网络实现了文字、声音、图像的同期而且在表现形式上多种多样。

(4) 交互性

在传统媒体新闻传播中受众往往会受到各种限制,不能完全接受到全部的新闻,比如买报纸就只能选择买一份而不能买别的。电视广播都要按照其预定的时间收看、收听。这些都有严格的时间限制。而网络就没有那么多的限制,只要受众登录到互联网,就可以在任何一个网站看到他所想看的新闻,并根据自己的兴趣爱好自由地选择。网络新闻的另一大自由就是新闻的来源广泛,言论的自由相对于传统的媒体新闻稍宽松,很多在报纸上不能看到不被刊登的新闻信息在网络上有的就可以看到。同时,大家还可以对自己感兴趣的内容加以评论,与众多网友共同交流。

网络新闻在具有这些优势的同时,也存在着一些局限性,这就需要我们自己在写作时加以把握。比如真实性和可信度相对较低,网络的公开自由也导致它难免有一些虚假新闻掺和在里面,所以我们作为一个新闻工作者,必须遵守职业道德,具备一定的新闻素养,事实求是,坚决不搞假新闻,杜绝假、大、空。

因为消息是新闻写作的主要形式,是以简要的文字迅速及时地报道新闻事实的一种最广泛、最经常采用的新闻体裁,所以,消息是网络新闻的主要载体。

1.3.2 消息的写作方法

"消息,是以最直接、最简练的方式报道新闻事实的一种新闻文体,是最经常、最大量运用的报道体裁"。消息是新闻的主体,是新闻的基本形式。在新闻学概念上,狭义的新闻就是消息。因此,消息是新闻组成中极为重要的一部分,传统媒体如此,网站亦是如此。下面将结合内容上的结构成分(标题、导语、主体、背景、结尾)来给大家讲述一下如何为网站写消息:

1.3.2.1 标题的写法

网络新闻标题要单行化，以单一型标题为主。为了吸引读者，传统媒体在标题的视觉冲击力方面积累了丰富的经验。一般来说，纸质媒体的标题多用多行题，有主题、引题、副题等多种标题形式互相配合使用。而在网络上，由于新闻标题网页显示面积所限，一般不允许一条新闻的标题占据很大的版面。为了容纳较多的标题条数，只能尽量采用反映主题的单一式的单行题，而且单行标题也不能过长，否则出现回行，会影响整个网页的视觉效果。所以网络新闻对单行标题的最多字数也会有所限制，比如目前资讯网对消息标题的字数限制一般在20字以内，如果超过20字就会折行，除非万不得已，编辑都将进行处理，将其限制在20字以内。这样就要求在最短的文字内，既要高度浓缩消息的主要内容，提供尽可能多的信息，又要具有较强的艺术感染力和吸引力。如我们网站上常用到的标题形式："××会议今日在×地召开"，一句话交代事件内容，不需要有引题或副标题。同时有主题和副题时，不可能同时将两个标题都显示在首页上，所以选择将这条新闻的副标题作为单一的主标题会更合适一些。

再比如《北京青年报》刊出的一条消息，用"卫生部出台有关互联网管理办法(引题)禁止网上看病(主题)"为题，原题在报纸版面上是按双层题排版，主题用大号的黑体字来强调，视觉效果突出，但是在网上，标题行数和字号变化受到限制，就只能将其改为单行题："禁止网上看病：卫生部出台管理办法"。

网络新闻标题要以实题为主。纸质媒体的新闻标题有虚、实之分，实标题需要交代新闻要素，虚标题不必交代新闻要素，可以是议论和点评。但是报纸新闻最大的特点就是报道和标题一体，即使是虚题，因为报道就在旁边，只要看一眼导语，新闻中的主要事实也就清楚了。而网络媒体标题和正文是分别安排在不同层级的页面上的，想看哪条消息，必须点击才能看到。面对网络上的众多信息，读者的时间常常会显得很宝贵，他们通常只是扫一眼所有的标题，对今天所有的新闻获得一个大致的印象，然后才去点击那些格外能引起他们注意的文章。所以，当大部分信息在读者眼里都被简化为标题的时候，一方面需要在标题里尽可能为读者提供新闻信息，另一方面也需要做一个好的标题来引起读者的注意。有些通讯员在投稿中没有掌握网络新闻标题的特点，所以常常会出现一些以下的标题："'客户关怀'在'一帮一'活动中升华""新老同台　共创和谐"等，并非说这些标题不好，如果用在纸质媒体上，再加上一个副标题，会成为一个好标题，但是用在网站上就会显得虚浮，读者无法在第一时间内获得相关的信息，不明白这篇文章在讲什么，所以网络编辑需要将标题做成实体，并合理地对新闻的"五要素"进行取舍，即时间、地点、人物、事件、产生什么样的影响，使其体现在标题中。可能有的通讯员会说，各行业开展的工作大都大同小异，所以行业宣传报道的消息标题大多千篇一律，"××单位召开××工作会""××单位安排部署××工作""××单位贯彻落实××会议精神"，要求用实题就很难创新，因为只能平白地交代事实，其实不尽然。如："江苏通州市局'三项指导'服务'两节'市场""云南国税局表彰100名纳税大户烟草企业多"。

以上几个例子很明显就能区分出什么是实题什么是虚题，因为实题才是至少包含有两个W的，一个是人物，另一个是事件。

网络新闻标题要简洁，一目了然。简洁是新闻写作的基本要求，但是对网络新闻标题具有更大的意义。正如前文提到的，标题过长会出现折行，影响版面美观。另一方面，标题只有一行字，并且网页上的标题是从上到下密密麻麻排列下来的，要想迅速抓住读者，需要惜墨如金，再三推敲。如一篇稿件标题为国家局“深化流通体制改革为培育‘两个 10 多个’营造良好环境专题调研座谈会”在太原召开，不包括标点就有 37 个字，排版上很容易出现问题，同时也增加了读者在阅读时的难度，为了使标题看起来更加简洁，同时又不改变原文的意思，将其改为了国家局召开“为培育‘两个 10 多个’营造良好环境座谈会”，这样读起来也朗朗上口。

关于标题制作的要求可以简要归结为以下五点：

(1) 实题明义，言简意明；

(2) 尽量使用主动语态；

(3) 语句以主谓结构或主系表结构为主；

(4) 强调动感，力求动态式地报道新闻；

(5) 尽量避免疑问句式。

1.3.2.2　导语的写法

导语是一篇消息的开头，它是用简明生动的文字，写出消息中最主要、最新鲜的事实，鲜明地提示消息的主题思想，主要有叙述式、描写式、议论式等几种写作手法。

在写导语的时候要求作者一是抓住事情的核心，用简短的几句话勾勒出事件的大致轮廓；二是要考虑到能否吸引读者继续阅读的兴趣，如果一则消息的导语写得拖沓冗长，很难激发读者的阅读兴趣。

导语写作的三个基本要求：

(1) 揭示主题，点明内容。最好是经过提炼的简洁精彩的文字表达，做到简明扼要、开门见山，同时善于运用生动形象而又朴实的语言来润色导语。表现形式上要努力创新，不落俗套，新颖别致，讲究文采。

(2) 突出精华，抓住重点。导语写作要做到这一步，关键是写作时需要审慎衡量报道的事实，准确判断报道中的精华是什么，重点之处在哪里？初学消息写作的人，比较极易犯的一个毛病就是“眉毛胡子一把抓”，写导语的诀窍在于懂得取舍，什么该写，什么不该写。要作出这样正确的判断，需从报道的诸多内容中寻找出信息量最重、新鲜度最强、重要性最大等具有很大新闻价值的事实来写。

(3) 简洁扼要，不应啰嗦。由于消息写作一般只有几百字，顶多是“千字文”，导语力求简洁凝练，反对拖泥带水。

例：“×月×日下午两点，上班时间还没到，××各会议室已经坐满了参加分组讨论的职工代表，他们在热烈讨论厂长的工作报告，‘努力打造全国一流的生产加工基地’的目标让大家倍感鼓舞和振奋。

厂区门前，彩旗飘扬，气球高挂，“祝贺××一届一次职工代表大会胜利召开”的彩虹门格外引人注目。

当天上午 8 点，伴随着铿锵的鼓点和欢快的舞蹈，职工代表们身着统一服装、精神抖擞地走入会场。××一届一次职工代表大会在庄严的国歌声中开幕，市总工会主席应邀出席会议，159 名职工代表和 14 名特邀代表参加了会议。”

如前所述，导语是在文章的最开头用最简明生动的文字，写出消息中最主要、最新鲜的事实。在这篇稿件里，直到第三段我们才读到重点，而前两段都是铺垫。这样的写法或许适用于通讯，但是不适用于消息写作，消息的导语就应该单刀直入，开门见山。编辑在处理时就直接将前两段去掉了，直接改成“×月×日上午 8 点，伴随着铿锵的鼓点和欢快的舞蹈，职工代表们身着统一服装、精神抖擞地走入会场。××一届一次职工代表大会在庄严的国歌声中开幕，市总工会主席应邀出席会议，159名职工代表和14名特邀代表参加了会议。”两句话交代事实，简明扼要，又有形象生动的语言来加以润色。

有的通讯员会在稿件里出现这样的问题，比如文章标题是“××局采取几项措施推进××工作”，正文中就直接一是，二是……完全没有导语对全文作一个总体的概述和介绍，使读者摸不清，这种纯公文式的稿件在投稿的时候是应该极力避免的。

关于导语写作的几点经验：

① 要抓住和突出最主要的内容，不要主次不分，把一堆信息都塞进导语；

② 遣词用语要直接准确，不要抽象含混，拖沓啰嗦；

③ 可强调内容、结果、现状、意义和特点，不要纠缠于过程或次要枝节；

④ 要注意信息来源的可靠性；

⑤ 要把事情和问题讲清楚说明白，不要把自己都没有搞懂的，或者和读者关系不大的内容丢给读者；

⑥ 要注意客观平衡，不要直接进行主观评论；

⑦ 导语要短些，短些，再短些。

1.3.2.3 主体的写法

主体是消息的主干部分，它紧接导语之后，对导语作具体全面的阐述，具体展开事实或进一步突出中心，从而写出导语所概括的内容，表现全篇消息的主题思想。消息主体的写作要求主要有以下三点：

① 主体部分要紧紧围绕导语确定的主题选择、运用材料，前后统一；

② 主体是导语的深化和补充，没有重复导语；

③ 层次分明，结构严谨，每一段回答一个问题，不要给读者留下悬念。

结合新闻的特点，这里介绍主要消息的主体结构：时间顺序式结构和倒金字塔结构。时间顺序式结构又叫编年体结构和金字塔结构，往往按照时间先后顺序来安排事实，写法上有点像我们写记叙文里的顺叙。这种结构叙事条理清晰，现场感强，很适合写一些比较动态的新闻，如某地破获了一起假冒卷烟案（从最初的发现线索，然后经营网络，然后伺机等待，然后收网，可以根据事件的发展来写）、某领导前往某地进行考察等。同时，由于这种结构难以瞬间将最精华的部分呈现给读者，这就需要我们尽量在文字下工夫，写得鲜活生动一点，读者才会有阅读兴趣。

在新闻的倒金字塔写作方法出现之前，新闻的写作方法大部分都是正金字塔的，这是一种传统的叙事方式，把最重要的部分留在最后，形成悬念。而如今我们看到的大量新闻报道是倒金字塔风格的，有时仅仅看完新闻标题就可以知道这个新闻讲的是什么，这无疑是提高了人们的阅读速度。倒金字塔结构起源于19世纪60年代美国，是一种头重脚轻，虎头蛇尾式的结构，它把最重要的材料放在文章开头，最不重要的放在文章结尾，从导语到结尾按重要性程度递减的顺序来组织材料。在互联网发达的今天，网络受众已经形成了一种快速的阅读习惯，大部分读者的阅读兴趣只能维持一篇新闻的前半部分，而倒金字塔结构的作用就在于能使读者在面对网上众多的新闻资讯时，能够迅速地获取最有价值的讯息。目前，资讯网上的大部分消息都是采用的这种结构，比如会议报道、举办培训班、开展某项工作等等。什么样的事件用什么样的手法来进行报道，需要作者在写作的时候进行正确的选择。

1.3.2.4　背景的写作

背景指事件的历史背景、周围环境及与其他方面的联系等。写新闻有时要交代背景，目的在于帮助读者深刻理解新闻的内容和价值，起到衬托、深化主题的作用，也就是回答五个W中的Why(为什么)。背景材料主要有三种：对比性材料，说明性材料，注释性材料。我们采写消息时要注意在以下情况下使用背景材料：

(1) 报道较复杂的新闻事实；

(2) 报道一项新事物，如一项新技术、新设备的采用；

(3) 报道读者不熟悉的或时间间隔较长的事物；

(4) 靠交代背景才有价值的消息。

总之，丰富的背景可以帮助读者深入理解消息本身的意义，以揭示其内在的含义。比如在某次地震捐赠中，有些单位为了体现出单位支援灾区的积极性，常常在二次捐款的新闻稿最后，增加一些文字，强调此前单位已经捐款多少支援灾区等等，这些文字就属于背景交代。当然，不是所有和正文相关的内容都可以作为背景添加在正文中，还需要进行一些取舍，哪些有必要，哪些没有必要，否则将多余的内容贴在文中，只会让读者觉得拖沓。如果没有必要交代背景，就可以选择不写。

1.3.2.5　结尾的写作

结尾有小结式、启发式、号召式、分析式、展望式等等，这些结尾写作与一般记叙文结尾的写作大体相同。在消息写作中，标题、导语、主体是必须有的，背景和结尾在某些消息中可以没有。对于行业新闻而言，小结式是最为广泛并且最为实用和最为保险的一种方式，主要是简要概括消息所陈述的事实，点明主题，强化受众印象。

关于消息的写作手法，个人觉得无非是短而精，快而实。短而精，即短小精悍，这是消息区别于其他新闻体裁的基本特点。消息写作提倡“短些，短些，再短些”，一般一则消息的数字宜控制在800字以内，过长就会使读者感到厌倦。当然，不能短到空洞无物的地步，而应该在保证语言生动的前提下进行删减。消息的正文要和标题一样，语言要简洁，要珍惜每个字，推敲每句话，毫不犹豫地去除形容词和修饰语句，力求用更简洁的文字承载更多的信息，要用凝练、传神的文字来点出新闻的五要素。例如：有篇稿件原文是这样写的：“××领导说，各位代表是连接供应需求的纽带，是行业工商企业友谊的使者，对行业的改革与发展功不可没。今年我省卷烟销售进一步发展的突破点将在于突出做好订单工作，这对工商两家都是很大的考验，需要工商两家携起手来共同做好该项工作。”虽然这是对领导讲话的客观记录，但是却让人觉得官话套话一大堆，编辑修改为“××领导对各省外代表给予的支持表示感谢，指出今年全省卷烟销售工作进一步发展的突破点是要突出做好订单工作，这对于烟草工商两家都是很大的考验，需要工商两家携手共同开展。”语句缩短以后，领导雷厉风行的形象顿时跃然于纸上。

快而实，快即时效性，实即真实性，这二者都是消息的生命，缺一不可。无数事实表明，在当今世界，同一重要事件，不要说迟发一天半天，就是迟发几小时、几分钟，新闻便会失去价值，从而在竞争中失利。反之，我们讲究消息的时效性，就能在竞争中赢得主动权。抓到好题材时，采访要快，写作要快，但是不能因为一味地求快而不注重新闻的真实性。由于大家都对行业有所了解，所以我们一般不存在对重大事件失实报道的情况，但是我们在写作过程中要确认每一个数据都经过反复核实，每一个句话都得到证实，然后在材料真实的前提下进行客观地记叙。

如何提高大家的新闻写作水平，为大家提供几个消息写作中的小技巧：

(1) 可用短句的地方决不采用长句；

(2) 可以删除的地方尽量删除；

(3) 可以用主动语态时绝不用被动语态；

(4) 不要滥用高级形容词和带有较强感情色彩的词汇；

(5) 宁要具体，不要抽象；

(6) 简洁但全面是报道的原则之一；

(7) 尽量用新闻语言，用客观的笔触来描写，少用公文化语言。

(1) 1994年4月，中国全面接入互联网，1995年1月，《神州学人》杂志成为中国第一家上网媒体。从那时以来，中国网络媒体经历了近十年的发展，这一阶段也可看做中国网络媒体的第一个历史时期。在这个历史时期，中国网络媒体事业取得了长足的发展，其中一个最直接也是最突出的表现，是网络媒体在新闻业务方面的进步。

(2) 1998年，《人民日报》网络版开始了实时报道的尝试。1998年3月，在国内网络媒体中，《人民日报》网络版率先实现了网上实时报道九届全国人大一次会议和九届全国政协一次会议。

(3) 2001年9月11日，美国发生恐怖袭击后约8分钟，新浪网登出第一条消息。

(4)《人民日报》网络版是在传统媒体网站中最早开发互动功能的网站之一。1998年4月11日晚上，《人民日报》网络版"体育在线"专栏中的BBS论坛，就开展了记者与读者进行直接对话。1999年5月8日，中国驻南联盟大使馆遭到北约导弹袭击，5月9日，《人民日报》网络版便开设了"强烈抗议北约暴行BBS论坛"，为网友表达自己的愤怒情绪提供了一个重要的渠道。一个月后，该论坛改版为"强国论坛"。"强国论坛"不仅成为了一个重要的中文论坛，也成了国情民意的晴雨表。

(5) 新华网的"发展论坛"与"统一论坛""中青在线"的"青年话题"等，也成了这些新闻网站的强大品牌。

任务1　查找并更正网络稿件错误

工作任务

阅读各种网络稿件，找出其中关于数字、单位及其名称符号、标点符号等使用错误的地方并加以改正。

实例解析

互联网上的各类文字稿件信息众多，但常见的一些用词不当、标点错误等一些问题也会出现在各类网络新闻中。我们在阅读网络新闻时要善于发现这类问题，这样才能在着手编辑网络新闻时能够避免自己出现错误，同时也能提高自己的语言文字编辑水平。

操作步骤

(1) 选择阅读一些网络新闻；

(2) 参照常见的新闻语病、标点错误等典型示例，对于稿件进行检查；

(3) 将检查出有问题的地方进行记录并分析；

(4) 整理并编辑成电子文稿。

任务2　撰写新闻报道

工作任务

根据一条电视新闻，撰写一篇相关的新闻报道，注意新闻稿件的规范性表述。

实例解析

网络新闻报道的编辑和发布是网站的主要功能之一，新闻报道的编写往往有很多需要注意的问题，作为网站的网络编辑必须具备良好的文字编辑功底。

操作步骤

(1) 确定网络新闻编辑的内容；

(2) 按照新闻编辑的要素撰写初稿；

(3) 对初稿进行再加工并完成终稿。

项目知识结构图

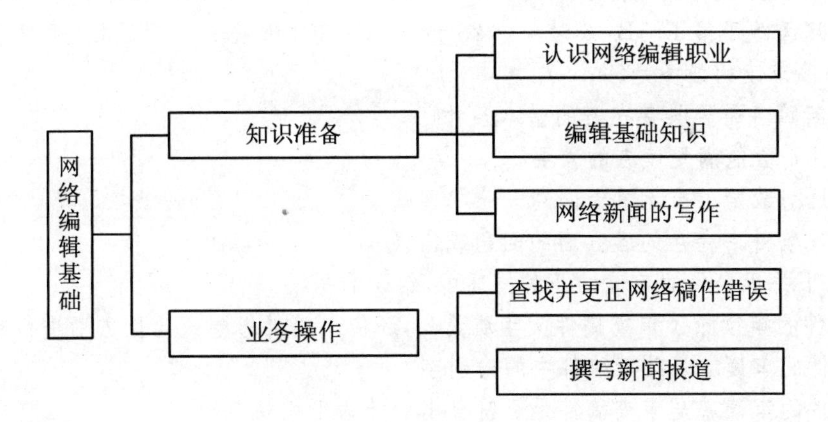

课后自测

1. 单选题

(1) 请看下面网络稿件中的一句话，分析它的语病在哪里。(　　)

“企业可以利用互联网向外部企业发布商品信息、销售信息，以及营业、技术维护情况。”

A. 用词错误　　B. 搭配不当　　C. 句式杂糅　　D. 成分残缺

(2) 网络稿件中数字的使用也有严格的规范，请从下列选项中选出使用不当的一项(　　)。

A. 七八十种　　B. 20挂零　　C. 不管三七二十一　　D. 秦文公四十四年

(3) 下列选项中标点符号使用不当的是(　　)。

A. 在广州的花市上,牡丹、吊兰、水仙、山茶、梅花……春秋冬三季的鲜花都挤在一起啦!

B. 我国秦岭—淮河以北地区属于温带季风气候区,夏季高温多雨,冬季寒冷干燥。

C. "北京——广州"直达快车 19:55 发车。

D. 她轻轻地哼起了《摇篮曲》:"月儿明,风儿静,树叶儿遮窗棂啊"……

(4) 请看下面网络稿件中的一句话,分析它的语病是什么。(　　)

"目前,我国各方面人才的数量和质量还不能满足经济和社会发展。"

A. 用词错误　　B. 指代不明　　C. 成分残缺　　D. 搭配不当

(5) 从网络编辑角度看,下列句子中没有语病的是(　　)。

A. 记得我认识他的时候,还是一个小青年,现在,胡子都白了。

B. 我们在教学上一定要提倡普通话。

C. 校对不认真有可能产生歧义、错误、甚至造成事故。

D. 第四十三届世乒赛的主题是和平、友谊、繁荣、发展。

(6) 网络稿件中出现的错别字、语法错误、标点符号误用、数字使用不规范、行文格式不统一等问题属于(　　)。

A. 知识性错误　　B. 事实性错误　　C. 辞章性错误　　D. 政治性错误

2. 多选题

(1) 下面关于数字的用法正确的是(　　)。

A. 刘翔又跑了第1　B. 6时3分25秒　C. 304医院　D. 酒度54度

(2) 稿件审读的任务是(　　)。

A. 判断稿件是否具备发表的基本条件

B. 稿件是否能满足读者的需要

C. 在思想政治上有无重大问题

D. 发现稿件中存在的各方面的问题或错误

(3) 以下关于稿件的审读的几种描述中,错误的是(　　)。

A. 稿件的审读除了审查稿件文字质量外,还应对稿件思想政治性方面进行审查

B. 稿件的审读就是改正稿件中的错别字

C. 稿件的审读就是审查稿件是否符合出版社的出版规范

D. 稿件审读的目的就是要符合编辑的口味

(4) 名称表达时,应遵循以下哪些规范?(　　)

A. 当同一名称在一篇稿件中多次出现时,要保证它在全文中的统一

B. 在涉及中国香港、中国澳门、中国台湾等地区的表达时,要防止表达上的政治性错误

C. 当同一个人的姓名在一篇稿件中多次出现时,前后可以用他自己的不同名字

D. 对一些历史名词,应当注意名称的科学性

3. 改写辞章(辞章性错误包括:错别字、语法错误、标点符号误用、数字及单位使用不规范等)

(1) 改正错别字

气慨、烩炙人口、脉博、迫不急待、美仑美奂、一幅对联、不胫而走、言简意骇、鬼鬼崇崇、沤心沥血、金榜提名、蜇伏、出奇不意、趋之若鹜、磬竹难书、渲泄、声名雀起、寒喧、膺品、编

篡、人情事故、竭泽而鱼

(2) 改正标点符号

(a) 昨天开大会，厂长宣布：厂里要实行两项改革：一是持证上岗，二是下岗分流。

(b) 他为什么总是说："我痛恨你，我要保护你"之类的话？

(c) 王局长说："咱不能把功劳当资本，向党和人民捞好处"。

(d) 一天才走五、六里。

(e) 到底怎么办？这件事。

(f) 如今，科学、技术的发展，必然会推动工、农业的发展。

(g) 观众长时间地等待，只为一睹她的风采、或签上一个名。

(h) 第一部拍摄的是喜剧片《李阿毛与唐小姐》(唐小姐是李阿毛信箱中虚构的一个女秘书)由徐卓果编剧，张石川导演。

(3) 单位与数字使用错误

(a) 农历8月15日，圆月当空。天上月圆，地上人圆。让我们为新人举杯……

(b) 嘉靖8年，一条鞭法正在推广，税制大为简化。

(c) 早在92年前，此事便已提上议事日程。

(d) 十九世纪末，一个叫小林多喜二的人，从名古屋来到东京。

(e) 本世纪二十年代初，有声电影兴起。

(f) 别看她才7、8岁，还没跨进过校门，可她一脸的机灵实在讨人喜欢。

项目2

计算机与互联网应用概述

理论知识目标

(1) 学生能够了解计算机的硬件系统组成和互联网组成;
(2) 学生能够理解计算机网络概念;
(3) 学生能够掌握操作系统的基本操作方法。

职业能力目标

(1) 学生能够熟练连接和安装常用计算机外围设备;
(2) 学生能够使用搜索引擎进行关键字搜索;
(3) 学生能够使用常用软件编辑和传播网络资源。

典型工作任务

任务1　使用搜索引擎收集网络信息
任务2　使用即时通信软件传输文件

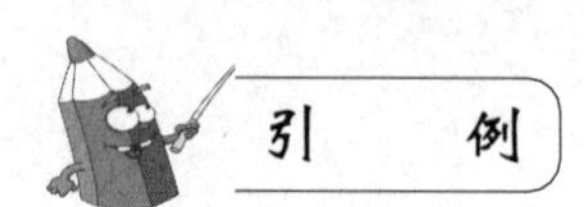

互联网精神成就互联网奇迹

互联网发展的基础仍是开放和创新,这也是互联网的最大特征。

"我感受最深的,是造就互联网奇迹的两大基因,第一是互联网的技术开放性。第二是蕴含接纳、包容、创新等核心要素的互联网精神。"中国互联网协会首任理事长胡启恒院士说,就互联网精神来说,与其他新技术不同,互联网接纳所有用户在这上面的创新,也使自己在应用过程中不断完善发展。

作为划时代的创新，互联网在前20年已深刻影响和改变社会，包括人们的思维和行为方式，也带来了个人隐私保护和互联网文化伦理的相关问题。

现在，通过手机、各种穿戴式智能设备，人们能随时随地保持与互联网不间断联系。又比如大数据的发展，如果未来90%的行为可以被预测，将会产生超出想象的商业模式和新的机遇。但同时，随着无处不在的连接和大数据的运用等，这些问题将更加层出不穷和难以应付，互联网伦理的边界一再受到挑战。

简单的输入法能够记录用户敲键记录，在更新词库提高输入效率的同时，上传到云服务器可能会泄露用户名等隐私。地理位置定位服务随时都能让用户暴露他所在的位置，乃至行为习惯。大数据的统计分析，对网民群体的购物习惯、搜索偏好乃至聊天记录进行收集、分析，从而预测未来活动和趋势。

更让人担心的是，大数据在最广泛的层面提供了研究人的行为及互动的新机会，但也让相关决策更依赖于机器和数据，从而改变思考的方式。

（资料来源：人民日报）

思考与讨论：互联网的飞速发展给我们的生活带来了哪些变化？未来，网络的发展趋势又会是怎样？

2.1 计算机应用基础

计算机是指由电子器件组成的具有逻辑判断和记忆能力，能在给定的程序控制下，快速、高效、自动完成信息加工处理、科学计算、自动控制等功能的现代数字化电子设备。

世界上第一台电子计算机ENIAC于1943年开始研制，参加研制工作的是以宾夕法尼亚大学莫尔电机工程学院的莫西利和埃克特为首的研制小组。研制工作历时两年多，1945年春天，ENIAC首次试运行成功。1946年2月10日，美国陆军军械部和宾夕法尼亚大学莫尔电机工程学院联合向世界宣布ENIAC的诞生，这标志着人类社会计算机时代的开始。

计算机系统由硬件系统和软件系统构成，下面我们来一起学习一下计算机硬件和软件相关的基础知识。

2.1.1 计算机硬件基本知识

计算机硬件系统包括主机和外围设备两大部分，其中主机由中央处理器、内存、硬盘、显卡、光驱等组成，外围设备由输入设备、输出设备和外部存储设备组成。

2.1.1.1 中央处理器(CPU)

(1) 基本概念

中央处理器(Central Processing Unit，简称CPU)是计算机的核心部件。CPU发展至今,其中所集成的电子元件越来越多,上万个晶体管构成了CPU的内部结构。CPU的内部结构可分为控制单元,逻辑单元和存储单元三大部分。其参数有主频,外频,倍频,缓存,前端总线频率,技术架构(包括多核心、多线程、指令集等),工作电压等。CPU实体图如图2.1所示。

图2.1 CPU实体图

(2) 性能指标

① 多核心

通常所说的双核(Dual-Core)、四核(Quad-Core)就是指的核心数。双核处理器是指在一个处理器上集成两个运算核心,从而提高处理器运算速度,进而提高计算机运算速度。一般来说,处理器上集成的核心数越多,处理器运算速度越快。

② 主频

主频即CPU内核工作的时钟频率(CPU Clock Speed),单位是赫兹(Hz)。主频单位有:Hz(赫兹)、kHz(千赫)、MHz(兆赫)、GHz(吉赫)。一般来说,CPU的主频并不代表CPU的速度,但提高主频对于提高CPU运算速度却是至关重要的。

③ 缓存(Cache)

缓存是位于CPU与内存之间的临时存储器,它的特点是容量小,存取速度极快。它和CPU交换数据的速度远远大于内存和CPU交换数据的速度。缓存分为一级缓存(L1 Cache)、二级缓存(L2 Cache)、三级缓存(L3 Cache)。

2.1.1.2 内存(Memory)

(1) 基本概念

内存又称内部存储器,其作用是用于暂时存放CPU中的运算数据以及与硬盘等外部存储器交换的数据,属于存储范畴。内存实体如图2.2所示。

内存储器分为随机存储器(RAM)和只读存储器(ROM)两种,前者的一个主要特征是加电(通电)时数据才存入RAM,断电后数据会丢失。我们平时说的内存就是指这一种,例如:内存条,缓存,显存等。后者的一个主要特征是断电后数据不会丢失,例如:CMOS ROM等。

图2.2 内存实体图

(2) 性能指标

① 内存容量

即内存大小,现在市场上销售的内存大小有1 GB、2 GB、4 GB等容量。内存大小是决定计算机工作效率的一个主要指标。

② 内存类型和频率

一般内存频率是指内存的等效频率。是在其实际工作频率乘以一定的倍数的频率。比如内存条上标的DDR2 800的等效频率就是800 MHz,其中DDR2就是内存的类型,而其实际工作频率就是800/2=400 MHz。目前市场上比较流行的内存规格有DDR2 800、DDR3 1066、DDR3 1333、DDR3 1600等。

2.1.1.3　显卡

(1) 基本概念

显卡,又称显示接口卡、显示适配器,它是计算机运行的重要部件;显卡负责将CPU传输的影像资料处理成显示器可以识别的格式,再发送到显示屏上形成影像。也就是说它负责把CPU送来的二进制数据翻译成人眼可以看到的图像,然后再发送到显示屏才能对人视觉神经产生冲激。显卡实体图如图2.3所示。

图2.3　显卡实体图

(2) 分类

① 集成显卡

集成显卡是将显示芯片、显存及其相关电路都做在主板上,与主板融为一体,集成的显卡一般不带有显存,使用系统的一部分内存作为显存,具体的数量一般是系统根据需要自动动态调整的。因为集显一般要借用(占用)系统内存,具有被动性,不具有自主性。所以性能较弱。

② 独立显卡

独立显卡简称独显,是指将显示芯片、显存及其相关电路单独做在一块电路板上,自成一体而作为一块独立的板卡存在,需要插在主板的相应接口上。独立显卡具备单独的显存,可以不占用系统内存。

2.1.1.4　主板(Mainboard)

(1) 基本概念

主板(Mainboard),又叫主机板、系统板(Systemboard)或母板(Motherboard);它安装在

机箱内，是计算机最基本的也是最重要的部件之一。主板一般为矩形电路板，上面安装了组成计算机的主要电路系统，一般有BIOS芯片、I/O控制芯片、键盘和面板控制开关接口、指示灯插接件、扩充插槽、主板及插卡的直流电源供电接插件等元件。主板实物图如图2.4所示。

图2.4 主板实物图

主板采用了开放式结构。主板上大都有6～15个扩展插槽，供PC机外围设备的控制卡(适配器)插接。通过更换这些插卡，可以对微机的相应子系统进行局部升级，使厂家和用户在配置机型方面有更大的灵活性。总之，主板在整个计算机系统中扮演着举足轻重的角色。可以说，主板的类型和档次决定着整个计算机系统的类型和档次。主板的性能影响着整个微机系统的性能。

(2) 性能指标

① 芯片组

芯片组是主板的核心组成部分，几乎决定了这块主板的功能，进而影响到整个电脑系统性能的发挥。按照在主板上的排列位置的不同，通常分为北桥芯片和南桥芯片。

② 扩展插槽

扩展插槽是主板上用于固定扩展卡并将其连接到系统总线上的插槽，也叫扩展槽、扩充插槽。扩展槽是一种添加或增强电脑特性及功能的方法。扩展槽的种类和数量的多少是决定一块主板好坏的重要指标。有多种类型和足够数量的扩展插槽就意味着今后有足够的可升级性和设备扩展性，反之则会在今后的升级和设备扩展方面碰到巨大的障碍。

③ 对外接口

(a) 硬盘接口：硬盘接口可分为IDE接口和SATA接口。在早期的主板上，多集成2个IDE口，通常IDE接口都位于PCI插槽下方，从空间上则垂直于内存插槽(也有平行的)。而新型主板上，IDE接口大多减为一个，甚至没有，代之以SATA接口。

(b) 软驱接口：连接软驱所用，多位于IDE接口旁，比IDE接口略短一些，因为它是34针的，所以数据线也略窄一些。

(c) COM接口(串口)：大多数主板都提供了两个COM接口，分别为COM1和COM2，作用是连接串行鼠标和外置Modem等设备。

(d) PS/2 接口:PS/2 接口的功能比较单一,仅能用于连接键盘和鼠标。

(e) USB 接口:USB 接口是如今最为流行的接口,最大可以支持 127 个外围设备,并且可以独立供电,其应用非常广泛。此外,USB2.0 标准最高传输速率可达 480Mbps。USB3.0 已经出现在主板中,并已开始普及。

(f) LPT 接口(并口):一般用来连接打印机或扫描仪。采用 25 脚的 DB-25 接头。使用 LPT 接口的打印机与扫描仪已经基本很少了,多为使用 USB 接口的打印机与扫描仪。

(g) MIDI 接口:声卡的 MIDI 接口和游戏杆接口是共用的。接口中的两个针脚用来传送 MIDI 信号,可连接各种 MIDI 设备,例如电子键盘等,现在已很难找到基于该接口的产品。

(h) SATA 接口:SATA 的全称是 Serial Advanced Technology Attachment(串行高级技术附件,一种基于行业标准的串行硬件驱动器接口),是由 Intel、IBM、Dell、APT、Maxtor 和 Seagate 公司共同提出的硬盘接口规范。SATA 规范将硬盘的外部传输速率理论值提高到了 150 MB/s,而随着未来后续版本的发展,SATA 接口的速率还可扩展到 2×和 4×(300 MB/s 和 600 MB/s)。

2.1.1.5 硬盘

(1) 基本概念

硬盘驱动器(Hard Disc Drive 简称 HDD 或 HD)简称硬盘。是电脑主要的存储媒介之一,绝大多数硬盘都是固定硬盘,被永久性地密封固定在硬盘驱动器中。硬盘实体图如图 2.5 所示。

图 2.5 硬盘实体图

(2) 性能参数

① 容量

作为计算机系统的数据存储器,容量是硬盘最主要的参数。硬盘的容量以兆字节(MB)、吉字节(GB)或太字节(TB)为单位,1 TB=1024 GB,1 GB=1024 MB。但硬盘厂商在标称硬盘容量时通常取 1 G=1000 MB,因此我们在 BIOS 中或在格式化硬盘时看到的容量会比厂家的标称值要小。

② 转速

转速(Rotational Speed 或 Spindle speed),就是硬盘盘片在一分钟内所能完成的最大转数。转速的快慢是标示硬盘性能的重要参数之一,它是决定硬盘内部传输率的关键因素之一,在很大程度上直接影响到硬盘的传输速度。硬盘的转速越快,硬盘寻找文件的速度也就越快，相对的硬盘的传输速度也就得到了提高。硬盘转速以每分钟多少转来表示，单位表示为 RPM(Revolutions Per Minute)即转/每分钟。RPM 值越大，内部传输率就越快，访问时间就越短，硬盘的整体性能也就越好。

家用的普通硬盘的转速一般有 5400 rpm、7200 rpm 几种，服务器用户对硬盘性能要求最高，服务器中使用的 SCSI 硬盘转速基本都采用 10000 rpm，甚至还有 15000 rpm 的，性能要超出家用产品很多。较高的转速可缩短硬盘的平均寻道时间和实际读写时间，但随着硬盘转速的不断提高也带来了温度升高、电机主轴磨损加大、工作噪音增大等负面影响。

③ 平均访问时间

平均访问时间(Average Access Time)是指磁头从起始位置到达目标磁道位置，并且从目标磁道上找到要读写的数据扇区所需的时间。平均访问时间体现了硬盘的读写速度。

④ 传输速率

硬盘的传输速率(Data Transfer Rate)是指硬盘读写数据的速度，单位为兆字节每秒(MB/s)。硬盘数据传输率又包括了内部数据传输率和外部数据传输率。

⑤ 缓存

缓存(Cache Memory)是硬盘控制器上的一块内存芯片，具有极快的存取速度，它是硬盘内部存储和外界接口之间的缓冲器。由于硬盘的内部数据传输速度和外界数据传输速度不同，缓存在其中起到一个缓冲的作用。缓存的大小与速度是直接关系到硬盘的传输速度的重要因素，能够大幅度地提高硬盘整体性能。当硬盘存取零碎数据时需要不断地在硬盘与内存之间交换数据，有大缓存，则可以将那些零碎数据暂存在缓存中，减小外系统的负荷，也提高了数据的传输速度。

2.1.1.6　光驱

(1) 基本概念

光驱，电脑用来读写光碟内容的机器，也是在台式机和笔记本电脑里比较常见的一个部件。随着多媒体的应用越来越广泛，光驱在计算机诸多配件中已经成为标准配置。目前，光驱可分为 CD-ROM 驱动器、DVD 光驱(DVD-ROM)、康宝(COMBO)和刻录机等。光驱实物图如图 2.6 所示。

图 2.6　光驱实物图

CD-ROM 光驱：又称为致密盘只读存储器，是一种只读的光存储介质。它是利用原本用于音频 CD 的 CD-DA(Digital Audio)格式发展起来的。

DVD 光驱：是一种可以读取 DVD 碟片的光驱，除了兼容 DVD-ROM，DVD-VIDEO，DVD-R，CD-ROM 等常见的格式外，对于 CD-R/RW，CD-I，VIDEO-CD，CD-G 等都要能很好的支持。

2.1.1.7　键盘、鼠标

(1) 键盘

键盘用于操作设备运行的一种指令和数据输入装置，也指经过系统安排操作一台机器或设备的一组功能键。

(2) 鼠标

鼠标是计算机输入设备的简称，分有线和无线两种。它也是计算机显示系统纵横坐标定位的指示器,因形似老鼠而得名“鼠标”。“鼠标”的标准称呼应该是“鼠标器”,英文名“Mouse”。鼠标的使用是为了使计算机的操作更加简便,来代替键盘繁琐的指令。键盘、鼠标实物图如图 2.7 所示。

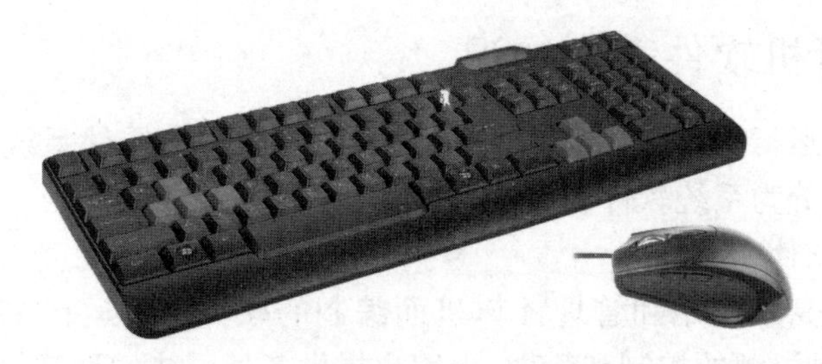

图 2.7　键盘、鼠标实物图

2.1.1.8　打印机、扫描仪

(1) 打印机

我们在日常办公中往往需要把我们在电脑里的文档和图片打印出来,这就需要依靠打印机来完成,打印输出是计算机系统最基本的输出形式,可将计算机内的信息打印在纸上长期保存。常用的打印机主要有针式打印机、喷墨打印机和激光打印机三种,如图 2.8 所示。

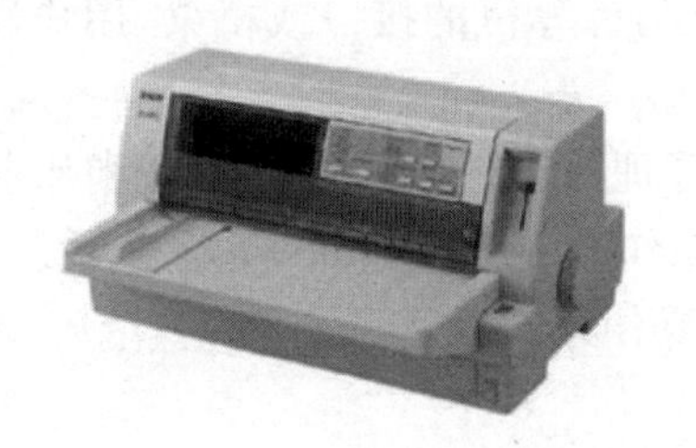

图 2.8　针式打印机、喷墨打印机、激光打印机

(2) 扫描仪

扫描仪是通过捕获现实生活中的图形或图像并将之转换成计算机可以显示、编辑、存储和输出的数字化输入设备。

扫描仪按照其接口方式可分为有 SCSI、EPP、USB 三种;SCSI 接口扫描仪的特点是传输速度较快,扫描质量高,但需要额外安装一块 SCSI 卡;EPP 接口扫描仪相对速度较慢,扫描质量稍差,但安装方便,兼容性好;USB 接口扫描仪速度较 EPP 快,可带电插拔,即插即用,较新的 USB 扫描仪可直接由 USB 口取电,无须另加电源。按照工作原理可分为滚筒式扫描仪、平板式扫描仪、胶片扫描仪、底片扫描仪,如图 2.9 所示。

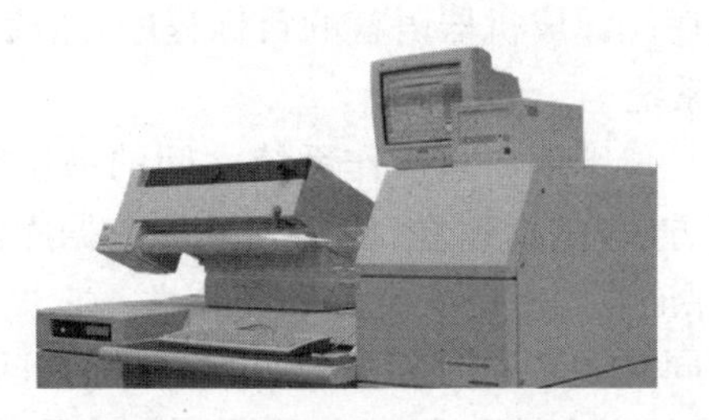

图 2.9　平板扫描仪、滚筒扫描仪和三维扫描仪

以上所说的都是二维扫描仪，在许多领域，如机器视觉、面形检测、实物仿形、自动加工、产品质量控制、生物医学等，物体的三维信息是必不可少的。三维扫描仪便可以迅速获取物体的立体彩色信息并将其转化为计算机能直接处理的三维数字模型。

2.1.2 计算机软件基本知识

软件是指计算机运行所需要的程序及相关的文档资料。软件系统是指各种软件的集合。计算机软件可以分为系统软件和应用软件。

2.1.2.1 系统软件

系统软件是为了高效使用和管理计算机而编制的软件。它运行在计算机基本硬件之上，通过对计算机各种资源的控制和管理，为用户提供各种可能的计算机应用手段和应用方式。系统软件在计算机运行过程中的作用有：控制和管理各种硬件装置，对运行在计算机上的其他软件及数据资料进行调度管理，提供良好的界面和各种服务，为用户提供与计算机交换信息的手段和方式等等。

常见的系统软件有操作系统、语言处理软件、数据库管理系统和服务程序等。

(1) 操作系统

操作系统是最基本、最重要的系统软件，用于控制、协调计算机各部件进行操作，管理计算机的硬件资源和软件资源，因此操作系统可以看成是用户与计算机的接口或桥梁，用户通过操作系统来使用计算机。

一般来说操作系统都具备五大功能：CPU 管理、内存管理、设备管理、文件管理和作业管理。每一台计算机都必须配置操作系统软件。常用的操作系统有 Windows 操作系统、Linux 操作系统、Unix 操作系统、OS/2 操作系统、Netware 操作系统等。

(2) 语言处理软件

语言处理软件包括程序设计语言和语言处理程序，是用来编写各种程序的。它把用户用软件语言书写的各种源程序转换成为可为计算机识别和运行的目标程序，从而获得预期结果。

程序设计语言根据其指令代码可分为：机器语言、汇编语言和高级语言。机器语言是能够被计算机直接识别并执行的二进制代码的集合。汇编语言也称为低级语言，是用助记符来编写程序的计算机语言。高级语言是使用有限的英语单词，采用接近生活用语和数学公式来编写程序的计算机语言。使用高级语言编写的程序，可读性强，不受机器种类的限制。常用的高级语言有 BASIC、C、C++、DELPHI、JAVA 等。

语言处理程序包括汇编程序、解释程序和编译程序。汇编程序是将使用汇编语言编写的程序翻译成机器语言，然后再执行。解释程序是将使用某种高级语言编写的源程序翻译成机器语言的目标程序，并且翻译一句执行一句，翻译完毕，程序也执行完毕。编译程序把高级语言编写的源程序翻译成机器语言的目标程序，然后由机器执行。

(3) 数据库管理系统

数据库管理系统是位于用户与操作系统之间的一层数据管理软件，它为用户或应用程序提供访问数据库的方法，包括建立、使用和维护数据库，简称 DBMS。它对数据库进行统一的管理和控制，以保证数据库的安全性和完整性。它提供多种功能，可使多个应用程序和用户用不同的方法在同时或不同时刻去建立，修改和询问数据库。它使用户能方便地定义和操纵数据，维护数据的安全性和完整性，以及进行多用户下的并发控制和恢复数据库。数据库管理系统总是基于某种数据模型，可以分为层次型、网状型、关系型和面向对象型等。

常用的数据库产品，如 Oracle、Sybase、Informix、Microsoft SQL Server、Microsoft Access、Visual FoxPro 等产品各以自己特有的功能，在各种应用领域里发挥了很大的功能。

2.1.2.2 Windows XP 的基本操作

(1) 认识 Windows XP 的界面

① 桌面

进入到 Windows XP 系统后的屏幕称之为桌面，如图 2.10 所示。桌面上摆放着安装在操作系统内的应用程序的图标及其他工具，用户可以根据自己的爱好更改桌面的外观。一般在安装 Windows XP 后，在桌面上只有"回收站"一个图标，我们可以通过在桌面空白处单击右键选择"属性"进入到桌面属性，再"桌面"选项卡的"自定义桌面"对话框中，我们可以将桌面的另外四个图标显示在桌面上，即"我的文档""我的电脑""网上邻居"和"Internet Explorer"。

图 2.10 Windows XP 桌面

(a) 我的文档

"我的文档"是系统 C 盘中一个文件夹的快捷方式，双击"我的文档"图标，将打开这个文件夹窗口。默认情况下，Windows XP 将此文件夹作为文档保存的默认存放位置。

(b) 我的电脑

"我的电脑"实际上是系统资源管理器的一个管理平台，在系统安装时自动为它建立了一个图标。双击"我的电脑"图标，就可以打开资源管理器，其中包含有系统所有的驱动器，此外，"我的电脑"窗口左边的常见任务部分还有"系统任务"和"控制面板"等信息，用于定制和配置用户的计算机操作环境。

(c) 网上邻居

该文件夹用于快速访问当前计算机所在局域网中的硬件和软件资源。双击它即可浏览本地网络中所共享的计算机资源。另外，通过"网络任务"部分可以查看所在工作组的计算机和设置网络连接信息。

(d) 回收站

回收站是硬盘中的一个文件夹，用于暂时存放从硬盘中其他文件夹或桌面上删除的文件及其他对象，这些对象处于“被回收”的状态，如果是由于误操作而将有用的文件或文件夹删除，用户可以借助“回收站”进行恢复。

“清空回收站”的命令将永久地删除回收站里面的内容，清空回收站后，数据将不可恢复。

(e) Internet Explorer

“Internet Explorer”图标的功能是启动 Microsoft Internet Explorer 浏览器，通过浏览器可以访问互联网。

② “开始”菜单

单击位于桌面左下角的“开始”按钮，即可打开“开始”菜单，如图 2.11 所示。用户在系统中安装的程序、系统的设置窗口和系统中各种资源都可以通过“开始”菜单来实现访问。Windows XP 中提供了“‘开始’菜单”和“经典‘开始’菜单”两个样式，虽然样式上有所差别，但其功能性几乎一致。

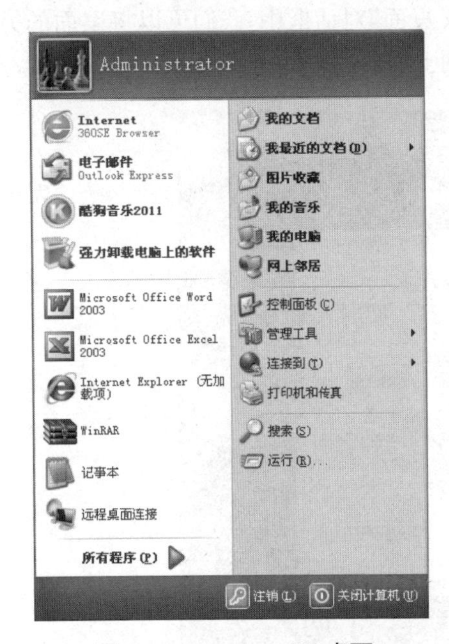

图 2.11　Windows XP 桌面

默认的“开始”菜单中包含的主要选项有：

(a) 所有程序：通过这一选项可以让用户启动安装在系统中的应用程序。当鼠标指向“所有程序”选项时，会出现级联菜单，显示存放于其中的程序项，单击某程序项就可以执行指定的程序。

(b) 我最近的文档：当鼠标指向“文档”时，会列出最近使用过的 15 个文档。单击某个文档选项便可打开文档及相应的处理程序。

(c) 系统控制工具菜单区域：通过这些菜单项用户可以实现对计算机的操作与管理。该选项包括了“控制面板”“管理工具”“连接到”“打印机和传真”四个项目，用户可以按照个人喜好设定 Windows XP 的显示状态及行为。

(d) 搜索：该选项可以打开“搜索结果”对话框，以查找系统中的某些项目。

(e) 运行：该选项提供了一种通过输入命令字符串来启动程序、打开文档或文件夹以及浏览 Web 站点的方法。

(f) 注销：通过此按钮用户可以切换到其他用户或退出当前登录的用户，此操作并不关闭计算机。

(g) 关机：为了不丢失数据和毁坏系统，在操作完毕准备关机时，应先关闭所有窗口，然后单击“开始”菜单中的“关机”命令，在随之出现的对话框中选择“关机”选项，单击“确认”按钮，直到计算机主机关闭后，再拔掉主机电源。

③ 任务栏与状态指示器

位于桌面下方的蓝色条形框称为“任务栏”。所有正在运行的应用程序和打开的文件夹均以任务按钮的形式显示在任务栏上，要切换到某个应用程序或文件夹窗口，只需单击任务栏上相对应的按钮。

任务栏的右边有一块浅蓝色矩形区域，称为“状态指示器”，显示有时间以及表示输入法的图标等，根据系统配置的不同，该区域中的指示器个数和内容也有所不同。

(2) Windows XP 的文件管理

Windows XP 具有非常完善的文件管理功能,可以对文件以及文件夹进行创建、复制、移动、删除、重命名、查找以及查看等操作。

① 创建文件夹或文档

创建文件夹的最简单方法就是在想创建文件夹的窗口的空白区域单击鼠标右键,从弹出的快捷菜单中选择"新建"→"文件夹"命令,系统便会创建一个名为"新建文件夹"的文件夹,并且文件夹的名字处于被选中状态,可以直接键入想要的名字给该文件夹命名。另外也可以在要创建文件夹的窗口菜单栏中点击"文件"菜单,选择"新建"选项中的"文件夹"选项,即可以在该窗口中新建文件夹。

注意:

系统中的某些位置不允许新建文件夹,如我的电脑、网上邻居等,在该区域点击右键或单击"文件"菜单都不会出现新建文件夹选项。

文档的创建一般是通过应用程序完成的,即先运行某应用程序,然后再利用该应用程序的"新建"功能来创建它所支持的类型的文档。例如要创建 Word 文档,则应先运行 Microsoft Office Word 软件。用户也可以在桌面上或者文件夹中单击鼠标右键,在弹出的快捷菜单中选择"新建"命令,就会出现可以创建文档类型的列表,从该列表中选择要创建的文档类型,Windows XP 会自动赋予该文档一个缺省的名字,用户若想编辑该文档,可以双击文档图标,系统将会启动相应的应用程序进行编辑。

② 选取文件或文件夹

(a) 选取单个文件或文件夹的方法很简单,只需用鼠标左键单击,即可选中相应的对象。

(b) 要选取多个连续对象,可以用鼠标单击第一个对象,再按下 Shift 键单击最后的对象;也可以自第一个对象单个拖动鼠标到最后对象;如果要使用键盘,可以按下 Shift 键,通过按下键盘上的方向键,则可以选中要选中的对象。

(c) 要选取多个不连续对象,可以有鼠标单击第一个对象,然后按住 Ctrl 键,单击其他对象;如果使用键盘,可以按下 Ctrl 键,移动光标,Ctrl+空格键选中对象。

③ 复制、移动文件或文件夹

在不同的磁盘和文件夹之间复制或移动文件或文件夹对象是日常工作中经常使用的操作。无论是复制还是移动对象,都要事先选定对象。

(a) 用鼠标直接拖动的方法复制或移动对象

复制或移动对象的最简单方法就是直接用鼠标把选中的文件或文件夹拖放到目的地。

当源文件与目标文件在同一磁盘上时,按住鼠标左键直接拖动对象可以完成对象的移动,如果按下 Ctrl 键再拖动,则完成对象的复制。

当源文件与目标文件在不同的磁盘上时,按住鼠标左键将对象从一个磁盘直接拖动到另一个磁盘上完成对象的复制,如果按下 Shift 键再拖动,则完成对象的移动。

如果希望自己决定鼠标拖放操作是复制还是移动的话,可以用鼠标右键把对象拖放到目的地,当松开右键时,会弹出一个快捷菜单,可以从中选择是移动还是复制该对象。

(b) 使用"剪贴板"复制或移动对象

复制或移动文件或文件夹的常规方法是使用菜单命令进行操作。选定对象后,使用先复制、再粘贴的组合操作可以完成对象的复制;使用先剪切、再粘贴的组合操作可以完成对象的移动。

④ 删除文件或文件夹

删除文件或文件夹的前提是先选定对象，有两种删除方式：

一是将删除对象移入回收站：选定对象后，直接按 Del 键；也可以在“文件”下拉菜单或单击鼠标右键弹出的快捷菜单中选择“删除”命令。

二是不再保留的删除：如果确认文件或文件夹确实没有任何保留的价值了，可以在选定对象后，按 Shift＋Del 组合键；或者按住 Shift 键，再选择“删除”命令。

⑤ 重命名文件或文件夹

如果要对文件或文件夹进行重新命名，可以选定对象并单击其名称，出现闪烁光标后，输入新名称，并按回车键。

⑥ 查找文件或文件夹

Windows XP 提供了功能强大的搜索功能，可以很方便地查找文件或文件夹。Windows XP 的搜索功能可以从文件名、文档的正文内容、文档存放位置、时间信息(包括修改日期)、文档大小以及普通表达式(通配符)等几个方面进行搜索。如图 2.12 所示。

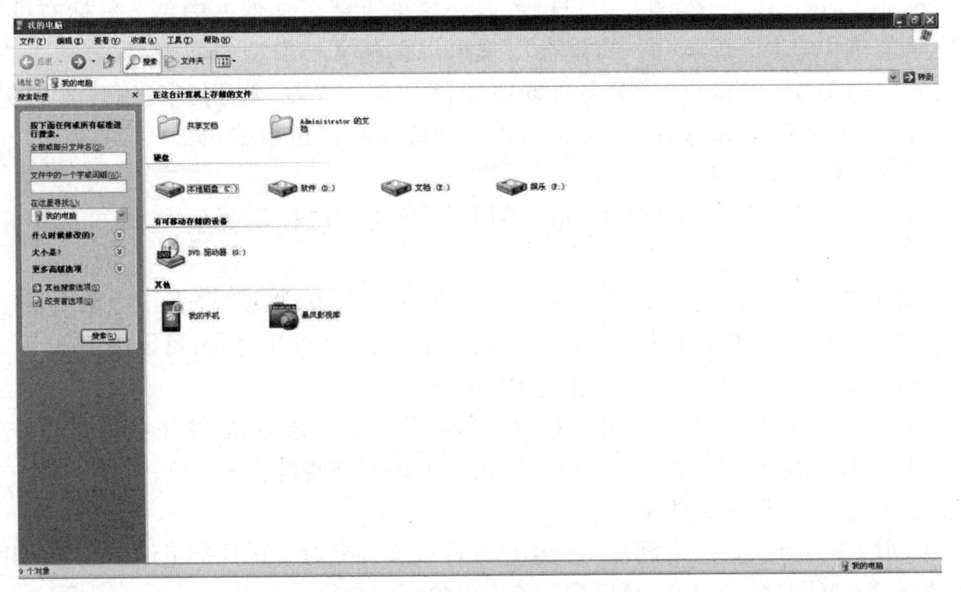

图 2.12　查找文件或文件夹

具体操作方法是：

步骤 1：打开“开始”菜单，点击“搜索”选项，在弹出的搜索结果窗口中点击“所有文件或文件夹”命令；

步骤 2：在“全部或部分文件名”文本框中输入文件名。Windows XP 支持星号(*)和问号(?)两个通配符，星号表示多个字符，问号表示一个字符；

步骤 3：在“文件中的一个字或词组”框中输入要查找的文件正文中所包含的文字；

步骤 4：在“在这里寻找”下拉列表中选择查找范围，指定相应的驱动器，必要时可指定子目录，以缩小搜索范围；

步骤 5：用户还可以在“高级选项”区域中通过不同的选项菜单对文件的修改日期、大小等方面的设置，进行更精确的搜索；

步骤 6：单击“搜索”按钮，相应的搜索结果将出现在右侧窗格。

⑦ 文件或文件夹属性

属性是文件系统用来识别文件的某种性质。在 Windows XP 文件系统中，文件、文件夹和快捷方式可以没有属性，也可以是存档、隐藏、只读和系统四种属性的任意组合。

(a) 存档属性：每次创建一个新文件或改变一个旧文件时，Windows 都会为其分配存档属性。存档属性说明了该对象在上次备份以后已经被修改。

(b) 隐藏属性和系统属性：用来标记重要文件，由于这些文件是程序或 Windows 的关键部分，所以不允许更改或删除。这两种属性可以单独使用，但经常是同时使用。

(c) 只读属性：用于防止文件被意外修改。打开带有该属性的文件，除非将该文件重新另存为其他文件，否则不能将修改后的内容保存下来。

用鼠标右键单击文件夹或文件，从弹出的“快捷菜单”中选择“属性”命令，就可以打开该文件或文件夹的“属性”对话框，如图 2.13 所示。该对话框显示了对象的当前属性，必要时还可以修改它们，同时还可以得到文件和文件夹的大小、创建日期以及其他重要的统计数据。

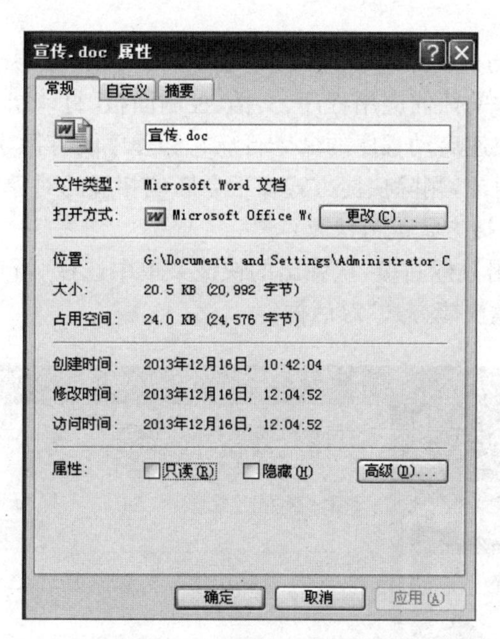

图 2.13　文件属性对话框

(3) 应用程序管理

用户要完成大量的日常工作需要各种应用程序作为工具，Windows XP 的程序管理功能可以使用户很方便地安装、运行 Windows 平台下的应用程序，以及应用程序之间的切换和信息共享等问题。

① 启动程序

Windows XP 提供了多种启动程序的方法，主要包括：

(a) 使用快捷方式：如果用户在“开始”菜单中、桌面上或某一文件夹中曾经创建过某程序的快捷方式，那么只需要左键双击该程序的快捷方式即可。

(b) 使用“运行”命令：单击“开始”按钮，在“开始”菜单中选择“运行”命令，在弹出的运行对话框中将程序的路径名、文件名填写在对话框中，单击“确定”按钮即可；也可以在运行对话框中点击“浏览”按钮，找到要运行的应用程序点击“打开”后，单击“确定”按钮。

(c) 使用程序图标：打开程序文件所在的文件夹，找到程序图标并双击它，这是启动程序的一个基本方法。

(d) 使用应用程序关联的文档：从“我的电脑”或“Windows 资源管理器”窗口中直接双击该应用程序关联的文档图标，也可启动应用程序。

(e) 使用“启动”文件夹：可以通过“开始”→“所有程序”在“启动”项单击右键选择“打开”，在打开的启动文件夹中将应用程序的快捷方式放入“启动”文件夹。这样当用户每次启动 Windows 系统时，“启动”文件夹中的程序便会自动执行。

② 切换程序

Windows XP 可以同时打开多个程序，但在同一时刻只有一个窗口是活动窗口，在需要时，用户可以很方便地迅速切换到另一个程序窗口。利用任务栏进行切换是最有效的方法。每一个打开的程序及文件夹窗口，其名称都以按钮方式显示在任务栏上，只要单击某一按钮便可切换到该窗口。也可以通过快捷键“Alt＋Tab”来实现不同应用程序之间的切换

③ 创建和使用快捷方式

用户可以为计算机中的任何应用程序、文档、控制面板、打印机和磁盘等创建快捷方式。快捷方式就是一种用于快速启动程序的命令行。它和程序既有区别又有联系。打开快捷方式意味着打开了相应的对象，删除快捷方式却不会影响相应的对象。

(a) 在桌面上创建快捷方式的方法是：

步骤 1：在桌面上单击鼠标右键，从弹出的快捷菜单中选择“新建”—“快捷方式”命令，打开如图 2.14 所示的“创建快捷方式”对话框；

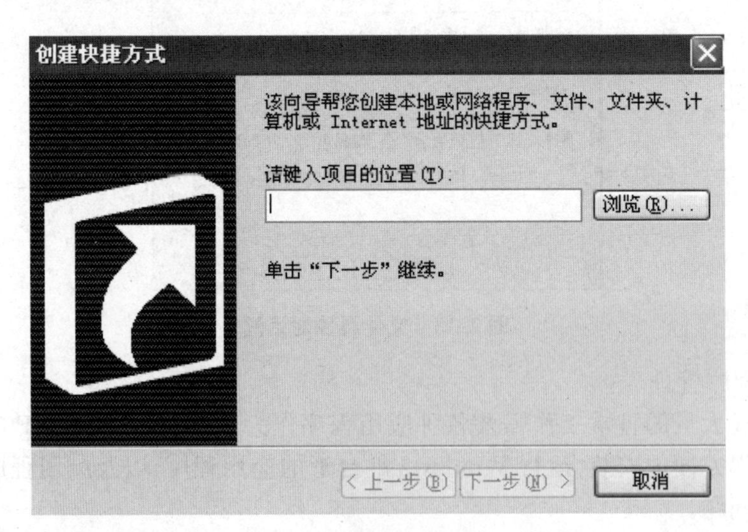

图 2.14　显示要创建快捷方式的对象

步骤 2：单击“浏览”按钮，在出现的“浏览”对话框中，选择要创建快捷方式的对象，然后单击“打开”按钮，返回“创建快捷方式”对话框；

步骤 3：单击“下一步”按钮，弹出“选择程序标题”对话框，如图 2.15 所示。输入快捷方式的名称，然后单击“完成”按钮，新创建的快捷方式将出现在桌面上。

(b) 删除快捷方式比较容易，选中该对象后直接拖入"回收站"即可，也可按 Del 键。

图 2.15 输入快捷方式的名称

④ 安装与卸载应用程序

除了直接从可移动磁盘或光盘上复制或运行进行安装应用程序的方法外，Windows XP 还提供了自动添加/删除程序的功能。

(a) 安装程序

打开"控制面板"，双击"添加/删除程序"图标，出现如图 2.16 所示的"添加/删除程序属性"对话框；

图 2.16 "添加/删除程序"对话框

单击"添加新程序"选项卡，出现"CD 或软盘"和"Windows Update"两个选项，指引用户

是从CD安装还是从Windows官方网站更新程序。我们选择"CD或软盘",将弹出"从软盘或光盘安装程序"向导;

插入安装盘,然后单击"下一步"按钮,系统开始在软盘或光盘中查找安装程序。找到后会将安装程序的路径名及文件名显示在对话框的文本栏中;若系统没有找到,用户可以自己键入安装程序的路径名及文件名,或者单击"浏览"按钮手工搜索;

确定安装程序后,单击"完成"按钮开始安装。安装完成后,该软件的快捷方式会自动出现在"开始"菜单中的"程序"菜单里。

(b) 卸载程序

删除程序的过程比删除某个文件要复杂些,如果要删除程序,用户可以检查"添加/删除程序属性"对话框,在"更改或删除程序"选项卡的列表中找到要删除的程序,然后单击"更改/删除"按钮即可卸载选中的程序。

如果在"更改或删除"选项卡的列表中没有该程序,可以检查该程序所在的文件夹,查找标记为Remove或Uninstall的卸载程序,双击即可卸载。

2.1.2.3 应用软件

应用软件是指为用户专门开发和设计的,用来解决具体问题的各类程序及相关文档的集合。计算机的应用软件不计其数,但与网络编辑相关的软件大致可分为以下几类:

(1) 文字处理软件

文字处理软件是用于输入、存储、修改、编辑、打印文字材料的软件。Windows XP中的记事本和写字板都是文字处理软件,但是其功能性较弱,只能进行简单的文字处理。微软公司的Office系统中的Word就是一个功能强大的文字处理软件,也是目前使用率最高的文字处理软件,另外还有金山公司的WPS系统也可以实现文字编辑的一些高级功能。

(2) 图形、图像处理软件

图形、图像处理软件是对原始图片素材进行编辑和修改的软件,它被广泛应用于广告制作、平面设计、影视后期制作等领域。市面上比较有影响力的图形、图像处理软件有:Adobe公司的Photoshop和Illustrator、Macromedia公司的Fireworks和Freehand、Corel公司的CorelDraw等,另外Macromedia公司的动画制作软件Flash也是一款优秀的矢量图制作软件。

(3) 影音编辑软件

影音编辑软件可以实现音频和视频文件的解码、剪辑、编辑等功能,在广告制作、网页设计、动画制作、家庭录像等产业中都可以看到影音编辑软件的身影。常用的影音编辑软件有:Adobe Premier、Sound Forge、绘声绘影等。

(4) 其他常用软件

作为一名网络编辑人员,除了掌握以上的应用软件的操作外,还要能够熟练操作以下的常用软件:网页制作软件(如Frontpage、Dreamweaver)、浏览器软件(如Internet Explorer)、即时通信软件(如QQ、MSN)、FTP软件(如Flash FTP、Cuteftp)、解压缩软件(如winrar、winzip)等。

2.1.2.4 计算机病毒和杀毒软件

(1) 计算机病毒

计算机病毒是一种特殊的应用软件,它指的是编制或者在计算机程序中插入的破坏计算机功能或者破坏数据，影响计算机使用并且能够自我复制的一组计算机指令或者程序代码。

计算机病毒具有破坏性、寄生性、传染性、潜伏性、隐蔽性和可触发性等特点，绝大部分的计算机病毒都是通过网络传播。

(2) 病毒的分类

① 按寄生方式分类

(a) 系统引导型：系统引导时病毒装入内存，同时获得对系统的控制权，对外传播病毒，并且在一定条件下发作，实施破坏。

(b) 文件型(外壳型)：将自身包围在系统可执行文件的周围、对原文件不做修改、运行可执行文件时，病毒程序首先被执行，进入到系统中，获得对系统的控制权。

(c) 源码型：在源被编译之前，插入到源程序中，经编译之后，成为合法程序的一部分。

(d) 入侵型：将自身入侵到现有程序之中，使其变成合法程序的一部分。

② 按广义病毒概念分类

(a) 蠕虫(Worm)：监测 IP 地址，网络传播。

(b) 逻辑炸弹(Logic Bomb)：条件触发，定时器。

(c) 特洛伊木马(Trojan Horse)：隐含在应用程序上的一段程序，当它被执行时，会破坏用户的安全性。

(d) 陷门：在某个系统或者某个文件中设置机关，使得当提供特定的输入数据时，允许违反安全策略。

(e) 细菌(Germ)：不断繁殖，直至添满整个网络的存储系统。

(3) 病毒防治

杀毒软件也是应用软件中的一种，用于消除电脑病毒和恶意软件的一类软件，它的出现是为了对付病毒。杀毒软件常用的病毒扫描方法有：特征码扫描法、加总比对法、先知扫描法、宏病毒陷阱等。

常用的杀毒软件有：360 杀毒、金山毒霸、瑞星杀毒软件等。

2.1.3　计算机数据传输

作为一名网络编辑人员，经常在网上进行搜索资源，传递信息，与其他部门进行各种编辑素材的内容传输。如何使用我们所讲到的应用软件帮助我们在网络中有效地进行内容传输是我们要解决的一个问题，下面我们就局域网和互联网中如何利用软件高效的进行数据传输进行一个简单的讲解。

2.1.3.1　局域网内的内容传输

局域网内的内容传输通常用于同一个公司或同一个部门不同计算机之间的信息传递，合理的利用局域网内的内容传输技巧可以方便的节省资源，达到信息的最大化使用。

在 Windows 操作系统中自带的文件共享功能就可以很方便地实现局域网内的内容传输，具体操作如下：

① 在你要共享的文件夹上单击右键，在弹出的快捷菜单中选择共享和安全。

② 在弹出的如图 2.17 所示的文件夹属性对话框的共享选项卡中选中“在网络上共享

这个文件夹”。

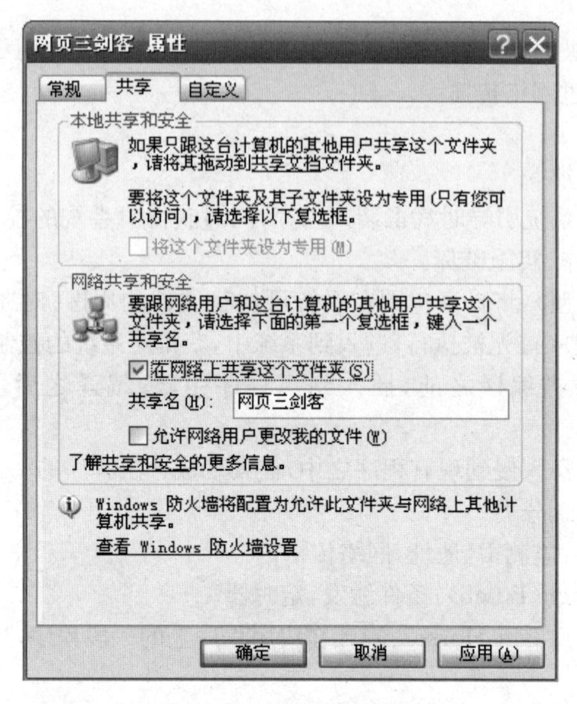

图 2.17 文件夹共享属性

③ 对于启用防火墙的系统还需要设置防火墙的例外程序，不然其他用户无法访问该共享文件夹。在文件夹属性的共享选项卡中单击“查看 Windows 防火墙设置”，在弹出的如图 2.18 所示的 Windows 防火墙窗口中的例外选项卡中选中“文件和打印机共享”。

图 2.18 Windows 防火墙

(4) 设置完成后该文件夹的图标上就多了一个小手，说明该文件夹已经在局域网内共享了，其他用户可以通过网上邻居的“查看工作组计算机”找到已经设置好共享资源的计算机，直接打开就可以访问该文件夹的内容了。

注意：如果想让其他机器能够访问你共享的资源，在你的计算机用户管理中要把Guest账户启用，具体启用方法这里就不再说明。

2.1.3.2 互联网中的内容传输

互联网中的各种信息资源是我们开展编辑工作的庞大的素材库，如何能将互联网中的信息方便地下载到自己的计算机中或者将自己计算机的信息上传到互联网中供他人使用也是要掌握的一项技能。

(1) 使用FTP软件实现互联网内容传输

互联网中有许许多多的FTP站点供用户上传和下载文件，有许多都是免费的，利用这些站点我们可以很方便地与他人交换信息，实现资源共享。下面我们就以CuteFTP为例讲解一下如何使用FTP软件连接FTP站点实现内容传输。

① 启动CuteFTP，在启动窗口中点击“文件”菜单下的“连接向导”；

② 在弹出的连接向导中输入要连接服务器的标签，以区别其他的FTP站点；

③ 输入要连接FTP站点的网址，这里可以是网站的域名或者IP地址，如图2.19所示；

④ 输入要登陆FTP站点的用户名和密码，也可以选择“匿名访问”；

⑤ 设置上传和下载文件存放的默认目录；

⑥ 点击“完成”按钮完成连接向导。

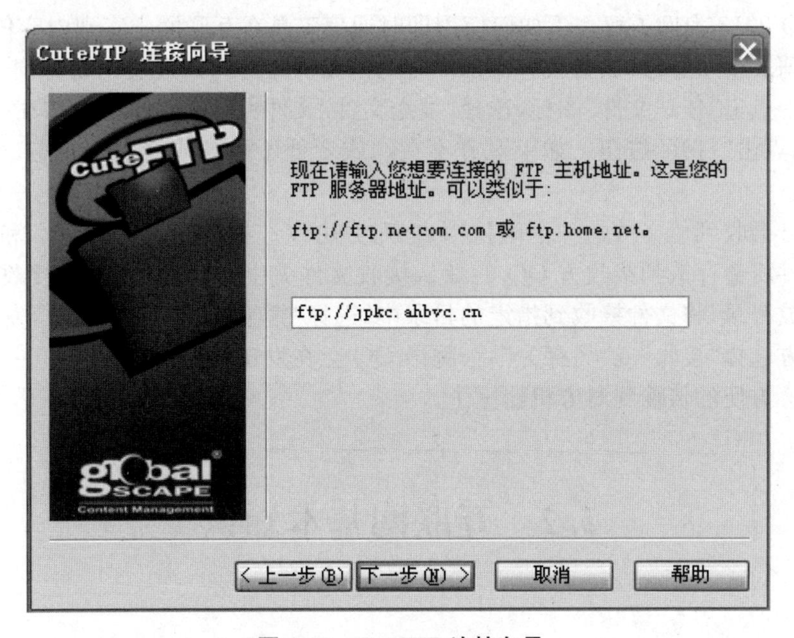

图2.19 CuteFTP连接向导

连接完成后我们就可以通过CuteFTP向连接上的站点上传和下载文件了，CuteFTP窗口中左边是本地目录，通过这个窗口我们可以选择本地文件上传到FTP站点；右边是FTP站点目录，通过这个窗口我们可以把FTP站点上的信息下载到本地计算机中；下边窗口是上传和下载任务显示窗口,如图 2.20 所示。

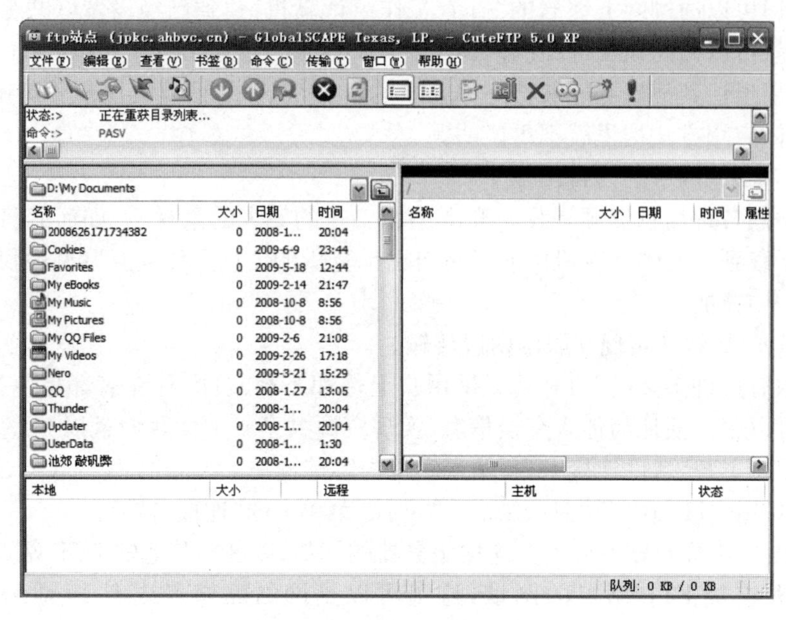

图 2.20　CuteFTP 程序窗口

(2) 使用即时通信软件实现互联网内容传输

即时通信软件的出现使得人们相互通信变得异常便捷,可以跟远在千里之外的用户进行聊天式的相互交流,同时即时通信工具也为我们提供了一种很好的内容传输的手段,下面就以腾讯 QQ 2013 为例了解一下如何使用即时通信工具在互联网中实现内容传输。

首先申请一个 QQ 号码,查找并添加对方为好友。打开与该好友的聊天窗口,在窗口上方的工具栏中点击“传送文件”图标,选择“发送文件/文件夹”,在弹出的窗口中,浏览要传送的本地文件,点击“打开”按钮。如果对方不在线或者处于隐身或者离开状态,可以选择“转离线发送”。

此时对方会收到传文件的一个确认信息,对方可以选择“接收”“另存为”和“拒绝”。选择“接收”文件将会存放到接收方 QQ 的默认接收文件夹中;选择“另存为”接收方将选择接受文件的存放目录,将文件接收到指定的目录中;选择“拒绝”文件传输将不会发生。

当接收方选择“接收”或“另存为”后,腾讯 QQ 会在发送方和接收方建立一个连接,要传输的数据就会方便的传输到对方机器里了。

2.2　互联网基本知识

2.2.1　计算机网络概念

2.2.1.1　计算机网络的定义

计算机网络是利用通信设备和线路将地理位置不同的、功能独立的多个计算机系统互联起来,再配以相应的网络软件和网络协议,以实现计算机资源共享和信息交换。

根据计算机网络的定义我们可以从下面几个方面可以更好地理解计算机的网络：

(1) 网络中的计算机具有独立的功能，它们在断开网络连接时，仍可单机使用。

(2) 网络的目的是实现计算机硬件资源、软件资源及数据资源的共享，以克服单机的局限性。

(3) 计算机网络靠通信设备和线路，将处于不同地理位置的计算机连接起来，以实现网络用户间的数据传输。

(4) 在计算机网络中，网络软件和网络协议是必不可少的。

2.2.1.2　计算机网络的主要功能

计算机网络是计算机技术和通信技术紧密结合的产物，它不仅使计算机的作用范围超越了地理位置的限制，而且大大加强了计算机本身的信息处理能力。它的功能如下：

(1) 信息交换和通信

这是计算机网络最基本的功能，计算机网络中的计算机之间或计算机与终端之间，可以快速可靠地相互传递数据、程序或文件。例如用户可以在网上传送电子邮件、数据交换可以实现在商业部门或公司之间进行订单、投标等商业文件安全准确地交换。

(2) 资源共享

资源共享包括计算机硬件资源、软件资源和数据资源的共享，硬件资源的共享提高了计算机硬件资源的利用率，由于受经济和其他因素的制约，这些硬件资源不可能所有用户都有，所以使用计算机网络不仅可以使用自身的硬件资源，也可共享网络上的资源，软件资源和数据资源的共享可以充分利用已有的信息资源，减少软件开发过程中的劳动，避免大型数据库的重复建设。

(3) 提高系统的可靠性

在单机使用情况下，任何一个系统都可能发生故障，这样就会给用户带来不便，那么当计算机联网后，各计算机可以通过网络互为后备，一旦某台计算机发生故障时，则可由别处的计算机代为处理，还可以在网络的一些结点上设置一定的备用设备。这样计算机网络就能起到提高系统可靠性的作用了。更重要的是，由于数据和信息资源存放于不同的地点，因此可防止由于故障而无法访问或由于灾害造成数据破坏。

(4) 均衡负荷，分布处理

对于大型的任务或课题，如果都集中在一台计算机上，负荷太重，这时可以将任务分散到不同的计算机分别完成，或由网络中比较空闲的计算机分担负荷，各个计算机连成网络有利于共同协作进行重大科研课题的开发和研究，利用网络技术还可以将许多小型机或微型机连成具有高性能的分布式计算机系统，使它具有解决复杂问题的能力，从而费用大为降低。

(5) 综合信息服务

计算机网络可以向全社会提供各种经济信息、科研情报、商业信息和咨询服务。如 Internet 中的 WWW 就是如此。

2.2.1.3　计算机网络的分类

计算机网络的分类方法很多，从不同的角度对计算机网络的分类也不同，通常的分类方法有：按网络覆盖的地理范围分类、按网络拓扑结构分类、按网络的传输技术分类、按网络的传输介质分类等。

(1) 按网络的覆盖的地理范围分类

按网络覆盖的地理范围的大小，可将网络分为局域网(LAN)、城域网(MAN)和广域网

(WAN),Internet 可以看作世界范围内的最大的广域网。

(2) 按网络的拓扑结构分类

网络中的每一台计算机都可以看做是一个节点,通信线路可以看做是一根连线,网络的拓扑结构就是网络中各个结点相互连接形式。常见的拓扑结构有星型结构、总线结构、环形结构和树型结构。

(3) 按网络应用领域分类

计算机网络按照应用领域的不同可以将分为公用网和专用网。

(4) 按照通信传输介质分类

计算机网络的传输介质常见的有:双绞线、同轴电缆、光纤和卫星等,因此按通信传输的介质可将计算机网络分为双绞线网、同轴电缆网、光纤网和卫星网等。

2.2.1.4 计算机网络的构成

计算机网络包括网络硬件和网络软件两大部分。

(1) 网络硬件

计算机网络的硬件包括服务器、工作站、路由器、交换机、网络适配器和传输介质等。

① 服务器

服务器是局域网的中心枢纽,主要管理网络系统中的共享资源(如大容量存储设备、网络打印机、各种数据文件和管理信息系统及程序文件等)。许多网络软件、公共数据库等一般都存放在服务器中,各工作站根据权限,使用服务器资源,实现共享。这些资源都在不同的应用领域发挥着各自特定的功能,因此服务器根据其服务功能又可分为 Web 服务器、邮件服务器、文件服务器、打印服务器等。

② 工作站

工作站是指接入到计算机网络的微型计算机,且具有较强的信息处理功能和高性能的图形、图像处理功能以及联网功能。工作站根据软、硬件平台的不同,一般分为基于 RISC(精简指令系统)架构的 Unix 系统工作站和基于 Windows、Intel 的 PC 工作站。广义上讲接入到计算机网络的每台计算机都可以称之为一个工作站。

③ 路由器

路由器是互联网的主要节点设备用于连接多个不同的子网。当数据从一个子网传输到另一个子网时,可通过路由器来完成。因此,路由器具有判断网络地址和选择路径的功能,它能在多网络互联环境中,建立灵活的连接,可用完全不同的数据分组和介质访问方法连接各种子网,路由器只接受源工作站或其他路由器的信息。

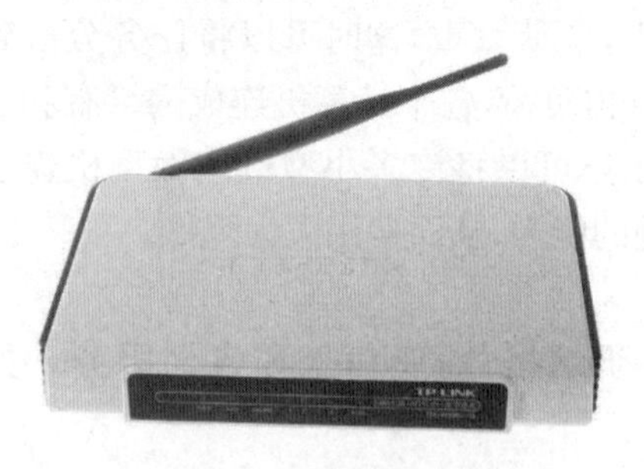

图 2.21 无线路由器

还有一种路由器可以实现有线网络和无线网络之间的互联,这就是无线路由器,如图 2.21 所示,它可以通过 Wi-Fi 技术收发无线信号来与支持无线通信的设备和笔记本等设备通信。无线网络路由器可以在覆盖范围内不设电缆的情况下,方便地建立一个计算机网络。

④ 交换机

交换机是一种基于 MAC 地址识别,能完成封装转发数据包功能的网络设备,如图 2.22 所示。交换机具备以下功能:

(a) 学习:以太网交换机掌握每一端口相连设备的MAC地址,并将地址与相应的端口映射起来存放在交换机缓存中的MAC地址表中。

(b) 转发/过滤:当一个数据包的目的地址在MAC地址表中有映射时,它被转发到连接目的节点的端口而不是所有端口(如该数据包为广播/组播包则转发至所有端口)。

(c) 消除回路:当交换机连接存在一个回路时,以太网交换机通过生成树协议避免回路的产生,同时允许存在后备路径。

图2.22　交换机

⑤ 网络适配器

网络适配器简称网卡,通过传输介质连接工作站和服务器,负责将用户要传递的数据转换为网络上其他设备能够识别的格式,网卡可以看做是网络的通信处理机。通常把带有网卡的工作站称为网络节点,如图2.23所示。

图2.23　网络适配器

网络适配器的主要功能是数据转换,数据包的封装和拆装,网络存取控制,数据缓存和网络信号。

(6) 传输介质

传输介质是网络中信息传输的通道,分无线传输介质和有线传输介质两种。在局域网中一般都采用有线传输介质,常见的有双绞线、同轴电缆和光纤。

(2) 网络软件

计算机网络软件包括节点工作站操作系统、网络操作系统、网络服务软件和通信协议。

① 工作站操作系统

工作站可使用多种操作系统,如DOS、Windows、OS/2、Unix。工作站操作系统主要维持本机的单机操作。

② 网络操作系统

网络操作系统由内核和外壳两部分组成。内核是在服务器上工作的调度程序,包括磁盘处理、打印机处理、控制台命令处理和网络通信处理等应用程序。外壳是在各工作站上运行的面向用户的程序。两者之间通过通信协议处理程序来交换信息。

网络操作系统有很多,常见的有Unix操作系统、Linux操作系统、NetWare操作系统、Windows Server操作系统。

③ 通信协议

网络通信协议规范了网络上所有的计算机通信设备之间数据传输的格式和方式,使得网上的计算机之间能正确可靠地进行数据传输。

2.2.2 互联网基础知识

互联网又称因特网(Internet),是一个全球性的信息系统,以 TCP/IP(传输控制协议/网际协议)协议进行数据通信,把世界各地的计算机网络连接在一起,进行信息交换和资源共享。简言之,Internet 是一种以 TCP/IP 为基础的、国际性的计算机互联网络,是世界上规模最大的计算机网络系统。我们一般称之为因特网或国际互联网。

2.2.2.1 互联网的发展概况

(1) 因特网的发展历史

1969 年,为了能在爆发核战争时保障通信联络,美国国防部高级研究计划署(Advance Research Projects Agency,简称 ARPA)资助建立了世界上第一个分组交换试验网 ARPANET,ARPANET 将位于美国不同地方的几个军事及研究机构的计算机主机连接起来,它的建成和不断发展标志着计算机网络发展的新纪元。

1980 年,TCP/IP 协议研制成功,ARPA 开始把 ARPANET 上运行的计算机转向采用新 TCP/IP 协议。1983 年起,开始逐步进入 Internet 的实用阶段,在美国和一部分发达国家的大学和军事部门中得到广泛使用,作为教学、研究和通信的学术网络。Internet 真正的发展从 NSFNET 的建立开始的。1986 年美国国家科学基金会 NSF 资助建成了基于 TCP/IP 技术的主干网 NSFNET,连接美国的若干超级计算中心、主要大学和研究机构,组成基于 IP 协议的计算机通信网络 NSFNET,并以此作为 Internet 的基础。世界上第一个互联网产生,迅速连接到世界各地。后来,其他联邦部门的计算机网相继并入 Internet。NSFNET 最终产将 Internet 向全社会开放,成为 Internet 的主干网。NSFNET 停止运营之后,在美国各 Internet 服务提供商 ISP(Internet Service Provider)之间的高速链路成了美国 Internet 的骨干网。在丰富因特网服务和内容的同时,也促进了 Internet 的扩展。1995 年以来,互联网用户数量呈指数增长趋势。随着 Web 技术和相应的浏览器的出现,互联网的发展和应用出现了新的飞跃。今天,它已经深入到社会生活的各个方面,它已成为人们与世界沟通的一个重要窗口。

(2) 因特网(Internet)在中国的发展

在大力发展我国自身数字通信网络同时,我国也积极加入了全球互联的 Internet 的国际互联。虽然中国 Internet 起步较晚,但自从 1994 年接入 Internet 后我国的网上市场也得到快速增长,并且形成了一定的网上市场规模,促进了我国经济的发展。Internet 也为国内企业提供了让世界了解自己产品、增加国际贸易的商机。到目前为止,我国与 Internet 互联的四个主干网络如下:中国科学技术计算机网(CSTNET)、中国教育和科研计算机网(CERNET)、中国公用计算机互联网(CHINANET)、中国公用经济信息网通信网(GBNET)。它们在中国的 Internet 中分别扮演不同领域的主要角色,为我国经济、文化、教育和科学的发展走向世界起着重要作用。

2.2.2.2 TCP/IP 协议

TCP/IP(Transmission Control Protocol/Internet Protocol)是传输控制协议/互联网络协议,这种协议使得不同品牌、规格的计算机系统可以在互联网上准确地传递信息。TCP/IP 协议是 Internet 最基本的协议,它们不只是 TCP 协议和 IP 两个协议,它们实质上是两个协议集。使用 TCP/IP 协议,并可向因特网上所有其他主机发送 IP 数据报。TCP/IP 有如下特点：

① 开放的协议标准，可以免费使用，并且独立于特定的计算机硬件与操作系统；

② 独立于特定的网络硬件，可以运行在局域网、广域网，更适用于互联网中；

③ 统一的网络地址分配方案，使得整个 TCP/IP 设备在网中都具有唯一的地址；

④ 标准化的高层协议，可以提供多种可靠的用户服务。

2.2.2.3　Internet 的连接

从终端用户计算机接入到 Internet 的方式有多种，常用的主要是拨号接入、ISDN 接入、ADSL 接入、DDN 专线接入、通过 LAN 接入等。

(1) 拨号接入方式

拨号接入方式是通过已有电话线路，通过安装在计算机上的 Modem(调制解调器)并拨号连接到网络供应服务商(ISP)的主机，从而可以享受互联网服务的一种上网接入方式。Modem 分为外置和内置的，它的作用是在发送端将计算机处理的数字信号转换成能在公用电话网络传输模拟信号，经传输后，再在接收端模拟信号转换成数字信号送给计算机，最终利用公用电话网 PSTN 实现计算机之间的通信。这种上网方式的特点是：安装和配置简单，投入较低，但上网传输速率较低，质量较差，上网时，电话线路被占用，不能拨打和接听电话。这种接入方式适合于家庭或办公室的个人用户上网。

(2) 局域网(LAN)方式接入

如果本地的微机较多而且有很多人同时需要使用 Internet，可以考虑把这些微机连成一个以太网，再把网络服务器连接到主机上。以太网技术是当前具有以太网布线的小区、小型企业、校园中用户实现因特网接入的首选技术。LAN 接入技术目前已比较成熟，这种方式是一种比较经济的多用户系统，而且局域网上的多个用户可以共享一个 IP 地址。当然，给局域网中的每个主机分配一个 IP 地址也是可能的，但这种接入方式的特点是传输距离短，投资成本较高。

(3) ASDL 接入

ADSL 技术即非对称数字用户环路技术，是一种充分利用现有的电话铜质双绞线(即普通电话线)来开发宽带业务的非对称的因特网接入技术，为用户提供上、下行非对称的传输速率(带宽)。非对称主要体现在上行速率(最高 640 kbps)和下行速率(最高 8 Mbps)的非对称性上。上行(从用户到网络)为低速的传输，可达 640 kbps；下行(从网络到用户)为高速传输，可达 8 Mbps。有效传输距离在 3～5 km。它最初主要是针对视频点播业务开发的，随着技术的发展，逐步成为了一种较方便的宽带接入技术，为电信部门所重视。这种接入方式的特点是：上网与打电话互不干扰；电话线虽然同时传递语音和数据，但其数据并不通过电话交换机，因此用户不用拨号一直在线，不需交纳拨号上网的电话费用；能为用户提供上、下行不对称的宽带传输。

(4) ISDN 接入方式

ISDN(Integrated Service Digital Network)，窄带综合数字业务数字网，俗称"一线通"。它采用数字传输和数字交换技术，除了可以用来打电话，还可以提供诸如可视电话、数据通信、会议电视等多种业务，从而将电话、传真、数据、图像等多种业务综合在一个统一的数字网络中进行传输和处理。这种接入方式的特点是：综合的通信业务，利用一条用户线路，就可以在上网的同时拨打电话、收发传真，就像两条电话线一样；由于采用端到端的数字传输，传输质量明显提高；使用灵活方便：只需一个入网接口，使用一个统一的号码，就能从网络得到所需要使用的各种业务。用户在这个接口上可以连接多个不同种类的终端，而且有多个终端可以同时通信，上网速率可达128 kbps。但它的速度相对于ADSL和LAN等接入方式来说，速度不够快。

(5) DDN接入方式

DDN(Digital Data Network，数字数据网)是利用光纤、数字微波、卫星等数字信道，以传输数据信号为主的数字通信网络，它是利用数字信道提供永久性连接电路，可以提供2 Mb及2 Mb以内的全透明的数据专线，并承载语音、传真、视频等多种业务。它的特点是传输速率高，在DDN网内的数字交叉连接复用设备能提供2 Mbit/s或N * 64 kbit/s(≤2 Mb)速率的数字传输信道；传输质量较高，数字中继大量采用光纤传输系统，用户之间专有固定连接；网络时延小，协议简单，采用交叉连接技术和时分复用技术，由智能化程度较高的用户端设备来完成协议灵活的连接方式；可以支持数据、语音、图像传输等多种业务，不仅可以和用户终端设备进行连接，也可以和用户网络连接，为用户提供灵活的组网环境。

(6) 光纤接入方式

光纤接入是指电信局端与用户之间完全以光纤作为传输媒体。光纤用户网的主要技术是光波传输技术。光纤接入可以分为有源光接入和无源光接入。目前光纤传输的复用技术发展相当快，多数已处于实用化。它是一种理想的宽带接入方式，它的特点是：可以很好地解决宽带上网的问题，传输距离远，速度快、障碍率低、不受电磁干扰，保证了信号传输质量；用光缆替换铜线电缆，可以解决城市地下通信管道拥挤的问题，但是，出于出口带宽的限制，如果路线上的用户数量激增，会导致网络接入的速度陡降，局部掉线是经常碰到的问题。

2.2.2.4 Internet提供的服务

(1) 主要的信息服务

① WWW服务

WWW的含义是(World Wide Web，环球信息网)，是一个基于超文本方式的信息查询服务。WWW将位于全世界Internet网上不同网址的相关数据信息有机地编织在一起，提供了一个友好的界面，方便了人们的信息浏览，而且WWW方式仍然可以提供传统的Internet服务。它不仅提供了图形界面的快速信息查找，还可以通过同样的图形界面(GUI)与Internet的其他服务器对接。它把Internet上现有资源统统连接起来，使用户能在Internet上查看到WWW服务器中所有站点提供的超文本媒体资源文档。WWW是当前Internet上最受欢迎、最为流行、最新的信息检索服务系统。

② 文件传输服务(FTP)

FTP(File Transfer Protocol)服务解决了远程传输文件的问题，Internet网上的两台计算机在地理位置上无论相距多远，只要两台计算机都加入互联网并且都支持FTP协议，它们之间就可以进行文件传送。只要两者都支持FTP协议，网上的用户既可以把服务器上的文件传输到自己的计算机上，也可以把自己计算机上的信息发送到远程服务器上。

FTP实质上是一种实时的联机服务。与远程登录不同的是，用户只能进行与文件搜索和文件传送等有关的操作。用户在登录的目标服务器上就可以在服务器目录中寻找所需文件，FTP几乎可以传送任何类型的文件，如文本文件、二进制文件、图像文件、声音文件等。匿名FTP是最重要的Internet服务之一。匿名登录不需要输入用户名和密码，许多匿名FTP服务器上都有免费的软件、电子杂志、技术文档及科学数据等供人们使用。

③ 电子邮件服务(E-mail)

电子邮件(Electronic Mail，简称E-mail)，是Internet上使用最广泛和最受欢迎的服务，它是网络用户之间进行快速、简便、可靠且低成本联络的现代通信手段。

电子邮件使网络用户能够发送和接收文字、图像和语音等多种形式的信息。使用电子邮件的前提是拥有自己的电子信箱，即E-Mail地址，实际上就是在邮件服务器上建立一个用于存储邮件的磁盘空间。

(2) Internet的其他服务

① 远程登录服务TELNET

远程登录(Remote-login)是Internet提供的最基本的信息服务之一，它是指允许一个地点的用户与另一个地点的计算机上运行的应用程序进行交互对话；是指远距离操纵别的机器，实现自己的需要。Telnet协议是TCP/IP通信协议中的终端机协议。Telnet使你能够从与网络连接的一台主机进入Internet上的任何计算机系统，只要你是该系统的注册用户，就像使用自己的计算机一样使用该计算机系统。

② 信息讨论和公布服务

由于Internet上有许许多多的用户，信息讨论和公布服务是用户相互联系、交换信息和发表观点以及发布信息的场所。如：电子公告板系统(BBS)、网络新闻(USENET)、对话(TALK)等。往往是为那些对共同主题感兴趣的人们相互讨论、交换信息的场所。

③ 电子公告板(BBS)

BBS(Bulletin Boards System)是Internet上的电子公告板系统，实质上是Internet上的一个信息资源服务系统。提供BBS服务的站点叫BBS站，BBS通常是由某个单位或个人提供的，Internet上的电子公告栏相对独立，不同的BBS站点的服务内容差别很大，用户可以根据它提供的菜单，浏览信息、收发电子邮件、提出问题、发表意见、网上交谈。

④ 网络新闻服务(USENET)

网络新闻(Network News)通常又称作USENET。它是具有共同爱好的Internet用户相互交换意见的一种无形的用户交流网络，它相当于一个全球范围的电子公告牌系统。这里所谓的“新闻”并不是通常意义上的大众传播媒体提供的各种新闻，而是在网络上开展的对各种问题的研究、讨论和交流。如果你想向Internet上的素不相识的专家请教，那么网络新闻则是最好的选择途径。

2.2.3　搜索引擎的使用

Internet在不断扩大，它几乎有无尽的信息资源供查找和利用，但是如何从大量的信息中迅速、准确地找到自己需要的信息就尤为重要，下面就来介绍一下搜索引擎的使用方法。

2.2.3.1　利用IE进行简单搜索

IE本身就提供了一些默认的搜索工具，在IE浏览器上的搜索工具搜索信息是最简单的搜索方式，使用IE搜索网络资源有两种方法：

(1) 在地址栏中输关键字或关键词进行搜索

启动 IE 浏览器后,在地址栏中输入希望查询的网络关键字或关键词,然后按 Enter 键,页面上就会列出与输入的关键字或关键词相关的网页站点的列表,单击其中一个就会链接到相应的站点。

(2) 单击工具栏上的"搜索"按钮进行搜索

在工具栏上,单击"搜索"按钮,在浏览器窗口左侧就会出现搜索对话框,在"搜索"对话框的"请选择要搜索的内容"选项组中,选中一个单选按钮,在"请输入查询关键词"文本框中输入要搜索的关键字或关键词,然后单击"搜索"按钮就可进行搜索了。

2.2.3.2 使用搜索引擎进行搜索

在网络上搜索信息,除了使用 IE 进行简单的搜索以外,还可以利用搜索引擎进行搜索。搜索引擎实际上也是一个网站,是提供用于查询网上信息的专门站点。搜索引擎站点周期性地在 Internet 上收集新的信息,并将其分类储存,这样就建立了一个不断更新的"数据库",用户在搜索信息时,实际上就是从这个库中查找。搜索引擎的服务方式有以下两种。

(1) 目录搜索

目录搜索是将搜索引擎中的信息分成不同的若干大类,再将大类分为子类、子类的子类……最小的类中包含具体的网址,用户直到找到相关信息的网址,即按树形结构组成供用户搜索的类和子类,这种查找类似于在图书馆找一本书的方法,适用于按普通主题查找。

(2) 关键字搜索

关键字搜索是搜索引擎向用户提供一个可以输入要搜索信息关键字的查询框界面,用户按一定规则输入关键了后,单击查询框后的"搜索"按钮,搜索引擎即开始搜索相关信息,然后将结果返回给用户。

2.2.3.3 如何使用搜索引擎

由于搜索引擎中涵盖的信息非常广泛,为了避免在搜索结果中涵盖大量的无用信息,首先应先做好以下准备:一是要明确搜索目标。明确所查信息是中文还是英文、是网站还是文章、是事业单位还是企业单位等等。根据搜索对象的类型,例如地址的搜索、文字的搜索等等,再配合自己的需求查找符合自己的搜索需求的搜索引擎。二是要明确问题中的重要概念,选择合适的查询关键词。在查询中,我们建议尽可能使用查找内容中存在的一些比较特殊的短句或单词,不要用那些非常常见的词,否则查询结果将会显示很多的无用信息。要进行有效的搜索,输入的关键词或词组最好是探索者感兴趣的,而且要尽可能多,尽可能精确。提供的关键词越精确,搜索所得的结果越少,文档的相关性越强。三是掌握搜索引擎的特性,选择满足需要的搜索引擎。在完成查找信息的分类分析后,接下来的工作就是利用网络上查询信息的有力工具来检索了。我们就以百度为例介绍怎样使用搜索引擎。

步骤1:左键双击桌面 Internet Explorer 图标启动 IE 浏览器,在地址栏中输入百度的网址:"www.baidu.com",进入百度的站点。

步骤2:在百度首页中心的文本框里输入要查找的内容,如:网络编辑师,点击网页中"百度一下"按钮,百度会搜索出很多与网络编辑师有关的网页,如图 2.24 所示。

步骤3:将鼠标移动到某一个标题项上面,鼠标就会变成"手形",此时点击鼠标左键就可以打开一个新的网页，这个网页就是涵盖你要搜索的信息的网页；

步骤4：浏览完网页后关闭，浏览器窗口将会回到百度的搜索结果页面。

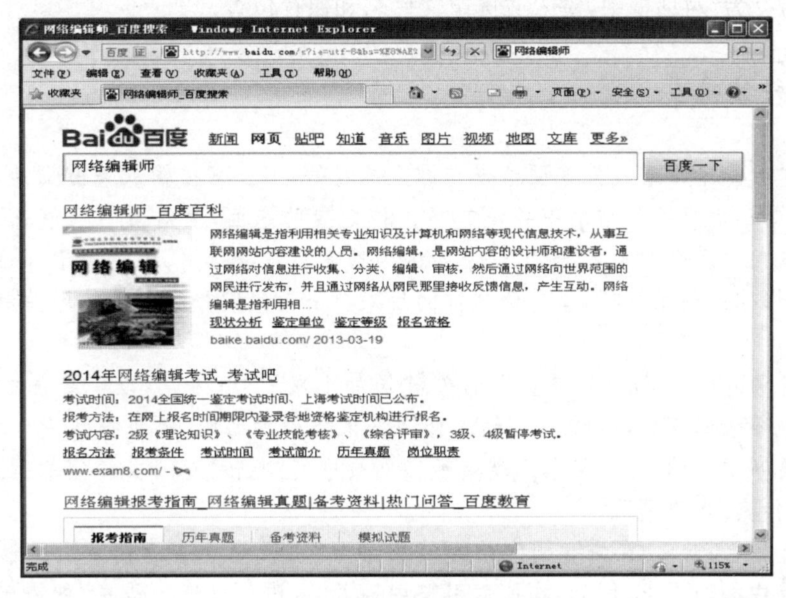

图2.25　百度搜索

2.2.3.3　保存搜索信息

搜索网络信息时，如果遇到我们需要的信息，一定会想办法把它保存下来，供以后使用，或在不连接Internet时浏览。

(1) 保存整个网页

当需要将整个网页的信息完整地保存时，可以使用下面的方法：

① 打开要保存网页，单击菜单栏"另存为"命令，弹出"另存为"对话框；

② 在打开的对话框中，有四种保存类型，选择相应的保存类型后，单击保存按钮；

③ 最后选择相应的路径和文件名，单击"保存"命令，即可。

注意：有些网页无论怎么保存也保存不了，那就说明本站不支持用户下载信息，则无法进行保存操作。

(2) 保存页面中的部分信息

上面的操作可以将自己喜欢的整个页面保存下来，也可以只保存页面的一部分内容。

保存页面中的文字时，具体操作如下：

① 用鼠标选定要保存的常规文字内容；

② 在菜单中选择"编辑"→"复制"命令，或使用快捷键Ctrl＋C。选定的文字内容复制到Windows的剪贴板中。再打开Word，在菜单中选择"编辑"→"粘贴"或使用快捷Ctrl＋V。

保存页面中的图片时，具体操作如下：

① 将鼠标移动到页面中希望保存的图片上；

② 单击右键，在快捷菜单中选择"图片另存为…"命令；

③ 在"保存图片"对话框，键入或选定文件名和保存位置。

保存页面中的声音和影像时，具体操作如下：

① 将鼠标移动到页面中你希望保存的对象上；

② 单击右键，在快捷菜单中选择“目标另存为…”命令；

③ 在“另存为”对话框中，键入或选定文件名和保存位置。

相关链接

搜索引擎就是来帮助我们方便地查询网上信息的，但是当你输入关键词后，出现了成百上千个查询结果，而且这些结果中并没有多少你想要的东西，面对着一堆信息垃圾，这时你的心情该是如何的沮丧？不要难过，这不是因为搜索引擎没有用，而是由于你没能很好地驾驭它，没有掌握它的使用技巧，才导致这样的后果。下面我们介绍一下使用关键词进行查询的技巧。

(1) 使用双引号(“ ”)。给要查询的关键词加上双引号(半角，以下要加的其他符号同此)，可以实现精确的查询，这种方法要求查询结果要精确匹配，不包括演变形式。例如：在搜索引擎的文字框中输入“电传”，它就会返回网页中有“电传”这个关键字的网址，而不会返回诸如“电话传真”之类网页。

(2) 使用加号(＋)。在关键词的前面使用加号，也就等于告诉搜索引擎该单词必须出现在搜索结果中的网页上，例如：在搜索引擎中输入“电脑＋电话＋传真”就表示要查找的内容必须要同时包含“电脑、电话、传真”这三个关键词。

(3) 使用减号(－)。在关键词的前面使用减号，也就意味着在查询结果中不能出现该关键词，例如：在搜索引擎中输入“电视台－中央电视台”，它就表示最后的查询结果中一定不包含“中央电视台”。

(4) 使用通配符(*和?)。通配符包括星号(*)和问号(?)，前者表示匹配的数量不受限制，后者匹配的字符数要受到限制，主要用在英文搜索引擎中。

(5) 使用布尔检索

所谓布尔检索，是指通过标准的布尔逻辑关系来表达关键词与关键词之间逻辑关系的一种查询方法，这种查询方法允许我们输入多个关键词，各个关键词之间的关系可以用逻辑关系词来表示。

and，称为逻辑“与”，用 and 进行连接，表示它所连接的两个词必须同时出现在查询结果中，例如：输入“computer and book”，它要求查询结果中必须同时包含 computer 和 book。

or，称为逻辑“或”，它表示所连接的两个关键词中任意一个出现在查询结果中就可以，例如：输入“computer or book”，就要求查询结果中可以只有 computer，或只有 book，或同时包含 computer 和 book。

not，称为逻辑“非”，它表示所连接的两个关键词中应从第一个关键词概念中排除第二个关键词，例如：输入“automobile not car”，就要求查询的结果中包含 automobile(汽车)，但同时不能包含 car(小汽车)。

在实际的使用过程中，你可以将各种逻辑关系综合运用，灵活搭配，以便进行更加复杂的查询。

任务1 使用搜索引擎收集网络信息

工作任务

假如你是某网站的网络编辑员，需要做一个关于互联网对人类生活带来的变化的专题栏目，请你使用搜索引擎收集互联网改变人们生活方式的相关网络信息并整理成文档。

实例解析

互联网发展至今日，已经给我们的日常生活带来了无数的变革。首先我们需要计划从哪些方面着手收集，比如我们日常生活中衣食住行等方面。再确定好使用什么样的关键字进行搜索。最后将我们搜索到的网络信息下载下来进行整理和编辑。该任务着重于如何正确的使用好搜索引擎找到我们所需要的网络信息。

操作步骤

(1) 选择若干互联网对日常生活产生影响的几个方面，如：信息获取，人际交流，学习，购物等；

(2) 使用百度搜索进行关键字搜索上述几个方面的网络信息；

(3) 全部或部分保存搜索到的相关信息；

(4) 整理并编辑成电子文稿。

任务2 使用即时通信软件传输文件

工作任务

使用即时通信软件将任务1中已经收集整理好的电子文稿通过互联网发送给网站的审稿人员，并与审稿人员通过文字、音频或视频方式对文稿的编辑进行交流。

实例解析

现如今，即时通信软件已经是我们进行网络信息传递不可缺少的工具了，其中腾讯QQ软件就提供了许多丰富的信息交互功能。使用腾讯QQ软件来进行文件传输和信息交流是一个不错的选择。

操作步骤

(1) 首先确保你和对方都拥有QQ号，然后通过QQ中的查找功能将对方加为好友，对方通过你的好友申请验证后，双方互为好友；

(2) 双击QQ联系人窗口中对方头像；

(3)在弹出的聊天窗口中单击“传送文件”按钮，选择“发送文件/文件夹”，在打开的文件选择对话框中选择你需要传输的文件并确定；

(4) 在聊天窗口中直接输入文字并单击“发送”按钮与对方进行文字交流，或使用窗口中的语音会话或视频会话功能进行音频或视频交流。

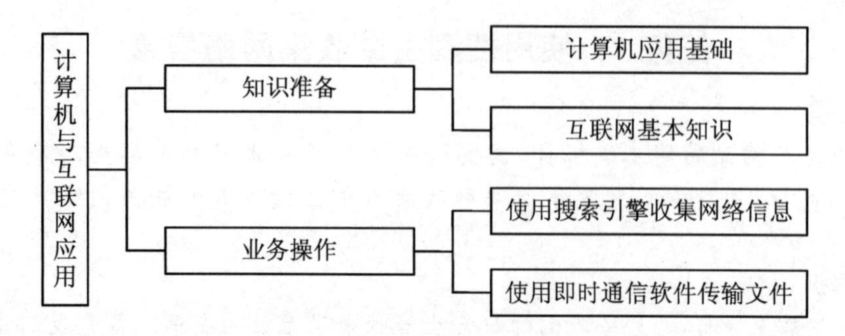

1. 单选题

(1) 世界第一台电子计算机诞生时间是(　　)。

A. 1946 年　　B. 1945 年　　C. 1947 年　　D. 1944 年

(2) 代表计算机性能的一项重要指标是(　　)。

A. 运算速度　　B. 中央处理器多　　C. 功耗大　　D. 占地面积大

(3) 计算机采用(　　)进制数。

A. 八　　B. 二　　C. 十　　D. 十六

(4) 1 GB 等于(　　)。

A. 1024 MB　　B. 1024 KB　　C. 512 MB　　D. 521 KB

(5) 计算机辅助设计又叫(　　)。

A. CAD　　B. CAM　　C. CAI　　D. EAI

(6) 选中文件,按下 Shift 键不松手,再按 Delete 键的结果是(　　)。

A. 将文件删除到垃圾桶中　　B. 将文件移动到其他位置

C. 将文件不可恢复的删除　　D. 将文件更改名称

(7) 病毒通常通过移动存储设备和(　　)等途径进行传播。

A. 非法关机　　B. 计算机网络　　C. 正常操作　　D. 声卡和喇叭

(8) 按照距离划分网络,可以分为广域和(　　)网。

A. 电话　　B. 有线电视　　C. 无线　　D. 局域

2. 多选题

(1) 处理声音文件常常采用(　　)软件。

A. QuickTime　　B. Sound Forge　　C. Cool EditPro

D. WaveLAB　　E. Media Player　　F. Fireworks

(2) 如果需要制作动画则采用(　　)软件更好。

A. Powerpoint　　B. Notepad　　C. Wordpad

D. Flash　　E. 3D Max　　F. Excel

(3) 对图像的处理可以采用(　　)软件。

A. Photoshop　　B. Fireworks　　C. Illustrator

D. Freehand　　E. CorelDraw　　F. word

(4) 在网络上需要注意的问题是(　　)等。

A. 病毒　　B. 说话　　C. 黑客

D. 写文章　　E. 保密　　F. 绘画

项目3

多媒体基本技术

理论知识目标

（1）了解网络图片的格式及特点；
（2）了解动画的基本知识；
（3）掌握音频和视频的作用、分类。

职业能力目标

（1）学生能够使用 Photoshop 对图形图像进行简单处理；
（2）学生能够使用 Flash 制作简单的动画；
（3）学生能够使用 Cool Edit 录制和编辑音频文件；
（4）学生能够使用 Premiere 对视频文件进行简单的编辑。

典型工作任务

任务1　使用 Photoshop 进行图片分离和合成
任务2　使用 Flash 制作一个"心动"的动画

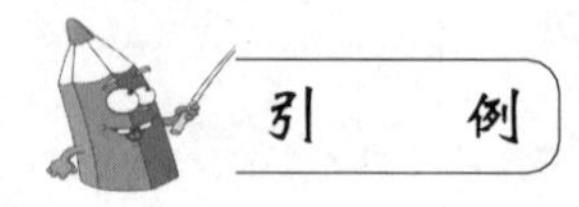

引　　例

南方出现大范围雨雪天气

央视 2014 年 2 月 14 日新闻视频截图如图 3.1 所示。

央视网消息（新闻联播）：连日来，南方大部分地区迎来雨雪冰冻天气，多地交通、供电等受到严重影响。

受冷空气影响，安徽部分地区持续出现降雪，部分高速公路和省道的通行受到影响。黄山市的平均积雪超过了10厘米，山区道路积雪更是接近30厘米，当地出动大型机械铲冰清雪，并组织群众破冰除雪。降雪还造成安庆岳西的15万亩茶园茶芽覆雪受冻，当地政府组织农技人员深入茶园技术指导，帮助茶农抗冻自救。

连续多日低温目前已造成贵州70个县市降雪，42个县市出现凝冻，凝冻天气导致贵州福泉市多处水管、水表爆裂，应急抢修队加班加点抢修，目前已修复90%。从2月11号夜间开始，云南昭通迎来大范围雨雪天气，气温降幅达20度，昭通电网140条线路覆冰，当地积极开展融冰保电工作。

受大雪天气影响，在福银高速江西段发生多起交通事故。

图3.1　央视2014年2月14日新闻视频截图

（资料来源：http://news.cntv.cn/2014/02/14/VIDE1392377221220951.shtml）

思考与讨论：

互联网以其范围广、传播迅速成为许多新闻的传播平台，除了传统的文字信息以外，图片、音频、视频等多媒体内容也都越来越多地利用互联网来发布。除了新闻外，多媒体信息还广泛应用在其他领域，例如网络直播、娱乐节目、DV短剧等，使互联网内容更加丰富多彩，也使人们获取各种需求更加快捷。

在网络信息高速传播的今天，我们如何选择合适的图片、音频、视频等多媒体内容，并利用相应的技术手段对其进行编辑处理，以满足我们的需求，已经成为一个亟待解决的问题。

3.1 平面图像的基本技术

平面图像是多媒体信息的主要类型，也是信息传递的最常见的方式之一。平面图像的编辑处理技术从属于多媒体技术。

3.1.1 网络图片的格式及特点

3.1.1.1 JPEG格式

JPEG是常见的一种图像格式，它由Joint Photographic Experts Group（联合图像专家组）开发。JPEG文件的扩展名为.jpg或.jpeg，其压缩技术十分先进，它用有损压缩方式去除冗余的图像和彩色数据，在获取极高压缩率的同时能展现丰富生动的图像，换句话说，就是可以用最少的磁盘空间得到较好的图像质量。

由于JPEG优异的品质和杰出的表现，它的应用也非常广泛，特别是在网络和光盘读物中，一般都能找到它的影子。目前各类浏览器均支持JPEG这种图像格式，因为JPEG格式的文件尺寸较小，下载速度快，使得Web页有可能以较短的下载时间提供大量美观的图像，JPEG同时也就顺理成章地成为网络上最受欢迎的图像格式。

3.1.1.2 BMP格式

BMP是一种与硬件设备无关的图像文件格式，使用非常广泛。它采用位映射存储格式，除了图像深度可选以外，不采用其他任何压缩，因此BMP文件所占用的空间很大。它是Windows环境中交换与图有关的数据的一种标准，因此在Windows环境中运行的图形图像软件都支持BMP图像格式。

3.1.1.3 GIF格式

GIF是Graphics Interchange Format的缩写，是由CompuServe公司为了方便网络传送图像数据而制定的一种图像文件格式。GIF图像文件具有多元化结构，能够存储多张图像，这是制作动画的基础，用户可以在GIF的动画文件中找到单帧的、一个一个独立的GIF文件。

3.1.1.4 PSD格式

PSD格式是著名的Adobe公司的图像处理软件Photoshop的专用格式。PSD其实是Photoshop进行平面设计的一张"草稿图"，它里面包含图层、通道、遮罩等多种设计的样稿，以便下次打开文件时可以修改上一次的设计。在Photoshop所支持的各种图像格式中，PSD的存取速度比其他格式快很多，功能也强大很多。随着Photoshop的应用越来越广泛，这种格式也会逐步流行起来。

3.1.1.5 TIFF格式

TIFF（Tagged Image File Format）是苹果电脑中广泛使用的图像格式，它由Aldus和微软公司联合开发，最初是出于跨平台存储扫描图像的需要而设计的。它的特点是图像格式复杂、存储信息多。正因为它存储的图像细微层次的信息非常多，图像的质量也得以提高，故而非常有利于原稿的复制。

3.1.1.6　TGA 格式

TGA(Tagged Graphics)文件是由美国 Truevision 公司为其显示卡开发的一种图像文件格式，文件后缀为“.tga”，已被国际上的图形、图像工业所接受。TGA 的结构比较简单，属于一种图形、图像数据的通用格式，在多媒体领域有很大影响，是计算机生成图像向电视转换的一种首选格式。这种图像格式最大的特点是可以做出不规则形状的图形、图像文件，一般图形、图像文件都为四方形，若需要有圆形、菱形甚至是镂空的图像文件时，TGA 可就派上用场了。

3.1.1.7　PNG 格式

PNG(Portable Network Graphic)是目前最不失真的图像格式。它汲取了 GIF 和 JPG 二者的优点，存储形式丰富，兼有 GIF 和 JPG 的色彩模式；它的另一个特点是能把图像文件压缩到极限以利于网络传输，但又能保留所有与图像品质有关的信息；它的第三个特点是显示速度很快，只需下载 1/64 的图像信息就可以显示低分辨率的预览图像；它的第四个特点是支持透明图像的制作，透明图像在制作网页图像的时候很有用，我们可以把图像背景设为透明，用网页本身的颜色信息来代替设为透明的色彩，这样可让图像和网页背景很和谐地融合在一起。

3.1.2　Photoshop 的基本用法

Photoshop 是最常用的图像编辑软件之一，它的应用领域十分广泛，不论是平面设计、数码艺术、网页制作、矢量绘图、多媒体制作还是桌面排版，Photoshop 都发挥着不可替代的作用。现以 Photoshop CS5 为例，将一些基本用法介绍如下。

3.1.2.1　新建空白文件

新建空白文件的方式可以使用菜单“文件>新建”，或者使用快捷键 Ctrl＋N，即可以出现如图 3.2 所示的“新建”对话框。

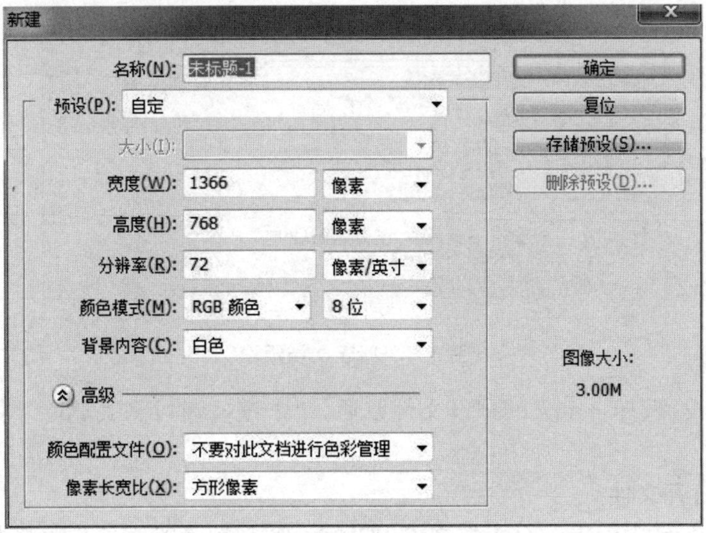

图 3.2　“新建”对话框

(1) 名称:图像存储时候的文件名,可以输入新的文件名称,也可以使用默认的文件名“未标题-1”。创建文件后,文件名会显示在文档窗口的标题栏中。保存文件时,文件名会自动显示在存储文件的对话框内。

(2) 预设/大小:已经预先定义好的一些图像大小。提供了各种尺寸的照片、Web、A3、A4 打印纸、胶片和视频等常用的文档尺寸。例如:要创建一个 5×7 英寸的照片文档,可以先在“预设”下拉列表中选择“照片”,然后再“大小”下拉列表中选择“横向,5×7”。

(3) 宽度/高度:新建图像的宽度和高度,可以自行填入数字,在右侧的选项中可以选择一种单位,包括“像素”“英寸”“厘米”“毫米”“点”“派卡”和“列”。

(4) 注意:在输入宽度和高度时应注意单位的选择,避免将 1000 像素输入成 1000 厘米之类的问题。

(5) 颜色模式:可以选择文件的颜色模式,包括位图、灰度、RGB 颜色、CMYK 颜色和 LAB 颜色。一般来说,如果是印刷或打印用途选择 CMYK;其他用途选择 RGB 即可。如果用灰度模式,图像中就不能包含色彩信息;位图模式下图像只能有黑白两种颜色;LAB 模式包括了人眼可以看见的所有色彩的色彩模式。“颜色模式”后面的通道数一般选用 8 位就足够了。但是如果颜色模式选择位图的话,通道数只能是 1 位。

(6) 背景内容:图像建立以后的默认颜色,包括“白色”“背景色”和“透明”。“白色”为默认的颜色,“背景色”是使用工具箱中的背景色作为文档“背景”图层的颜色。

(7) 高级:单击“高级”前面的 ⊗ 按钮,可以显示出对话框中隐藏的选项:“颜色配置文件”和“像素长度比”。在“颜色配置文件”下拉列表中可以为文件选择一个颜色配置文件;在“像素长度比”下拉列表中可以选择像素的长宽比。计算机显示器上的图像是由方形像素组成的,除非使用用于视频的图像,否则都应选择“方形像素”。

(8) 存储预设:单击该按钮,打开“新建文档预设”对话框,如图 3.3 所示,输入预设的名称并选择相应的选项,可以将当前设置的文件大小、分辨率、颜色模式等创建为一个预设。以后需要创建同样的文件时,只需在“新建”对话框的“预设”下拉列表中选择该预设即可,这样就省去了重复设置选项的麻烦。

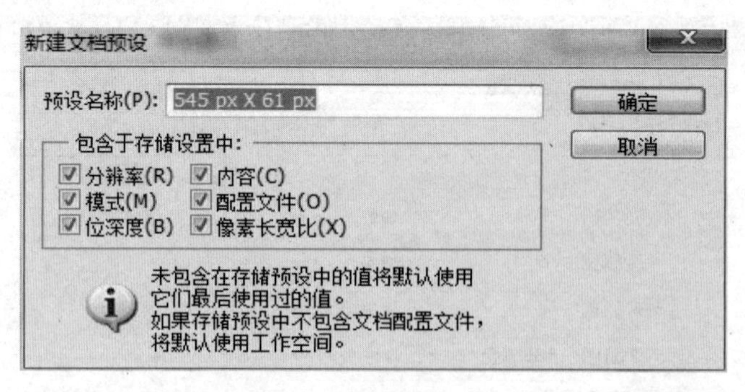

图 3.3　新建文档预设

(9) 删除预设:选择自定义的预设文件以后,单击该按钮可将其删除。但系统提供的预设不能删除。

3.1.2.2　打开文件

要在 Photoshop 中编辑一个图像文件,如图片素材、照片等需要先将其打开。文件的打开方法有很多种,可以使用命令打开,也可以使用快捷键打开。

(1) 使用“打开”命令打开文件

执行“文件＞打开”命令，可以弹出“打开”对话框，选择一个文件(如果要选择多个文件，可以按住 Ctrl 键单击它们)，单击“打开”按钮，或双击文件即可将其打开，如图 3.4 所示。

图 3.4　打开文件

注意：按下 Ctrl＋O 快捷键或双击 Photoshop 的空白区，都可以弹出“打开”对话框。

(2) 用“打开为”命令打开文件

在 Mac OS 和 Windows 之间传递文件时可能会导致标错文件格式，此外，如果使用与文件的时间格式不匹配的扩展名存储文件(如用扩展名.gif 存储 PSD 文件)，或者没有扩展名，则 Photoshop 可能无法确定文件的正确格式。

如果出现这种情况，可以执行“文件＞打开为”命令，弹出“打开为”对话框，选择文件并在“打开为”列表中为它指定正确的格式，如图 3.5 所示，然后单击“打开”按钮将其打开。如果文件不能打开，则选取的格式可能与文件的实际格式不匹配，或者文件已损坏。

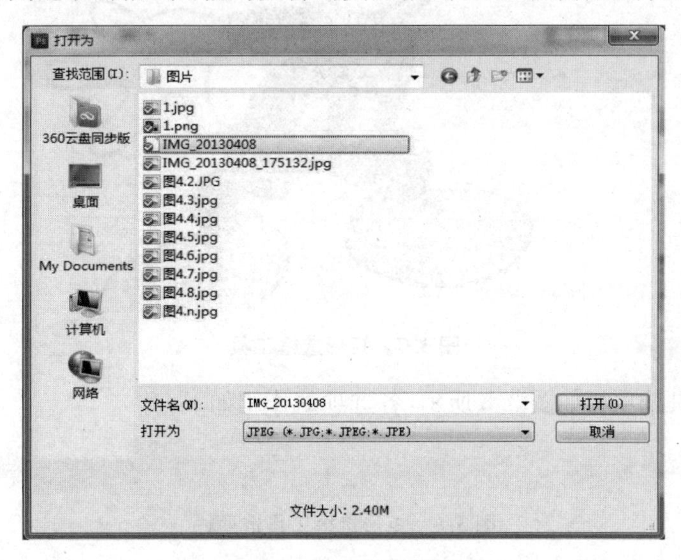

图 3.5　“打开为”对话框

(3) 通过快捷方式打开文件

在没有运行 Photoshop 的情况下,只要将一个图像文件拖动到 Photoshop 应用程序图标上,就可以运行 Photoshop 并打开该文件。如果运行了 Photoshop,则只要将图像文件拖动到 Photoshop 窗口中即可打开。

3.1.2.3　常用选取工具的使用

在 Photoshop CS5 中,如果要对图像中某个部分进行编辑和处理,必须先选择该部分。通过某些操作选择图像的区域,即形成选区,Photoshop CS5 中的选区即四周由虚线框起来的部分。选区可以由选取工具、路径、通道等创建,一般用选取工具来完成,选取工具在工具箱的最上边,如图 3.6 所示。选取工具分规则选区选择工具和不规则选区选择工具两种。选区是一个封闭的区域,一旦建立,一切命令只对选区有效,对选区外无效。如果要对选区外操作,则须取消选区(快捷键 Ctrl+D 取消选区)。

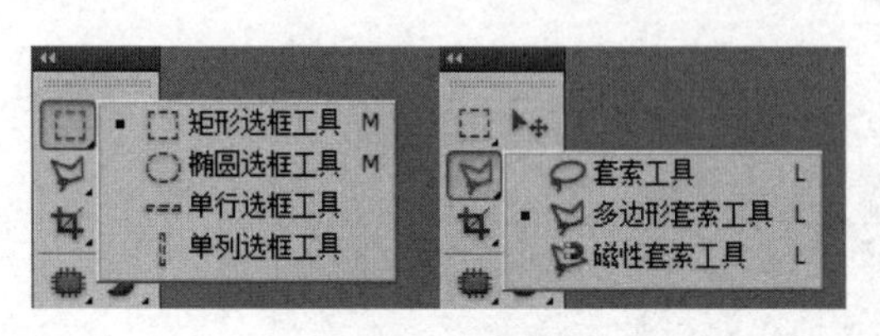

图 3.6　选取工具

(1) 规则选区选择工具

规则选区选择工具包括矩形选框工具、椭圆选框工具、单行选框工具和单列选框工具。下面以矩形选框工具为例加以说明。

利用矩形选框工具,可以创建一个矩形的选区,如图 3.7 所示为用矩形选框工具选择的效果图。

图 3.7　矩形选框工具

矩形选框工具选项栏如图 3.8 所示,各选项的作用如下。

图 3.8　矩形选框工具选项栏

① “新选区”按钮：单击它，则表示创建一个新选区。在该状态下，如果已有一个选区，在创建选区时，原来的选区将消失。

② “添加到选区”按钮：在添加选区状态下，鼠标指针变为+形状。如果先前没有选区，则创建一个新选区；如果已有一个选区，那么在创建一个选区时，新选区在原来的选区外，则将形成两个封闭的虚线框；新选区和原来的选区有相交，则形成一个封闭的虚线框。

③ “从选区减去”按钮：在该状态下，鼠标指针变为+形状。如果先前无选区，则创建一个新选区；如果已有一个选区，且新选区与原选区有相交部分，则减去两选区相交的区域。

④ “与选区交叉”按钮：其作用是保留两个选区交叉的部分。

⑤ 羽化：是通过建立选区和选区周围像素之间的转换边界来模糊边缘的。模糊边缘操作将使选区边缘的一些细节丢失。

注意：使用选项栏上的羽化，须在创建选区前设置该值，否则不起作用。

样式：是用来规定拉出的矩形选框的形状的。包括“正常”“固定比例”和“固定大小”三项。

调整边缘：该选项可以提高选区边缘的品质，并可让用户对照不同的背景查看选区以便轻松编辑。

(2) 不规则选区选择工具

不规则选区选择工具包括套索工具、多边形套索工具、磁性套索工具和魔术棒工具等。

① 套索工具：选择套索工具可以在画布内拖拽创建一个不规则的选区，如图3.9所示。如果选取的选区终点和起点未重合，则Photoshop CS5会自动将起点与终点以直线连接成一个封闭的选区。套索工具常用于当创建一选区时有些部分多选，或有些区域漏选的场合，这时可用套索工具进行加选或减选。

图3.9　套索工具

② 多边形套索工具：用多边形套索工具可以创建不规则的多边形选区。选择时，只需在多边形的各个顶点单击，系统会自动形成一个封闭的多边形选区，如图 3.10 所示。

图 3.10 多边形套索工具

③ 磁性套索工具：是一种可识别边缘的套索工具，系统会根据鼠标拖拽处的边缘的颜色对比度来创建紧固点和线段，形成选区。使用该工具时，用户可根据需要直接单击添加紧固点，也可用 Back Space 键或 Delete 键撤销建立的紧固点和线段。

选中按钮，工具选项栏多了套索宽度和频率，前者用于设置磁性套索工具在选取时探查的距离，后者用来制定套索连接点的连接频率。鼠标移到图像上单击选取起点，然后沿图形边缘移动鼠标，无须按住鼠标，回到起点时会在鼠标的右下角出现一个小圆圈，表示区域已封闭，此时单击鼠标即可完成此操作，如图 3.11 所示。

图 3.11 磁性套索工具

④ 魔术棒工具：用于选取图像中颜色相似的区域，是基于与单击的像素的相似度。使用该工具时，只需在选择的颜色区域上单击，系统会将与单击颜色相似或相近的区域选中，如图 3.12 所示。

图 3.12　魔术棒工具

魔术棒的工具选项栏如图 3.13 所示。

图 3.13　魔术棒工具选项栏

(a) 容差：确定所选像素的颜色范围。以像素为单位输入一个值，范围介于 0 到 255 之间。如果容差值较小，则会选择与所单击像素非常相似少数几种颜色；如果容差值较大，则会选择范围更广的颜色。

(b) 连续：要使用相同的颜色只选择相邻的区域，请选择“连续”选项。否则，同一种颜色的所有像素都将被选中。

(c) 对所有图层取样：使用所有可见图层中的数据选择颜色。否则，魔术棒工具将只从当前图层中选择颜色。

注意：相近颜色选取的操作还可以使用菜单“选择＞色彩范围”来完成。

3.1.2.4　修改图形/图像的大小

用户在编辑图像时可能有很多目的，如想要将图像制作成为电脑桌面、制作为个性的 QQ 头像、制作成手机壁纸、传输到网络上、用于打印等等。然而，图像的尺寸或分辨率并非完全适合以上用途，用户还要根据实际情况对图像的大小和分辨率进行调整，才能令其符合使用需要。

在 Photoshop CS5 中打开一幅图片，通过菜单“图像＞图像大小”或快捷键 Alt＋Ctrl＋I 打开“图像大小”对话框，如图 3.14 所示。

在图 3.14 所示的对话框中可以根据编辑的需要修改图像的大小以及分辨率，修改好后可以另存为用户需要的图像文件。

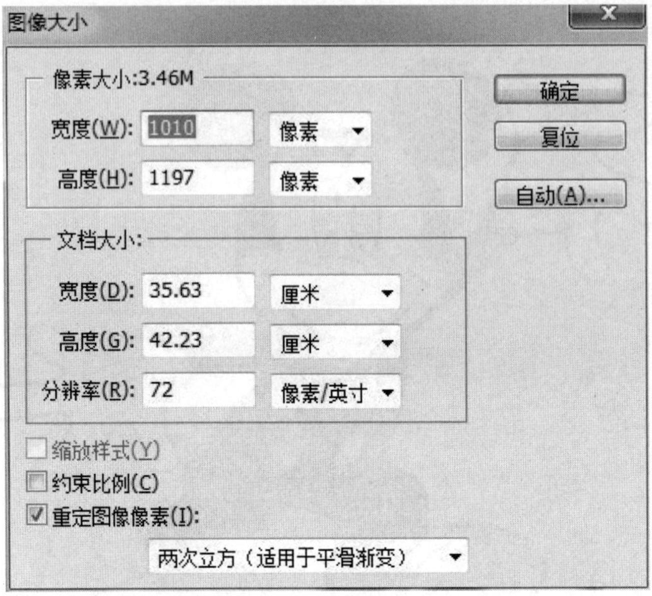

图 3.14　图像大小

3.2　Flash 动画技术

Flash 是一款交互式二维矢量动画制作软件，Flash 动画以画面精美、易于传输播放、制作相对简单、媒体表现力丰富、交互空间广阔等一系列优势，借助网络风行天下。在今天，Flash 的身影几乎无处不在，网站制作、多媒体开发、动漫游戏设计、产品展示、影视广告、Flash MV 和手机屏保等诸多领域，Flash 都大显身手。

3.2.1　动画基础知识

3.2.1.1　动画的定义

世界著名动画艺术家约翰·哈拉斯(John Halas)曾指出："运动是动画的本质"。动画是一种源于生活而又抽象于生活的艺术形式。医学研究表明：人眼具有"视觉暂留效应"（人的眼睛看到一幅画或一个物体后，在 1/24 秒内不会消失），动画正是根据人眼的"视觉暂留"生物现象，将很多内容上连续但又彼此略有差别的单个画面按一定的顺序和速度播放即可使人们在视觉上产生物体连续运动的错觉。

3.2.1.2　动画的分类

根据不同的分类方法，动画可以被分为不同的种类。从播放的媒体来划分，动画分为 TV 版动画、OVA 版动画、剧场版动画；从制作技术及手段上划分，动画分为以手工绘制为主的传统动画和计算机制作为主的电脑动画；从动画的视觉空间上划分，动画分为二维动画

（平面动画）和三维动画（空间动画）；从动画内容与画面数量关系上划分，动画分为全动画（=24 fps）和半动画（<24 fps）；从动画的播放效果上划分，动画分为顺序动画（连续动作）和交互式动画（反复动作）。

3.2.1.3　常见动画文件格式及其特点

(1) FLA格式

FLA格式是Flash源文件存放格式。所有的原始素材都保存在FLA文件中，可以在Flash中打开、编辑和保存FLA文件。

(2) SWF格式

SWF格式是Flash软件的专用格式，是一种支持矢量和点阵图形的动画文件格式。具有缩放不失真、文件体积小等特点。它采用了流媒体技术，可以一边下载一边播放，目前被广泛应用于网页设计、动画制作等领域。

(3) GIF格式

GIF格式是常见的二维动画格式。GIF是将多幅图像保存为一个图像文件，从而形成动画。

(4) MAX格式

MAX格式是3DS MAX软件文件格式。3DS MAX是制作建筑效果图和动画制作的专业工具。无论是室内建筑装饰效果图，还是室外建筑设计效果图，3DS MAX强大的功能和灵活性都是实现创造力的最佳选择。

3.2.1.4　常用动画制作软件

动画制作软件是创作动画的工具，通过交互式的操作，就可根据动画构思制作出计算机动画。根据创作的对象不同，动画制作软件分为二维和三维动画制作软件两种。比较流行的二维动画制作软件有Flash CS系列、Gif Animator、Adobe ImageReady等。常见的三维动画制作软件有3DS MAX、Maya、Ulead Cool 3D等。

3.2.2　Flash CS动画概述

3.2.2.1　基本概述

Flash CS系列是美国Adobe公司在收购了Macromedia公司后由Flash发展而来的，该软件是一款专业矢量图形编辑和动画创作软件，主要用于网页设计和多媒体创作。利用Flash自带的矢量图绘制功能，结合图片、声音以及视频等素材，可以制作出精美、流畅的二维动画。通过为动画添加ActionScript动作脚本，还能使其实现特定的交互功能。此外，Flash动画还具有以流媒体的形式进行播放，以及文件短等特点，因此Flash制作的作品非常适合通过网络发布和传播。

3.2.2.2　技术特点

Flash CS是一款以流控制技术和矢量技术等为代表的动画编辑和应用开发软件，能够将矢量图、位图、音频、视频、动画和交互动作有机地、灵活地结合在一起，从而制作出美观、新奇、交互性很强的动画效果。

与其他动画软件制作的动画相比，Flash动画具有以下优点：

(1) 从动画组成来看，Flash动画主要由矢量图形组成，品质高、体积小。

(2) 从动画发布来看，在导出Flash动画的过程中，程序会压缩、优化动画组成元素。

(3) 从动画播放来看,发布后的.swf 动画影片具有“流”媒体的特点。在通过网络播放动画时是可边下载边播放的。

(4) 从交互性来看,可以通过为 Flash 动画添加动作脚本使其具有很强的交互性。这一点是传统动画所无法比拟的。

(5) 从制作手法来看,Flash 动画的制作比较简单,制作效率高。爱好者很容易成为一个制作者。

(6) 从制作成本来看,用 Flash 制作动画可以大幅度降低制作成本,减少了人力、物力资源的消耗。

3.2.2.3 Flash 动画的制作流程

完成一部优秀的 Flash 动画作品需要经过很多的制作环节,其中每一环节的质量都直接关系到作品的最终效果,因此应该认真地把握每个环节的制作,切忌边做边看边想。每个公司或制作人员创建 Flash 动画的习惯不同,但都会遵循一个基本的流程。从宏观上看,商业 Flash 动画创作的流程大致可分为前期策划(包括动画目的、规划以及团队等)、素材准备(包括剧本编写、场景设计、造型设计、分镜头)、动画制作(包括录音、建立和设置影片、输入线稿、上色、动画编排)、后期处理(包括合成并添加音效、总检等)和发布(包括优化、制作 Loadin 和结束语)五个步骤。从微观上看,Flash 动画制作的流程分为新建文档、设置文档属性、制作或导入素材、制作动画、发布设置、测试影片、发布影片、保存文档八个步骤,如图 3.15 所示。其中制作动画部分是流程的关键,发布影片控制着发布影片的大小、质量和文档格式等重要性质,所以是十分重要的。

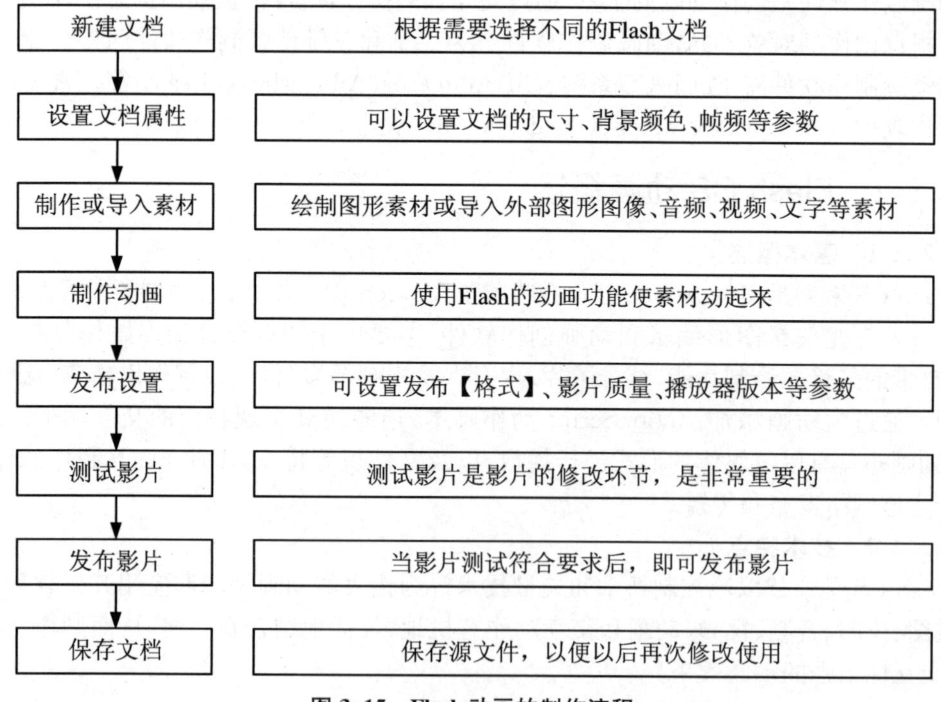

图 3.15 Flash 动画的制作流程

3.2.3　Flash动画类型

HTML语言的功能十分有限，难以实现令人耳目一新的动态效果，在这种情况下，各种脚本语言应运而生，使得网页设计更加多样化。然而，程序设计总是不能很好地普及，因为它需要一定的编程能力，而人们更需要一种既简单直观又功能强大的动画设计工具，Flash的出现正好满足了这种需求。

Flash动画是通过时间轴上对帧的顺序播放，实现各帧中舞台实例的变化而产生动画效果，动画的播放快慢是由帧频控制的。简单的Flash动画可以由几帧连续的画面组成。对于复杂的动画作品，Flash用到了"场景"这个概念，每一个场景包含一个独立的主时间轴，可以将多个场景组合以产生不同的交互播放效果。在制作过程中，根据制作方法和生成原理可将Flash动画分为基础动画类型和高级动画类型。基础动画类型包括逐帧动画、传统补间动画、补间动画和补间形状动画；高级动画类型包括图层动画(引导层动画、遮罩动画)、骨骼动画和3D动画。现以Flash CS5制作基础动画类型为例，将一些基本用法介绍如下。

3.2.3.1　逐帧动画

逐帧动画是动画中最基本的类型，它是一个由若干个连续关键帧组成的动画序列，与传统的动画制作方法类似，其制作原理是在连续的关键帧中分解动画，即每一帧中的内容不同，使其连续播放而成动画。

逐帧动画在时间轴上表现为连续出现的关键帧，如图3.16所示。

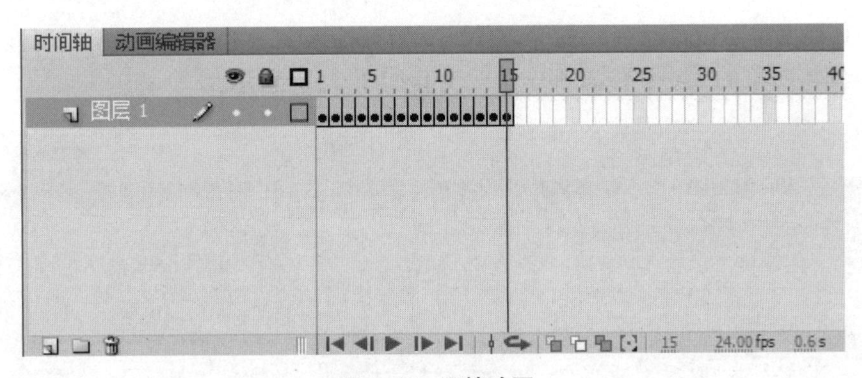

图3.16　逐帧动画

在制作逐帧动画的过程中，需要动手制作每一个关键帧中的内容，因此工作量极大，并且要求用户有比较强的逻辑思维能力和一定的绘图功底。虽然如此，逐帧动画的优势还是十分明显的，其具有非常强大的灵活性，适合表现一些复杂、细腻的动画，如3D效果、面部表情、走路、转身等，缺点是动画文件较大，交互性差。

3.2.3.2　传统补间动画

传统补间动画是Flash中较为常见的基础动画类型，使用它可以制作出对象的位移、变形、旋转、透明度、滤镜以及色彩变化等一系列的动画效果。

与逐帧动画不同，使用传统补间动画创建动画时，只要将两个关键帧中的对象制作出来即可，两个关键帧之间的过渡帧由Flash自动创建。

下面以一个实例来介绍创建传统补间动画的步骤。

步骤1：启动Adobe Flash CS5，新建一个影片文件，文档属性为默认值。

步骤 2:在"时间轴"面板的第 1 帧导入或绘制一个对象(本例为圆球),选中该对象,按【F8】键将其转换为元件实例,如图 3.17 所示。

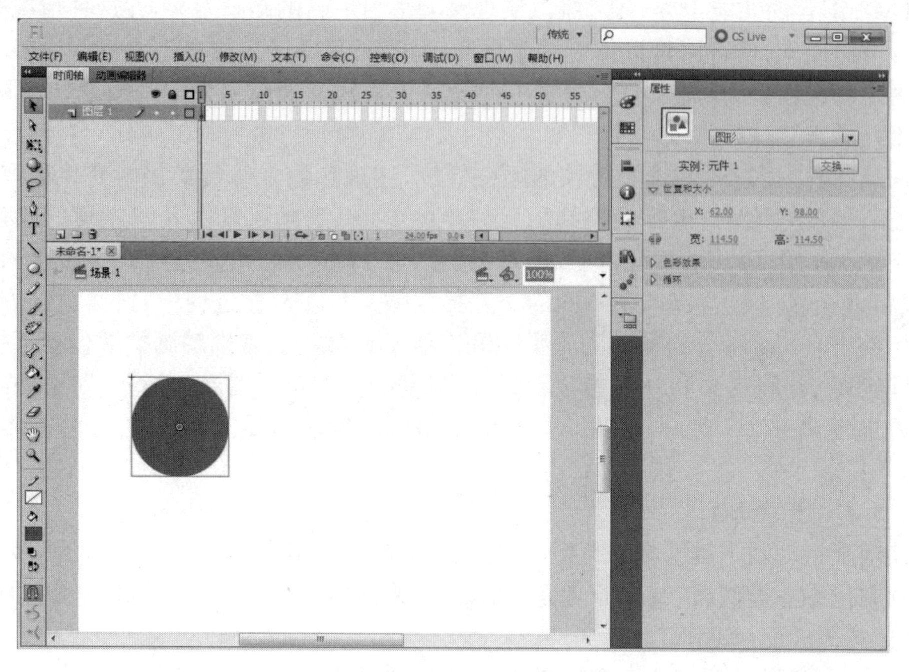

图 3.17　绘制对象

步骤 3:根据需要设置动画的长度,在第 40 帧处插入关键帧,改变对象的属性(如大小,位置等,本例将对象的大小和位置都作了改变),如图 3.18 所示。

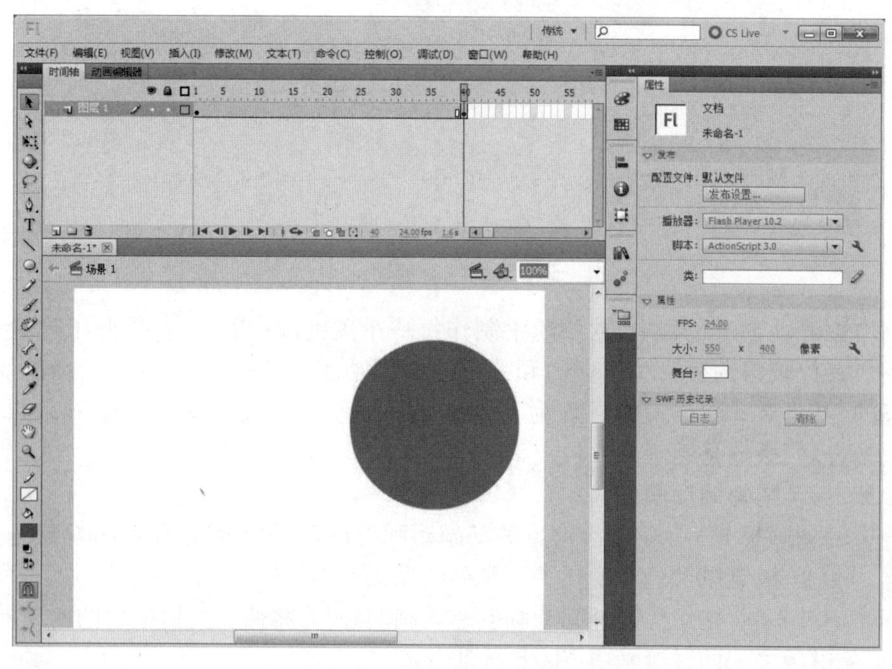

图 3.18　改变对象属性后

步骤4:在两个关键帧之间的任意一帧,单击鼠标右键,在弹出的快捷菜单中选择“创建传统补间”命令,创建的传统补间动画以黑色箭头和蓝色背景的起始关键帧处的黑色圆点表示。

3.2.3.3　补间动画

补间动画是通过为一个帧中的对象属性指定一个值并为另一个帧中的相同属性指定另一个值创建的动画。Flash自动计算这两个帧之间该属性的值。创建补间动画的对象类型包括影片剪辑、图形、按钮元件以及文本字段。关于补间动画的补间范围和属性关键帧作用如下:

补间范围是时间轴中的一组帧,舞台上对象的一个或多个属性可以随着时间而改变,补间范围在时间轴中显示为具有蓝色背景的单个图层中的一组帧。可将这些补间范围作为单个对象进行选择,并从时间轴中的一个位置拖到另一个位置,包括拖到另一个图层。在每个补间范围中,只能对舞台上的一个目标对象进行动画处理。

属性关键帧是在补间范围中为补间目标对象显示定义一个或多个属性值的帧。定义的每个属性都有他自己的属性关键帧。如果在单个帧中设置了多个属性,则其中每个属性的属性关键帧会驻留在该帧中。用户可以在动画编辑器中查看补间范围的每个属性及其属性关键帧。

与传统补间动画相比,补间动画是一种基于对象的动画,不再是作用于关键帧,而是作用于动画元件本身,从而使Flash的动画制作更加专业。作为一种全新的动画类型,补间动画功能强大且易于创建,不仅可以大大简化Flash动画的制作过程,而且还提供了更大程度的控制。

3.2.3.4　补间形状动画

补间形状动画用于创建形状变化的动画效果,使一个形状变成另一个形状,同时也可以设置图形形状位置、大小、颜色的变化。

补间形状动画的创建方法与传统补间动画类似,只要创建出两个关键帧中的对象,其他过渡帧便可通过Flash自动创建,与传统补间动画所不同的是,补间形状的两个帧中的对象必须是可编辑的图形,如果是其他类型的对象,如文字或位图,则必须将其分离为可编辑的图形。

下面以一个方形变圆形的补间形状动画为例进行说明:

步骤1:启动Adobe Flash CS5,新建一个影片文件,文档属性为默认值。

步骤2:选择工具栏中的▢工具,在工作区画一个矩形。

步骤3:选择“时间轴”的第40帧处右击,在弹出的菜单中选择“插入关键帧”项。

步骤4:使用工具栏的▸工具,选定工作区的矩形,将其删除,然后选择工具栏的◯工具,在工作区绘制一个圆形。

步骤5:在两个关键帧之间的任意一帧,单击鼠标右键,在弹出的快捷菜单中选择“创建补间形状”命令,创建的补间形状动画以黑色箭头和淡绿色背景的起始关键帧处的黑色圆点表示。

传统补间动画、补间动画、补间形状动画三者之间的区别如表3.1所示。

表 3.1　传统补间动画、补间动画、补间形状动画的主要区别

区　别	传统补间动画	补间动画	补间形状动画
在时间轴上的表现	淡紫色背景 有实心箭头	淡蓝色背景	淡绿色背景 有时实心箭头
组成	元件(可为影片剪辑、图形元件、按钮等)	同左	矢量图形(如果使用图形元件、按钮、文字,则必先打散,即转化为矢量图形)
效果	实现同一个元件的大小、位置、颜色、透明度、旋转等属性的变化	同左	实现两个矢量图形之间的变化,或一个矢量图形的大小、位置、颜色等的变化
关键	插入关键帧,首尾为同一对象,先将首转为元件,再建尾关键帧	只需首关键帧即可	插入空白关键帧,首尾可为不同对象,可分别打散为矢量图

注意:在 Flash 中,补间形状动画只能针对矢量图形进行,也就是说,进行变形动画的首、尾关键帧上的图形应该都是矢量图形;传统补间动画只能针对非矢量图形进行,也就是说,进行运动动画的首、尾关键帧上的图形都不能是矢量图形,它们可以是组合图形、文字对象、元件的实例、被转换为"元件"的外界导入图片等。矢量图形的特征是:在图形对象被选定时,对象上面会出现白色均匀的小点。非矢量图形的特征是:在图形对象被选定时,对象四周会出现蓝色或灰色的外框。

3.3　音频和视频的基本技术

3.3.1　音频和视频的作用与分类

3.3.1.1　音频文件的格式及特点

音频文件的格式有很多种,常见的有 MP3、WAV、CD、WMA、MIDI、RealAudio、VQF 等,下面将逐一进行介绍。

(1) MP3 格式

MP3 是一种音频压缩技术,全称是动态影像专家压缩标准音频层面 3(Moving Picture Experts Group Audio Layer Ⅲ)。它被设计用来大幅度地降低音频数据量。利用 MPEG Audio Layer 3 的技术,将音乐以 1∶10 甚至 1∶12 的压缩率,压缩成容量较小的文件,而对于大多数用户来说重放的音质与最初的不压缩音频相比没有明显的下降。用 MP3 形式存储的音乐就叫做 MP3 音乐,能播放 MP3 音乐的机器就叫做 MP3 播放器。最高参数的 MP3(320 kbps)的音质较之 CD 的,FLAC 和 APE 无损压缩格式的差别不多,其优点是压缩后占

用空间小，适用于移动设备的存储和使用。

(2) WAV 格式

WAV 格式是微软公司开发的一种声音文件格式，也叫波形声音文件，是最早的数字音频格式，用于保存 Windows 平台的音频信息资源，被 Windows 平台及其应用程序所支持。通常使用 WAV 格式来保存一些没有压缩的音频，依照声音的波形进行存储，因此要占用较大的存储空间。另外 WAV 文件也可以存放压缩音频，但其本身的文件结构使之更加适合于存放原始音频数据并用作进一步的处理。其优点是易于生成和编辑；但缺点也很明显，在保证一定音质的前提下压缩比不够，不适合在网络上播放。

(3) CD 格式

CD 格式是音质比较高的音频格式。在大多数播放软件的"打开文件类型"中，都可以看到 *. cda 格式，这就是 CD 音轨了。标准 CD 格式也就是 44.1 kHz 的采样频率，速率 88 kb/s，16 位量化位数，因为 CD 音轨可以说是近似无损的，因此它的声音基本上是忠于原声的。一个 CD 音频文件是一个 *. cda 文件，只是一个索引信息，并不是真正的包含声音信息，所以不论 CD 音乐的长短，在计算机上看到的 *. cda 文件都是 44.1 kHz 的，也不能直接将 CD 格式的 *. cda 文件复制到硬盘上播放，而是需要使用像 EAC(Exact Audio Copy)这样的抓音轨软件把 CD 格式的文件转换成 WAV 格式。

(4) WMA 格式

WMA(Windows Media Audio)是微软公司推出的一种数字音频格式。WMA 在压缩比和音质方面都超过了 MP3，更是远胜于 RA(Real Audio)，即使在较低的采样频率下也能产生较好的音质。一般使用 Windows Media Audio 编码格式的文件以 WMA 作为扩展名，一些使用 Windows Media Audio 编码格式编码其所有内容的纯音频 ASF 文件也使用 WMA 作为扩展名。WMA 7 之后的 WMA 支持证书加密，未经许可(即未获得许可证书)，即使是非法拷贝到本地，也是无法收听的。另外，微软公司在 WMA 9 大幅改进了其引擎，实际上几乎可以在同文件同音质下比 MP3 体积少 1/3 左右，因此非常适合用于网络流媒体及移动设备。

(5) MIDI 格式

MIDI(Musical Instrument Digital Interface，乐器数字接口)是一种串行接口标准，允许将音乐合成器、乐器和计算机连接起来。MID 文件并不是一段录制好的声音，而是记录声音的信息，然后在告诉声卡如何再现音乐的一组指令。这样一个 MIDI 文件每存 1 分钟的音乐只用大约 5～10 KB，但 MIDI 文件重放的效果完全依赖声卡的档次。今天，MIDI 文件主要用于原始乐器作品，流行歌曲的业余表演，游戏音轨以及电子贺卡等。

(6) RealAudio

RealAudio 是由 Real Networks 公司推出的一种文件格式，其特点是可以实时地传输音频信息，尤其是在网速较慢的情况下，仍然可以较为流畅地传送数据，因此主要适用于网络上的在线播放。现在的 RealAudio 文件格式主要有 RA(RealAudio)、RM(RealMedia，Real AudioG2)、RMX(RealAudio Secured)三种，它们的共同特点在于随着网络宽带的不同而改变声音的质量，在保证大多数人听到流畅声音的前提下，让拥有较大网络宽带的听众获得较好的音质。

(7) VQF 格式

VQF 格式是日本 NTT(Nippon Telegraph and Telephone,日本电报电话公司)集团开发的一种音频压缩技术,这种格式技术受到 YAMAHA(雅马哈)公司的支持,VQF 是其文件的扩展名。VQF 格式和 MP3 的实现方法相似,都是通过采用有失真的算法来将声音进行压缩,不过 VQF 格式与 MP3 的压缩技术相比却有着本质上的不同:VQF 格式的目的是对音乐而不是声音进行压缩,因此,VQF 格式所采用的是一种称为"矢量化编码(Vector Quantization)"的压缩技术。该技术先将音频数据矢量化,然后对音频波形中相类似的波形部分统一与平滑化,并强化突出人耳敏感的部分,最后对处理后的矢量数据标量化再进行压缩而成。

VQF 的音频压缩率比标准的 MPEG 音频压缩率高出近一倍,可以达到 18∶1 左右甚至更高。相同情况下压缩后 VQF 的文件体积比 MP3 小 30%~50%,因此 VQF 格式的音频更便于网上传播,同时音质相对更佳,接近 CD 音质(16 位 44.1 kHz 立体声)。但由于 VQF 未公开技术标准,未能流行开来。

3.3.1.2　视频文件的格式及特点

常见的视频格式有 AVI、MPEG、RM/RMVB,ASF、MOV、WMV、DIVX 等。

(1) AVI 格式

AVI(Audio Video Interleave)是一种支持音频/视频交叉存取机制的格式,原先用于 Windows 环境,现在已被大多数操作系统支持。这种视频格式的优点是可以跨多个平台使用,其缺点是体积过于庞大,而且更加糟糕的是压缩标准不统一,最普遍的现象就是高版本 Windows 媒体播放器播放不了采用早期编码编辑的 AVI 格式视频,而低版本 Windows 媒体播放器又播放不了采用最新编码编辑的 AVI 格式视频,所以在进行一些 AVI 格式的视频播放时常会出现由于视频编码问题而造成的视频不能播放,或即使能够播放,但存在不能调节播放进度和播放时只有声音没有图像等一些莫名其妙的问题,如果用户在进行 AVI 格式的视频播放时遇到了这些问题,可以通过下载相应的解码器来解决。

(2) MPEG 格式

MPEG 原指成立于 1958 年的运动图像专家组(Moving Picture Experts Group),该专家组负责为数字视/音频制定压缩标准,现指运动图像压缩算法的国际标准。它采用了有损压缩方法减少运动图像中的冗余信息而达到高压缩比的目的,当然这是在保证影像质量的基础上进行的。目前已提出 MPEG-1、MPEG-2、MPEG-4、MPEG-7 和 MPEG-21 五种标准。MPEG-1 被广泛应用于 VCD 与一些供网络下载的视频片段的制作商。使用 MPEG-1 的压缩算法,可以把一部 120 分钟长的非数字视频的电影,压缩成 1.2 GB 左右的数字视频。MPEG-2 则应用在 DVD 的制作方面,在一些 HDTV(高清晰电视)和一些高要求的视频编辑处理上也有一定的应用空间。相对于 MPEG-1 的压缩算法,MPEG-2 可以制作出在画质等方面远远超过 MPEG-1 的视频文件,但是文件较大,同样对于一部 120 分钟长的非数字视频的电影,压缩得到的数字视频文件大小为 4~8 GB。MPEG-4 是一种新的压缩算法,可以将用 MPEG-1 压缩到 1.2 GB 的文件进一步压缩到 300 MB 左右,以供网络在线播放。MPEG-7 并不是一种压缩编码方法,其正规的名字叫做多媒体内容描述接口,其目的是生成一种用来描述多媒体内容的标准,这个标准将对信息含义的解释提供一定的自由度,可以被传送给设备和电脑程序，或者被设备或电脑程序查取。MPEG-7 并不针对某个具体的应用，而是针对被 MPEG-7 标准化了的图像元素，这些元素将支持尽可能多的各种应用。MPEG-21 致力于为多媒体传输和使用定义一个标准化的、可互操作的和高度自动化的开放框架，这种框架会在一种互操作的模式下为用户提供更丰富的信息。

(3) RM/RMVB

RM 格式是 RealNetworks 公司开发的一种流媒体视频文件格式，可以根据网络数据传输的不同速率制定不同的压缩比率，从而实现低速率的 Internet 上进行视频文件的实时传送和播放。它主要包含 RealAudio、RealVideo 和 RealFlash 三部分。RealAudio 用来传输接近 CD 音质的音频数据，RealVideo 用来传输连续视频数据，而 RealFlash 则是 RealNetworks 公司与 MacroMedia(现已被 Adobe 公司收购)公司合作推出的一种高压缩比的动画格式。RealMedia 可以根据网络数据传输速率的不同制定了不同的压缩比率，从而实现在低速率的广域网上进行影像数据的实时传送和实时播放。这种格式的另一个特点是用户使用 RealPlayer 或 RealOne Player 播放器可以在不下载音频/视频内容的条件下实现在线播放。

RMVB 格式是由 RM 视频格式升级而延伸出的新型视频格式，RMVB 视频格式的先进之处在于打破了原先 RM 格式使用的平均压缩采样的方式，在保证平均压缩比的基础上更加合理利用比特率资源，也就是说对于静止和动作场面少的画面场景采用较低编码速率，从而留出更多的带宽空间，这些带宽会在出现快速运动的画面场景时被利用掉。这就在保证了静止画面质量的前提下，大幅地提高了运动图像的画面质量，从而在图像质量和文件大小之间达到了平衡。不仅如此，RMVB 视频格式还具有内置字幕和无需外挂插件支持等优点。

(4) ASF 格式

ASF(Advanced Stream Format，高级流格式)是 Microsoft 公司推出的一个在 Internet 上实时传播多媒体信息的技术标准。微软将 ASF 定义为同步媒体的统一容器文件格式，音频、视频、图像以及控制命令脚本等多媒体信息通过这种格式，以网络数据包的形式传输，实现流式多媒体内容发布。ASF 最大的优点就是体积小，因此适合网络传输，使用微软公司的最新媒体播放器(Microsoft Windows Media Player)可以直接播放该格式的文件。用户可以将图形、声音和动画数据组合成一个 ASF 格式的文件，当然也可以将其他格式的视频和音频转换为 ASF 格式，而且用户还可以通过声卡和视频捕获卡将诸如麦克风、录像机等等外设的数据保存为 ASF 格式。另外，ASF 格式的视频中可以带有命令代码，用户指定在到达视频或音频的某个时间后触发某个事件或操作。

(5) MOV 格式

MOV 即 QuickTime 影片格式，它是 Apple 公司开发的一种音频、视频文件格式，用于存储常用数字媒体类型，具有较高的压缩比率和较完美的视频清晰度，采用有损压缩方式的 MOV 格式文件，画面效果较 AVI 格式要稍微好一些。MOV 格式以其领先的多媒体技术和跨平台特性、较小的存储空间要求以及系统的高度开放性，得到了业界的广泛认可。

(6) WMV 格式

WMV(Windows Media Video)是微软推出的一种流媒体格式，它是在“同门”的 ASF 格式升级延伸来得。在同等视频质量下，WMV 格式的文件不仅体积非常小，而且可以边下载边播放，因此很适合在网上播放和传输。WMV 格式具有本地或网络回放、可扩充的媒体类型、可伸缩的媒体类型、多语言支持、环境独立性、丰富的流间关系以及扩展性等优点。但 WMV 格式的视频传输延迟非常大，通常需要 10 多秒钟。

(7) FLV 格式

FLV 流媒体格式是随着 Flash MX 的推出发展而来的视频格式，全称是 FLASH VIDEO。由于它形成的文件极小、加载速度极快，使得网络观看视频文件成为可能，它的出现有效地解决了视频文件导入 Flash 后，使导出的 SWF 文件体积庞大，不能在网络上很好的使用等缺点，因此 FLV 格式成为了当今主流视频格式。由于 FLV 文件体积小巧，清晰的 FLV 视频 1 分钟在 1 MB 左右，一部电影在 100 MB 左右，是普通视频文件体积的 1/3。再加上 CPU 占有率低、视频质量良好等特点使其在网络上盛行。

(8) 3GP 格式

3GP 是一种 3G 流媒体的视频编码格式，主要是为了配合 3G 网络的高传输速度而开发的，也是手机中的一种视频格式。3GP 是新的移动设备标准格式，应用在手机、MP4 播放器等移动设备上，优点是文件体积小，移动性强，适合移动设备使用，缺点是在 PC 机上兼容性差，支持软件少，且播放质量差，帧数低，较 AVI 等格式相差很多。

(9) DivX 格式

DivX 是一种将影片的音频由 MP3 来压缩、视频由 MPEG-4 技术来压缩的数字多媒体压缩格式。它是基于 MPEG-4 标准，可以把 MPEG-2 格式的多媒体文件压缩至原来的 10%，更可把 VHS 格式录像带格式的文件压至原来的 1%。通过宽带设备，它可以让用户欣赏全屏的高质量数字电影。无论是声音还是画质都可以和 DVD 相媲美。同时它还允许在其他设备(如安有机顶盒的电视)上观看。由于 Divx 后来转为了商业软件，其发展受到了很大限制，表现相对欠佳，在竞争中处于劣势。

(10) MKV 格式

MKV 格式是民间流行的一种视频格式，它可将多种不同编码的视频及 16 条以上不同格式的音频和不同语言的字幕流封装到一个文件当中。MKV 最大的特点就是能容纳多种不同类型编码的视频、音频及字幕流。但是由于是民间格式，没有版权限制，又易于播放，所以官方发布的视频影片一般都不采用 MKV。

3.3.2 音频文件的编辑和处理

常用的音频编辑和处理软件有 Sound Forge、Total Record、GoldWave 和 Cool Edit 等，其中 Cool Edit 是一个功能强大的音频编辑软件，它能够高质量地完成录音、编辑、合成等多种任务。这里使用 Cool Edit pro 2.1 为例说明音频文件的编辑方法。

3.3.2.1 使用 Cool Edit 进行录音

步骤 1：将麦克风正确连接到计算机上

步骤 2：打开 Cool Edit pro 2.1，如图 3.19 所示，选择放置录音的音轨，将该音轨前面的 R 按钮按下，将话筒对准音源，调节好音量，准备就绪后就可以按下左下角的“录音”按钮。

步骤 3：完成录音后点击左下角的“停止”按钮即可。对于录制好的声音，可以通过左下角的“播放”按钮进行试听，不满意可以重新录制。

步骤 4：试听满意后单选择菜单“文件>混缩另存为”，弹出保存对话框，填好相应的内容后，单击“保存”按钮，完成对音频文件的录音工作。

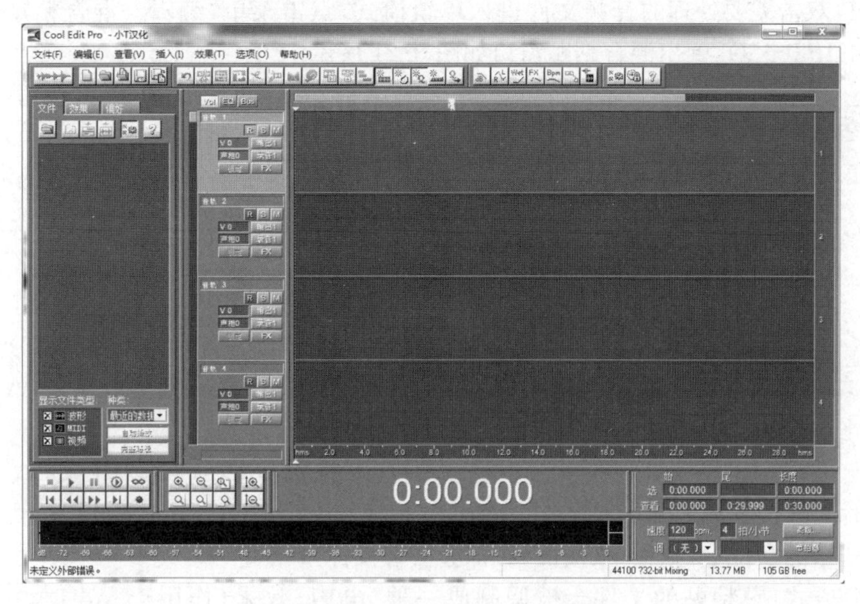

图 3.19 Cool Edit pro 2.1 主窗口

3.3.2.2 使用 Cool Edit 编辑声音

(1) 剪辑音频文件内容

步骤 1：打开 Cool Edit pro 2.1。

步骤 2：选择菜单“文件>打开波形文件”或者使用快捷键 Ctrl+O，弹出“打开波形文件”对话框，打开需要编辑的音频文件，这时在“文件”窗口中就会有打开的音频文件的完整路径和名称。

步骤 3：双击音频文件进入单轨模式，选中需要剪切的部分，右击选择“剪切”(快捷键 Ctrl+X)或使用 Delete 键，即可将不需要的部分删除，如图 3.20 所示。

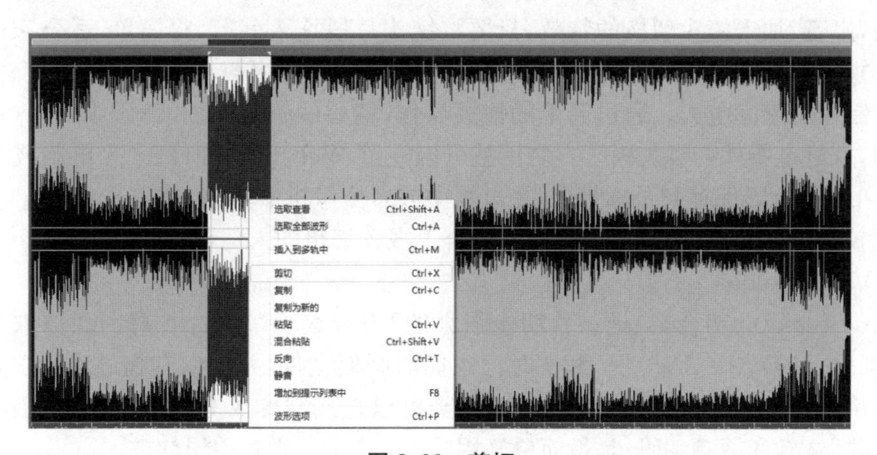

图 3.20 剪切

步骤 4：选择菜单“文件>混缩另存为”，完成对音频文件的剪辑。

(2) 混合音频文件

混合音频文件是将两种不同的音频混合为一个音频，具体操作步骤如下：

步骤1:双击需要处理的音频文件进入单轨模式，点击菜单“编辑＞混合粘贴”(快捷键CTRL＋SHIFT＋V)，弹出混合粘贴窗口如图3.21所示。

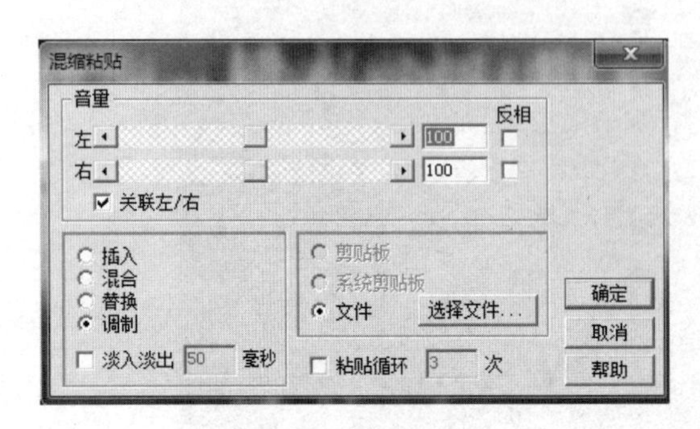

图3.21　混合粘贴

步骤2:单击“选择文件”按钮，打开需要混合的另一个音频文件。

步骤3:根据需要选择合适的混合方式，设置好相应的选项，单击“确定”按钮。

“插入”方式:将另一个文件(B)从定位好的时间线位置插入到当前文件(A)中；

“混合”方式:另一个文件(B)从定位好的时间线位置插入到当前文件(A)中，并与A进行重合叠加；

“替换”方式:将另一个文件(B)插入到定位好的时间线位置插入到当前文件(A)中，并替换掉文件(A)后面的部分(注意:如果你的时间线在开始的0位置，则整个(文件A)都会被替换掉)；

“调制”方式:它粘贴的文件会被调制成一种“电声”效果(作用于人声时，类似“声码器”)，轻易不要用这个方式。

步骤4:选择菜单“文件＞混缩另存为”，完成对两个音频文件的混合。

3.3.3　视频文件的编辑和处理

3.3.3.1　视频编辑软件

常用的视频编辑和处理软件有Windows Movie Maker、Video Studio、Adobe Premiere等。

(1) Windows Movie Maker

Windows Movie Maker是Windows附带的一个影视剪辑小软件，功能比较简单，可以组合镜头，声音，加入镜头切换的特效，只要将镜头片段拖入就行，很简单，适合家用摄像后的一些小规模的处理，使用它制作家庭电影充满乐趣。用户可以在个人电脑上创建、编辑和分享自己制作的家庭电影。通过简单的拖放操作，精心的筛选画面，然后添加一些效果、音乐和旁白，家庭电影就初具规模了。之后就可以通过Web、电子邮件、个人电脑或CD，甚至DVD，还可以将电影保存到录影带上，在电视中或者摄像机上播放。Windows Movie Maker是一款比较全面的简单的视频编辑产品，适合于视频编辑的入门者。

(2) Video Studio

Video Studio(会声会影)是一款功能强大的“视频编辑”软件，具有图像抓取和编辑功能，可以抓取、转换MV、DV、TV和实时记录抓取画面文件，并提供有超过100多种的编制功能和效果，可导出多种常见的视频格式，甚至可以直接制作成DVD和VCD光盘；支持各类编码，包括音频和视频编码；是最简单好用的DV、HDV影片剪辑软件。

会声会影最主要的特点是:操作简单，适合家庭日常使用，完整的影片编辑流程解决方案、从拍摄到分享、新增处理速度加倍。不仅符合家庭或个人所需的影片剪辑功能，甚至可以挑战专业级的影片剪辑软件。适合普通大众使用，操作简单易懂，界面简洁明快。

（3）Adobe Premiere

Adobe Premiere是目前最流行的视频编辑软件，也是全球用户量最多的非线性视频编辑软件，是数码视频编辑的强大工具，它作为功能强大的多媒体视频、音频编辑软件，应用范围不胜枚举，制作效果美不胜收，足以协助用户更加高效地工作。Adobe Premiere以其新的合理化界面和通用高端工具，兼顾了广大视频用户的不同需求，在一个并不昂贵的视频编辑工具箱中，提供了前所未有的生产能力、控制能力和灵活性。使用该软件可以将平时使用数码摄像机拍摄的视频或照片进行剪辑处理，添加各种特效，配合适当的音乐或音效，最后输出为标准的DVD视频文件，或刻录成VCD、DVD光盘，与家人和亲朋好友一起分享。

3.3.3.2　视频编辑方法

下面以Adobe Premiere CS6为例，介绍视频文件的基本编辑方法和一般工作流程。

（1）创建项目

要使用Premiere CS6进行视频编辑，首先要启动软件，创建一个项目文件，并对项目参数进行设置。操作步骤如下：

步骤1：选择“开始>所有程序>Adobe Premiere Pro CS6”命令，或在桌面双击图标，即可启动软件。稍等片刻后会弹出欢迎界面，在该界面中可以执行“新建项目”“打开项目”和“帮助”等操作。

步骤2：单击“新建项目”，弹出“新建项目”对话框，在该对话框选择“常规”选项卡，设置好“视频”“音频”“采集”“位置”和“名称”，单击“确定”按钮，弹出“新建序列”对话框，如图3.22所示。

图3.22　新建序列

步骤3:在“新建序列”对话框中,有三个选项卡:“序列预设”“设置”“轨道”。用户可以在“序列预设”选项卡中选择一种合适的预置项目设置,然后在其右侧的“预设描述”栏中会显示预置设置的相关信息。根据需要编辑的节目类型,选择这些已经设置好标准参数的预设,将节省很多时间,从而提高工作效率。这里选择类表中的“DV-PAL\标准 48 kHz”选项,这是标准的 PAL 制视频的项目设置。

步骤4:选择“轨道”选项卡,设置项目中视频和音频轨道的数量,如设置“视频”轨道数为3,设置“立体声”轨道个数也为3个,其他保持默认,最后单击“确定”按钮。

步骤5:这样即可进入 Adobe Premiere Pro CS6 工作界面,该界面是进行编辑工作的主要区域,主要有标题栏、菜单栏、项目面板、时间线面板、监视器面板、工具面板、效果面板以及其他功能面板等几部分组成,如图3.23所示。

图3.23 Adobe Premiere Pro CS6 工作界面

(2) 导入素材

在开始制作之前,要准备好项目视频所需要的各种素材,包括拍摄的视频、图片、音乐等,并将其分门别类地保存到电脑中。将所需要的素材添加到创建的“项目”面板中,是进行视频编辑的第一步,具体操作如下:

步骤1:选择“文件>导入”命令,或直接在“项目”面板空白位置双击,打开“导入”对话框。

步骤2:在对话框中,选中需要的视频、音频、图片,然后单击“打开”按钮,即可将素材导入“项目”面板中。

(3) 编辑素材

将素材导入“项目”面板后,就可以对素材进行修改、编辑和整合,以达到用户所需要的效果。具体操作步骤如下:

步骤1:用鼠标拖动导入的素材,将其放在时间线面板中,如图3.24所示。

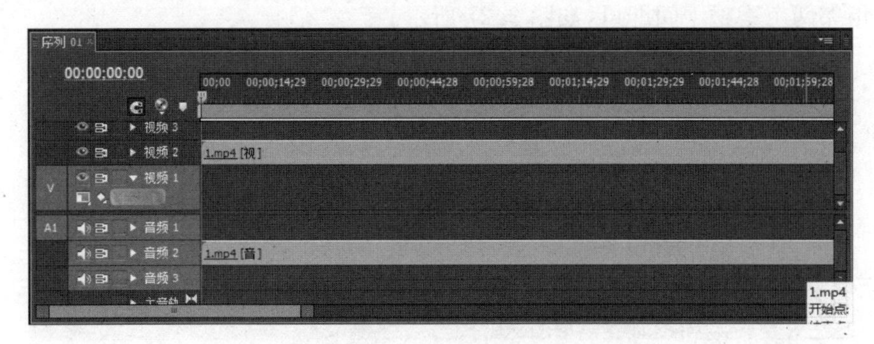

图3.24　时间线面板

注意:视频和图片素材只能放到视频轨道上,音频素材只能放到音频轨道上。

步骤2:用"选择工具"选定时间线面板上需要编辑的文件,并调整好位置,然后使用"剃刀工具"在需要切开的位置切一刀。如图3.25所示。

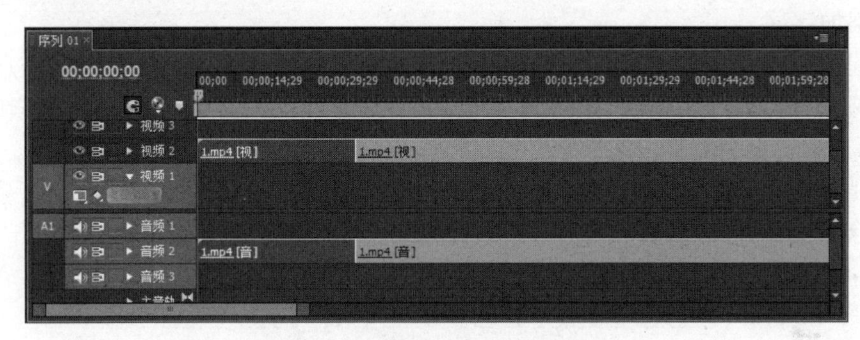

图3.25　把需要剪切的地方切开

步骤3:用同样的方法,在需要切开的另一边也切一刀。

步骤4:使用"选择工具"选中需要减掉的部分,按Delete键删除不要的部分。

步骤5:使用"选择工具"将剩余的部分合并一起,如图3.26所示。

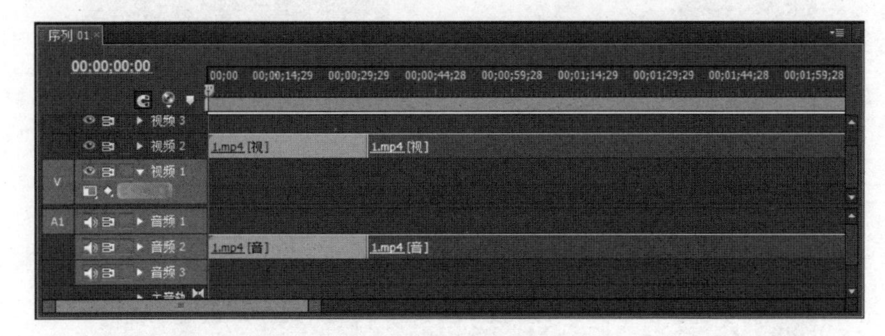

图3.26　合并视频

(4) 添加特效

在编辑视频的过程中,使用视频切换特效可以使素材之间的连接更加和谐、自然。要为"时间线"面板中两个相邻的素材添加某种视频切换效果,可以在"效果"面板中展开该类型的文件夹,然后将相应的效果拖动到"时间线"窗口的相邻素材之间即可。具体操作步骤如下:

步骤 1:在“效果”面板中展开“视频切换>伸展”文件夹,将其中的“交叉伸展”效果拖动到时间线相邻两个素材中间即可,如图 3.27 所示。

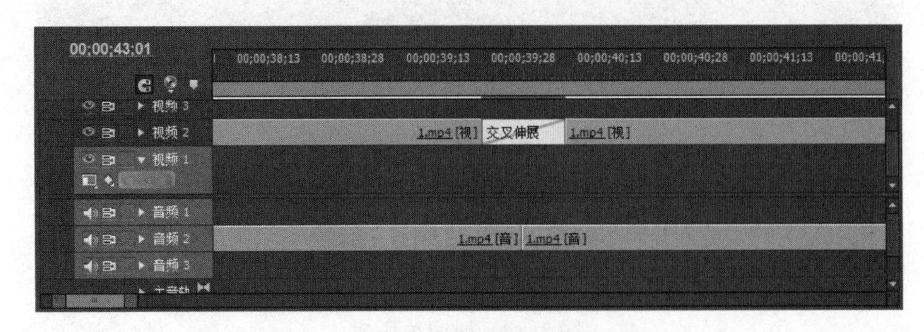

图 3.27　添加转成特效

注意:在“视频切换”中还有很多转场效果,用户可以根据需要选择不同的效果,这里仅以“伸展”特效为例。

步骤 2:用同样的方法在其他素材之间添加转场特效。

(5) 添加字幕

字幕是视频制作中常用的信息表现元素,纯画面信息不可能完全取代文字信息的功能,完美的视频作品必须图文并茂,正因为如此,很多视频作品的片头都会用到精彩的标题字幕,以使影片显得更为完整。添加字幕的具体步骤如下:

步骤 1:选择“字幕>新建字幕>默认静态字幕(或默认滚动字幕、默认游动字幕,这里以默认静态字幕为例)”命令,弹出“新建字幕”对话框。设置好相应的选项后,单击“确定”按钮,弹出“字幕设计”对话框,如图 3.28 所示。

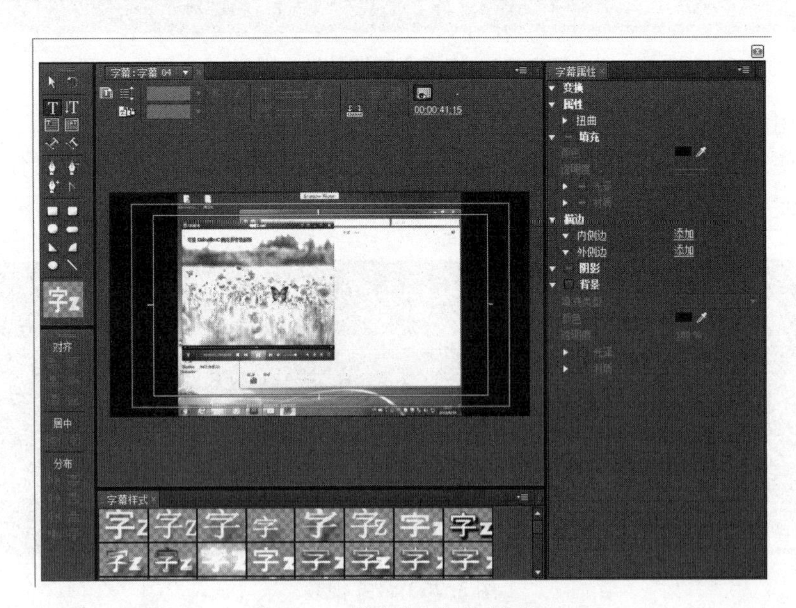

图 3.28　“字幕设计”对话框

步骤 2:单击横向“输入工具”T,在视频中想要放置字幕的地方单击并输入文字。

步骤 3:选中输入的文字,然后在“字幕属性”面板中设置字幕的字体、字体大小、颜色等信息。

步骤 4:设置完成后单击窗口右上方的“关闭”按钮,此时在“项目”面板中会看到刚刚新建的字幕素材。

步骤 5:将“项目”面板中的“字幕”素材拖动到视频轨道上,用鼠标调整字幕与视频混合的位置和时间,完整字幕的添加工作。

(6) 视频输出

视频作品制作完成后,需要将编辑好的项目文件以视频的格式输出,这样就可以随时随地地观看欣赏了。具体操作步骤如下:

步骤 1:单击“序列 01”面板将其激活,然后选择“文件>导出>媒体”命令,打开“导出设置”对话框,如图 3.29 所示。

图 3.29 “导出设置”对话框

步骤 2:在“导出设置”面板的右侧,单击“输出名称”后面的名字“序列 01. avi”,此时会弹出“另存为”对话框,设置好保存位置和名称后,单击“保存”按钮,返回“导出设置”对话框。

步骤 3:在“导出设置”对话框,设置好相应的选项后,直接单击“导出”按钮,即可开始输出视频。

随着网络技术的发展和完善,图片、动画、音频和视频除了在传递信息上发挥作用外,也丰富了人们的生活。各种网络多媒体技术的出现,集成了某一类或者某些类的节目,节省了使用者的烦恼。人们可以轻松地使用网络享受多媒体技术带来的各种娱乐服务,而且,信息的表达方式也更加多样化。

Flash 高级特效动画

Flash 动画除了前面学习的基础动画类型外,还有多个高级特效动画,包括运动引导层动画、遮罩层动画以及骨骼运动和 3D 动画等,通过它们可以创建更加生动复杂的动画效果,使得动画的制作更加方便快捷。这里只对引导层动画和遮罩层动画作简要的介绍。

1. 引导层动画

引导层动画是在引导层上绘制线条作为被引导层上元件的运动轨迹,从而实现元件沿着指定路径运动的动画效果。因此引导层动画至少需要两个图层,上面的图层是运动引导层,层内放运动的轨迹,下面的图层是被引导层,层内放要运动的元件。

2. 遮罩层动画

遮罩层是一种特殊的图层,它用来遮住被遮罩层里的图像,要想看到被遮罩的图像,需要在遮罩层里挖"洞"。挖"洞"实际上就是在遮罩层里放置对象。遮罩层中的对象可以是图形、文字、元件的实例等。如果遮罩发生,遮罩层里放的对象就成了"洞",这些对象原有的填充效果不再显示。遮罩层动画实际上是遮罩效果和基本动画结合的产物,遮罩层动画需要遮罩层和被遮罩层,层之间的遮罩关系完成遮罩效果,动画效果既可以作为制作在遮罩层里,也可以制作在被遮罩层内。

任务1　使用 Photoshop 进行图片分离和合成

工作任务

将一张图片的一部分分离出来,并与另一张图片进行合并,以达到期望的效果。

实例解析

图片的分离和合成其实是使用 Photoshop 的选择工具将一张图片的一部分选中,然后再复制到另一张已经选好的图片上,再加上适当的处理,以达到较好的效果。

操作步骤

(1) 新建空白文件;

(2) 在 Photoshop 中打开需要分离和合成的图片;

(3) 使用选择工具选中需要从图片中分离处理的一部分;

(4) 利用"复制""粘贴"将选中的部分与另一张图片进行合并;

(5) 保存文件。

任务2　使用 Flash 制作一个"心动"的动画

工作任务

使用传统补间动画或补间形状动画将"心"由小变大,再由大变小,即可实现"心动"的效果。

实例解析

制作"心动"动画,首先需要绘制一个"红心",然后才能通过传统补间动画或补间形状创建"心动"效果。

操作步骤

(1) 新建文件;

(2) 利用绘图工具绘制"心形"图案;

(3) 选中对象并将其转换成元件(如使用补间形状,则不需要将对象转换成元件);

(4) 根据需要设置动画的长度，在第30帧插入关键帧，设置对象的大小；

(5) 创建传统补间动画。

项目知识结构图

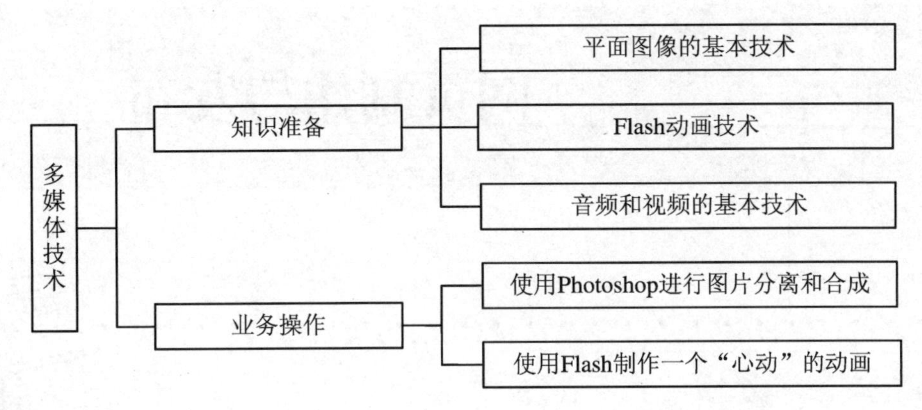

课后自测

1. 单选题

(1) 在网络信息编辑和发布过程中，常用的音频编辑软件为(　　)。

A. Premiere　　B. Photoshop　　C. Cool Edit　　D. Flash

(2) Photoshop 文件的专用格式是(　　)。

A. TIFF　　B. PSD　　C. DOC　　D. CDR

(3) 从动画的视觉空间上划分，动画分为二维动画和(　　)。

A. 全动画　　B. 交互式动画　　C. 三维动画　　D. 顺序动画

(4) 以下哪种格式支持透明图像的制作(　　)。

A. PNG　　B. JPEG　　C. BMP　　D. GIF

(5) Flash 基础动画类型包括逐帧动画、传统补间动画、补间动画和(　　)。

A. 补间形状动画　　B. 引导层动画　　C. 遮罩动画　　D. 骨骼动画

2. 实训题

(1) 利用 Photoshop 新建一个空白文件，设置背景为透明，宽高为400像素×600像素，Lab模式。

(2) 利用 Flash 软件制作一个写字的逐帧动画。

(3) 利用 Cool Edit 录制一段自己的声音，并且将其与一段背景音乐进行合并。

项目 4

网页制作与发布

理论知识目标

(1) 了解网站的基本知识;
(2) 学生能够理解网站的定位、HTML 和 WWW 的概念;
(3) 学生能够掌握网站结构设计和网页编排设计技巧;
(4) 学生能够掌握 HTML 语言的语法和 DreamweaverCS6 的使用。

职业能力目标

(1) 能够根据不同的因素分析和设计网站;
(2) 学生能够熟练运用 HTML 语言和 DreamweaverCS6 设计网页。

典型工作任务

任务 1　规划和设计一个电子商务网站
任务 2　制作商务信息网页

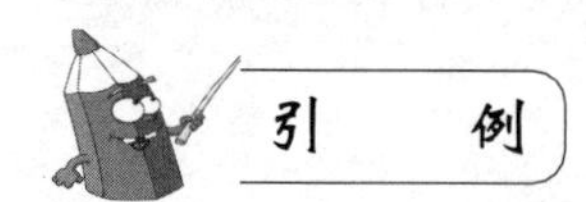

IT 工作岗位的增长

“2014 年,许多行业都将保持对 IT 人才的旺盛需求。我们预计,更多国际项目将在中国实施,从而为就业市场带来更多初中级职位。”全球领先的专业招聘集团 Hays(瀚纳仕人才咨询管理有限公司)中国区总监兰熙蒙提出:“中国的经济增长在 7 月至 9 月间逐渐加速,较前一年增长了 7.8%,高于上季度 7.5%的增长水平,这为 2014 年的就业市场创造了一个良好的开端。”

另外，根据Computerworld网站组织的年度预测调查，众多IT专业人士在2014年所面临的整体就业形势与今年基本持平——今年有33%的企业有计划增加IT部门的员工数量，而未来一年则有32%的企业有此打算。

兰熙蒙分析认为，中国的IT行业将在2014年继续强劲增长，从而为就业市场带来更多初中级职位。其中有两个主要原因是：成本控制以及中国不断增强的技术交付能力。然而，对于计划在2014年进行招聘的雇主而言，缺乏有综合技术实践经验的人才仍是一大挑战。

（资料来源：中国经济网[2013-12-16]）

思考与讨论：IT行业在当前就业中还出现了许多热点，例如，网页设计、动漫设计与制作等，那么进入IT行业需要做哪些准备工作？

首先是专业知识的积累。IT是一个对专业知识要求高，并需要不断知识更新和充电的行业。其时尚性、竞争性和高淘汰率决定了这是一个以青年人为主的就业行业，几乎90%以上为青年人。

其次是实践经验的积累。实践经验的积累不一定要找到工作。在校期间可通过多种渠道积累实践经验，如假期有针对性的实践，或通过熟人关系积累实践经验，也可有目的性地参加见习培训，学校安排的实习等等。在众多的就业渠道中，假期或课外的实践应该引起重视。

最后是心理素质的积累。从事IT行业的青年还应该有充分的思想准备。你能面对激烈的行业竞争吗？如果有一天该行业由热门转为冷门，或者你将退出该行业，你能否坦然对之，并正确选择下一个就业目标？

随着网络技术的不断发展，网页设计和网站建设已经成为整个计算机网络从业人员必备的技能。网络编辑人员，指利用相关专业知识及计算机和网络等现代信息技术，从事互联网网站内容建设的人员，是网站内容的编辑师和设计者，通过网络对信息进行收集、分类、编辑、审核，然后通过网络向世界范围的网民进行发布，并且通过网络从网民那里接收反馈信息，产生互动。作为一名网络编辑人员至少要有计算机专业基础知识和文字编辑、图片简单处理的能力，更要很好地掌握利用网络知识、HTML代码或网页设计工具设计好网站和网页的知识。本章将详细介绍整个网页设计与网站建设的过程。

4.1 网站的设计

对于一个好的网站来说，不仅可以让发布的信息清晰有序、一目了然，而且还可以给浏览者留下深刻的印象，使浏览者在浏览过程中不至于有视觉疲劳的感觉。对于网站设计者来说，设计的网站不可能包含所有的信息，面面俱到是不可能设计出一个优秀的网站。因此在设计的初期必须有明确的指导方针和整体规划，确定网站的发展方向和符合企业特点的服务项目。以下从网站的基本知识、网站的定位、网站的结构设计、网页的编排设计等方面详细介绍网站的设计知识。

4.1.1 网站的基本知识

网站(Website)是指在因特网上,根据一定的规则,使用 HTML(超文本标记语言)等工具制作的在逻辑上可视为一个整体的一系列网页的集合。将各种功能的网页按一定的组织结构和顺序组合起来,使浏览者在访问该网站时能连接到各个网页来观看网页内容。网站主要用于宣传企业形象、发布产品信息、提供商业服务等。

4.1.1.1 基本概念

(1) 网页

网页是构成网站的基本元素,通常是用 HTML 语言编写的文本文件(文件扩展名为. html或. htm),包含文字、图像、声音、动画、视频、超链接、表格及脚本命令等。

(2) 首页

首页(homepage)也可以指一个网站的入口网页,即打开网站后看到的第一个页面,又称为主页。首页上通常会有整个网站的导航目录,从根本上说它是网站内容的目录,是一个索引,方便用户进入到其他页面。首页是一个网站的标志,体现了整个网站的制作风格和性质。大多数作为首页的文件名有 index、default、main 等,扩展名为. htm、. asp、. php、. aspx 等。

(3) 主目录

主目录又叫根目录,指的是网站的首页文件在服务器中存放的具体物理路径。如果某个网站的主页及其他文件存放于服务器目录“D:\website\web”中,那么该网站发布到网上时需要输入的主目录地址就是“D:\website\web”。

(4) 虚拟目录

虚拟目录指的是某一个文件夹与网站根目录之间的逻辑对应关系,是在网站主目录下建立的一个友好的名称或别名。虚拟目录的物理位置可以不在主目录中,它可以将位于网站主目录以外的某个物理目录或其他网站的主目录链接到当前网站主目录下。这样客户端只需连接一个网站,就可以访问到存储在服务器中各个位置的资源以及存储在其他计算机上的资源。如果某网站域名为 www. ahbvc. cn,它的主目录是“D:\website\web”,在该网站下建立一个虚拟目录 jpkc,该虚拟目录指向的物理路径为“E:\jpkc”。两个物理路径没有内在联系,分别在 D 盘和 E 盘,但是我们输入“www. ahbvc. cn/jpkc”就可以访问“E:\jpkc”目录下的页面了,感觉上就好像 jpkc 是网站 www. ahbvc. cn 的一个目录。虚拟目录可以单独控制访问权限,提高了网站的安全性,还可方便地发布多个目录下的内容。

(5) HTML

HTML 全文是“Hyper Text Markup Language”,中文意思为“超文本标记语言”。超文本标记语言的结构包括头部分(Head)和主体部分(Body),其中头部(Head)提供关于网页的信息,主体(Body)部分提供网页的具体内容。HTML 文件为纯文本的文件格式,可以用任何的文本编辑器来编辑,HTML 是以标记来描述文件中的多媒体信息。

(6) 超文本

超文本意指页面内除文本外,还可包含图片、链接,甚至音频、视频等非文字元素。超文本是用超链接的方法,将各种不同空间的文字信息组织在一起的网状文本。

(7) 主题

主题,即网站的主题,是该网站要表达的主要内容或功能,比如电子商务(购物)、音乐、游戏、影视等。主要内容的选定应该有一定的针对性。

(8) 网站的风格

网站的风格指站点上的视觉元素组合在一起的整体形象给浏览者的综合感受。网站风格一般与企业的整体形象相一致,能传递企业文化信息,随着互联网的影响力不断提升,网站成了企业让客户了解自身最直接的一个门户,通过自身网站的辨识度在众多网站中脱颖而出,迅速帮助企业树立品牌,提升企业形象。一般来说,网站的风格有界面风格和内容风格两大部分。

4.1.1.2 网页设计的基本方式

网页设计的基本方式主要有手工编码方式、可视化工具方式和编码与可视化工具结合方式。下面详细说明这三种不同的设计方式。

(1) 手工编码方式

网页是由 HTML 超文本标记语言编码的文档,设计制作网页的过程就是生成 HTML 代码的过程。手工编码方式设计网页,对网页的设计人员要求很高,编码效率很低,调试困难,过程复杂,但手工编码灵活,可以设计出丰富的页面。常见工具有记事本、Netscape 编辑器等文本工具。

(2) 可视化工具方式

可视化工具编辑网页操作简单直观,调试方便,是大众化的网页编辑方式。通常可用 Dreamweaver、Adobe Pagemill、Hot Dog、Microsoft Visual Studio、Jbuilder 等编辑工具在可视环境下编辑制作网页元素,由编辑工具自动生成对应的网页代码。其中,Dreamweaver 是最常见的网页设计软件,它包括可视化编辑、HTML 代码编辑的软件包,并支持 ActiveX、JavaScript、Java、Flash、ShockWave 等特性,支持动态 HTML(Dynamic HTML)的设计,还提供了自动更新页面信息的功能;Adobe Pagemill 是初学者首选的可视化工具,如果你的主页需要很多框架、表单和 ImageMap 图像,使用 AdobePagemill 非常方便;MicrosoftVisualStudio 适合开发动态的 aspx 网页,同时,还能制作无刷新网站、Web Service 功能等,仅适合高级用户。

(3) 编码与可视化工具结合方式

编码与可视化工具结合是一种比较成熟的网页制作方式。最常见的就是 Dreamweaver 和 Microsoft Visual Studio 集成开发环境等,可以在“设计”页面中将网页所需的元素直接拖到网页中,在“代码”或“源”中可以编写设计符合特定需求的网页。

例如:要在网页中显示多幅轮流出现的广告图片,可以利用 Microsoft Visual Studio 中的 AdRotator 控件制作广告条,先将 AdRotator 控件拖动到网页“设计”页面上,然后编写 Ad. xml 文件。最后,在 Asp. net 文件引用该配置文件的时候,AdRotator 控件使用 AdvertisementFile属性来指定与其相关的 AdRotator 配置文件。

4.1.1.3 动态网站和静态网站

动态网站就是用户可以通过服务器所给予的权限随时对网站进行管理、发布及更新内容的网站。它的好处是可以通过联网的任何一台计算机对网站进行控制,而不必在服务器端进行网站管理。简单来说,动态网站除了可以看,还可以实现交互功能,例如:用户注册、信息发布、产品展示、订单管理等。动态网站有一个专门的后台管理系统,可以通过它来管理网站,随时添加新的资料等内容。例如:添加一个产品,你只需要填写产品名称、简介,上传图片即可。静态网站必须使用专业的网页设计软件才能修改,不能在网上直接修改,必须用软件修改后再上传到服务器上,比较麻烦,不便维护。

静态网站和动态网站在界面上看不出有什么区别,静态网页也可以有各种动画、滚动字幕等"动态效果"。实际上,判断一个网站是动态网站还是静态网站,不是看网页会不会动,而是看它是否应用了服务器端脚本程序,是否有交互性,即网页的源代码不变时,网页的内容可根据访问者、访问时间或访问目的的不同而显示不同的内容。动态网页由服务器负责解释并执行,无需管理员干涉,可以自动更新。静态的网页,由浏览器解释执行,一旦设计好并发布后,其显示的内容永远不会改变的,除非管理员修改好网页后再次传到服务器上替换已有的网页,才能完成更新。

4.1.1.4 网页中的常见元素

网页中有以下几种常见元素。

(1) 文本

文本是网页中最重要的信息载体与交流工具,网页中发布信息以文本为主。虽然不如图像那样能够很快引起浏览者的注意,但能准确地表达信息的内容和含义。为了克服文本固有的缺点,人们赋予了文本更多的属性,例如字体,字号,颜色,底纹和边框等,通过不同格式的区别,表现不同的内容。由文本制作出的网页占用空间小、表达准确、传输速度快。

(2) 图像和动画

图像在网页中具有提供信息、展示作品、装饰网页、表达个人情调和风格的作用。用户可以在网页中使用 GIF,JPEG(JPG),PNG 三种图像格式,其中使用最广泛的是 GIF 和 JPEG 两种格式。

注意:图像和动画虽然在网页中起着非常重要的作用,但如果网页上添加的图片、Flash等过多,不仅会影响网页的整体的视觉效果,而且加载速度也明显下降,可能会导致浏览者因失去耐心而离开网站。

(3) 超链接

超链接技术可以说是万维网流行起来的最主要原因。它是从一个网页跳转到另外网页的最常见的方法。超链接可以指向一幅图片、一个电子邮件地址、一个文件、一个程序、本网页中的其他位置或网络中的任一个合法的网页。

(4) 表格

在网页中表格除了实现数据的列表显示外,还可以用来控制网页中信息的布局方式。通过使用表格来精确控制各种网页元素在网页中出现的位置,这种表格称之为布局表格;还可用来表示其他列表化的数据。

(5) 表单

使用表单,浏览者和 Web 站点便建立起了一种简单的交互关系。网页中的表单通常用来接收用户在浏览器上输入的信息,然后将这些信息发送到网页中设置的目标机器中,目标机器再根据用户提交的内容来确定对信息的处理方法。

(6) 音频和视频

声音是多媒体网页一个重要的组成部分。用于网络的声音格式主要有 MIDI,WAV,MP3 等。

视频可以让网页变得更加丰富和具有动感,常见的视频文件主要有 MPEG、MP4、RM、RMVB、AVI 等格式。

4.1.2　网站的定位

网络客户群体具有多样性,网站的设计就必须应用科学的思维方法,进行情报收集与分析,对网站设计、建设、推广和运营等各方面问题进行整体策划,并提供完善的解决方案。网站定位就是网站在internet上扮演什么角色,必须具有明确的建站目的和目标访问群体,要向目标群体传达什么样的核心概念,透过网站发挥什么样的作用。中国网站定位第一人刘滔认为:网站定位的核心在于寻找或打造你网站的核心差异点,然后在这个差异点的基础上在消费者的心智模式中树立一个品牌形象、一个差异化概念。网站类型的选择、内容功能的筹备、界面设计等各个方面,这些都受到网站定位的直接影响。因此,网站定位是企业建立其营销网站的基础。换句话说,网站定位是网站建设的策略,而网站架构、内容、表现等都围绕这些网站定位展开。

4.1.2.1　网站定位分析

网站建设作为一种电子商务活动,与其他营销活动一样,需要对企业、用户群体和行业发展等做出详细的分析,明确网站的定位。网站的确定应该基于严格的市场调查和情报收集与分析,对网站设计、建设、推广和运营等各方面问题进行整体策划,并提供完善解决方案的过程,包含以下几大要素。

(1) 自身分析

企业要分析所处的行业状况,所生产的产品的特点。要考虑行业成本结构,看看网络能否降低待售产品市场营销、货物运输和支付的成本结构;企业产品是否与计算机有关,产品使用者的计算机操作水平如何;产品是否便于通过网络得到较充分的了解,产品的交易过程是否便于自动化;企业传统的促销活动、广告宣传是否能和互联网促销工具相互受益;产品是否带有全国性甚至全球性,企业的分销渠道建设能否满足网络消费者的需要。另外,企业在给网站定位时,要充分考虑产品线的长度和宽度,综合企业的所有产品和服务。网站定位还要结合企业的产品品牌的管理。

例如:对于企业网站,要考虑在网络上选择一个网站的类型直接决定了能靠这个网站做多少盈利;看看网络能否降低待售产品市场营销、货物运输和支付的成本结构;产品是否便于通过网络得到较充分的了解,产品的交易过程是否能够便于自动化;企业的传统促销活动、广告宣传是否能和互联网促销工具相互受益。

政府部门网站,要考虑到政务公开信息的界定,哪些信息可以在网上发布,如何向公众提供更好的服务窗口,信息公开规范性方面的提高;在线服务能不能按照用户实际办事过程中遇到的情况整合服务资源,服务资源的实用性方面的提高;用户交流是否通畅,用户是否能够通过网站向有关部门提交反馈信息。

电子商务网站,要在商务运作方面充分考虑网站的定位。能否通过网站顺利地实现商务运作;产品宣传广度如何扩大;交易安全的保障途径,在简便的操作下尽可能地保障交易的安全性;交易完成后物流问题的解决都是要考虑的问题。

(2) 资源分析

网站功能服务的定位要考虑在当前的资源环境下能够实现的,而不能脱离自身的人力、物力、互联网基础以及整个外部环境等因素。要考虑到单位网络管理部门的计算机、市场营销、美工、创意策划等各类专业人员的配置是否完备;所要建立的网站所提供的各种信息、服务、资源等是否合法,是否能被我国的法律环境和政治环境接受;网站的内容和服务是否能被社会文化环境接受。

(3) 目标顾客分析

对目标顾客的年龄、性别、学历、职业、个性、行为、收入水平、地理位置分布等各种资料要进行分析。网站建设者要加强对浏览者行为的研究,这将是提高服务质量的基础。

4.1.2.2 网站定位操作

如今,网络已成为引起社会变革和经济结构、经营模式发生前所未有的变化的技术和工具,网站不仅仅是企业的宣传窗口,也是展示产品和技术、服务的所在地,同时也是企业与竞争对手的作战场所。

(1) 网站类型定位

尽管每个网站规模不同,表现形式各有特色,但从实质上来说,都是将网站作为一种信息载体,然而不同的行业对网站的定位有着不同的着眼点。

① 电子商务网站

电子商务网站(B2B、B2C、C2C、B2G、G2G、G2P、O2O、O2P 等)的定位基于产品销售。电子商务网站的用户最关心的是产品的相关情况(功能情况、质量情况、购买和销售情况等),有效的组织产品信息、合理呈现的产品分类目录是电子商务网站的精髓。基于电子商务定位的网站,网站首页功能的重点是目录导航功能,即网站首页要尽量向用户展示所销售的产品及服务的分类目录,同时还要向用户传递信息,刺激用户产生购买行为。此类网站要基于较高水平的企业信息化平台,集成了包括供应链管理在内的整个企业流程一体化的信息处理系统,运行费用较高,如京东商城、淘宝、当当网、亚马逊等。

② 企业网站

企业网站作为企业进行网络营销的"根据地",它的作用不仅在于产品的展示和推广,更重要的是要使客户建立起对企业和产品的信心。企业网站首页的功能就是要让用户对企业和产品建立信任,要尽可能地体现专业性和可信度。首页要有企业介绍信息、资质证明、产品详尽信息等的入口,在细节方面,还要注意企业联系地址是否完整、是否有固定电话、网站是否经过备案等。

③ 政府类网站

政府网站作为电子政务的便民窗口,首页功能的重点在于为用户提供办事流程的指引。在首页上要清晰地向用户传递各个部门的职能和办事流程(要有详细的说明和链接入口),让用户一进入网站首页就能对各部门的职能有一个大体的了解。

④ 其他"实用性"网站

例如软件下载网站、技术服务网站等,这些网站主要应用于某一领域,具有一定的实用性价值,这类网站的首页功能的重点在于体现网站能够给用户带来的价值,同时还要体现专业性。

(2) 网站目标用户定位

一个企业网站的目标用户一般可包括企业的经销商、终端消费者、企业的一般员工及销售人员、求职者等等。企业要对网上消费者的行为进行研究,这将是提高为顾客服务的基础。注重对目标顾客的年龄、性别、学历、职业、个性、行为、收入水平、地理位置分布等各种资料的分析。以 DELL 为例,其采用"客户——管理者"的用户管理模式,网站有统一的顾客登录页,所有交易的顾客必须经过注册、登陆再交易的流程。所有顾客可以依据自己的所需进行电脑配置的更改等,操作方便,面向所有知识层次的用户。

(3) 网站主题定位

网站的主题要小而精,包罗万象的网站没有主题、没有特色,管理者也没有充分的精力去维护他;内容要新,更新要快。

(4) 网站 CI 定位

CI 为"Corporate Identity"的缩写,意思是通过视觉来统一企业的形象。比如,百度、谷歌、芒果网、淘宝网、好孩子等都给人留下了极为深刻的印象。一个优秀的网站和企业一样,也需要包装和设计。有创意的、差异化的 CI 设计,对网站的宣传推广有事半功倍的效果。成功的 CI 策划设计定位,可增强用户对网站的识别,CI 设计一般可包括以下几个方面:

① 标志(Logo)设计

Logo 是网站特色和内涵的集中体现,它作用于传递网站的定位和经营理念,同时便于人们识别。一个重点突出的商标,会直接影响到客户对网站的判断,特别是网站进行全球性推广。设计制作一个网站的标志,就如同给产品设计商标一样,是网站最醒目的标志,看见 Logo 就让大家联想起你的站点。例如:百度 Logo 采用"百度"的拼音和汉字加上一个脚印作为标志的,在颜色方面采用了红色、蓝色和白色三种颜色结合而成,清晰明了,简单大方;网易的 Logo 采用"网易 NETEASE"加上自己的域名作为标志,在颜色方面采用了深红色和黑色两种颜色结合而成,中文采用综艺简体,给人一种专业、稳重的感觉。

注意:有代表性的人物、动物、花草,可以用它们作为设计的蓝本,加以卡通化和艺术化。如迪斯尼的米老鼠、搜狐的卡通狐狸等。网站的 Logo 还可以以本专业有代表性的物品作为标示,如中国银行、中国工商银行等银行的标志,也可以用字体的变形组合等。

② 网站的标准色及标准字体选择

网站给人的第一印象来自视觉冲击,确定网站的标准色彩是相当重要的一步。不同的色彩搭配产生不同的效果,并可能影响到访问者的情绪。通常情况下,一个网站的标准色彩不超过 3 种,太多会显得过于花哨。一般标准色彩可选用蓝色,黄、橙色,黑、灰、白色三大色系,主要用于网站的标志、标题、导航和主色块上。例如:芒果网,主色调为芒果色。淘宝网为橙色等。另外,标准字体的选择要和网站的整体风格相一致,一般可选用常用字体,一般网页的默认字体是宋体。但为了体现专业性或设计精美可以用手写体或广告体。

③ 网站的主题标语

一个网站的成败关键在网站的主题,做网站还得根据自己企业的实际情况来制定网站主题,网站的主题宣传标语可结合企业或产品的广告语来确定。一般网站的主题标语要合法、新颖、有创意。

4.1.2.3 网站定位的注意事项

① 网站一定要为网民提供有价值的服务,最好是提供独特性的服务。例如:阿里巴巴电子商务网站、百度搜索、hao123 信息分类、迅雷在线电影等提供的都是自己独特的服务。

② 不要盲目求全,定位不准。许多网站的运营者为了提高人气量,不断地增加栏目内容,以至于天文、地理无所不包。更有精通搜索引擎的同行,可以把网站的流量炒作得沸沸扬扬。然而,如果网站没有核心的内容,或核心内容不够强大,是很难留住用户。另外我们还需要考虑企业自身的服务范围与规模,量力而行,不能求大求全。因为涉及行业、地区较多,如果做到位,就一定都是某个行业的专业人员,专业队伍。方向错误的更大成本是人力、

财力、物力的无效运行，即使付出了很多，可是难以获得回报。例如：现在的百度网站做得非常的成功，如果再去做一个类似的搜索，即使您下十倍的精力，也无法做到能与现在百度竞争的“搜索网站”了。

③ 不过分追求新技术。有些网站，恨不得把所有技术都放到网上，页面做得花里胡哨，内容却不知道在哪里了。

④ 网站主题要专一，技术要专业。网站应该集中优势，主攻某一经过细分后的目标群体。例如：做论坛，如果你想把全国网民都拉进来，于是图片、电影、音乐、笑话一把抓，看起来似乎老少皆宜，但却毫无特色，也无法长久聚集人气。例如：合肥论坛就是一个非常成功的案例，集中了不少的网民，但它只做论坛，而不是图片搜索、在线电影、在线音乐等。

4.1.3 网站的结构设计

网站结构设计是网站设计的重要组成部分，是体现内容设计与创意设计的关键环节。网站的结构可以分为网站的物理结构和逻辑结构。网站的物理结构是指网站文件的物理存储结构，也就是网站文件在服务器上的存储方式。网站的逻辑结构是网站在运行时抽象出来的拓扑结构，它是建立在物理结构之上的。网站结构设计又可分为前台结构设计和后台结构设计。前台结构设计主要任务就是如何将内容划分为清晰合理的层次体系，比如栏目的划分及其关系、网页的层次及其关系、链接的路径设置、功能在网页上的分配等等；后台结构设计主要包括后台硬件设计、后台软件设计和数据库设计。而前台结构设计的实现需要强大的后台支撑，后台也应有良好的结构设计以保证前台结构设计的实现。

4.1.3.1 网站的物理结构

网站的物理结构又称为网站的目录结构，指网站组织和存放在站内所有文档的目录设置情况，通常分为网站扁平结构和网站树形结构。网站的物理结构不应太复杂，层次也不应太多，应根据网站文件的功能、地位和大致的逻辑结构来建立树状的目录结构。目录结构的好坏，对于站点本身的维护、内容的更新、搜索引擎的抓取、未来的扩充和移植有着重要的影响。

扁平结构网络：就是指所有的网页都在根目录下。多用于建设一些中小型企业网站。优点：有利于搜索引擎抓取。缺点：内容杂乱，用户体验不好。

树形结构网络：就是网站根目录下有多个分类，也就是给网站设立栏目或者频道。树形结构的网站一般适合类别多，内容量大的网站，像资讯站，电子商务网站等等。优点：分类详细，用户体验好。缺点：分类越深，越不利于搜索引擎抓取内容。

4.1.3.2 网站的逻辑结构

网站的逻辑结构又称为网站的链接结构，是指页面之间相互链接的拓扑结构。它建立在目录结构基础之上，但可以跨越目录结构。研究网站链接结构的目的在于：用最少的链接，使得浏览最有效率。链接结构的设计，在实际的网页制作中是非常重要的一环，采用什么样的链接结构将直接影响到版面的布局。

一般网站的逻辑结构有 3 种方式：树状链接结构、星状结构、混合结构。

(1) 树状链接结构(一对一)

树状结构类似 DOS 的目录结构，首页链接指向二级页面，二级页面链接指向三级页面，以此类推。这种链接结构的优点是条理清晰，访问者明确知道自己在什么位置。缺点是浏览效率低，一个栏目下的子页面到另一个栏目下的子页面，必须绕经首页，很多技术服务类网站和产品发布类网站都采用这种目录结构。如图4.1所示。

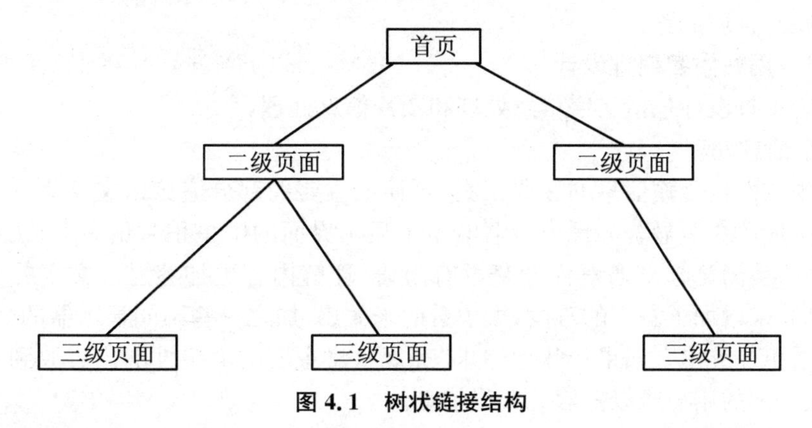

图4.1 树状链接结构

(2) 网状结构

网状结构类似网络服务器的链接,每个页面相互之间都建立有链接。这种链接结构的优点是浏览方便,随时可以到达自己喜欢的页面。缺点是链接太多,层次不清晰,链接结构复杂,容易使浏览者在网站之中"迷路",不知自己所处位置,如图4.2所示。

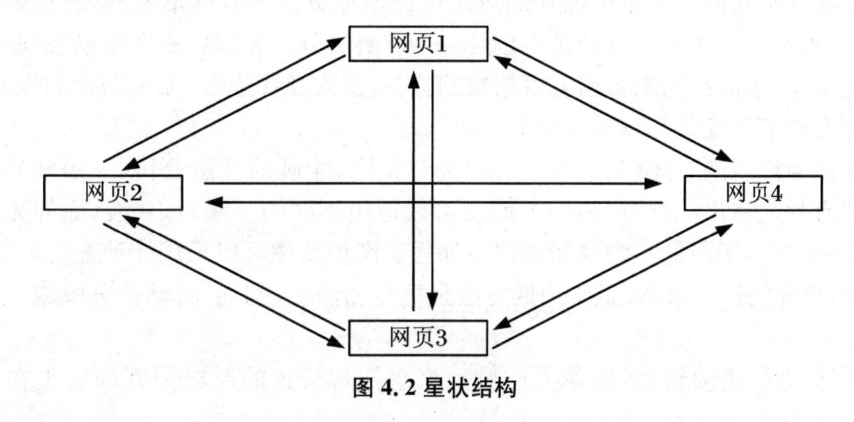

图4.2 星状结构

(3) 混合结构

树状结构和网状结构都只是理想链接方式,在实际的网站设计中,总是将这两种结构结合起来使用,希望浏览者既可以方便、快速地到达自己需要的页面,又可以清晰地知道自己的位置。最好的办法是:首页和二级页面之间用网状结构连接,二级和三级页面之间用树状结构连接,这种结构称之为混合结构。

4.1.4 网页的编排设计

在网页设计中根据特定的主题和内容,把文字、图形、图像、动画、视频、色彩等信息有机地、有秩序地、艺术性地组织在一起,形成美观的页面并不是容易的事。很多计算机技术人员不具备艺术设计的能力,致使许多网页一直都是按固定的格式来完成,只是在文字内容上有所变化,所以使很多网页看起来千篇一律,缺乏个性。为了让网页更具艺术魅力,必须加强制作人员的艺术素养,将艺术与技术有机地结合起来,使网络呈现更绚丽的色彩。

网页的编排设计同其他平面媒体版面的编排设计有很多相通之处。所谓网页的编排设计,是在有限的屏幕空间上将多媒体元素进行有机地组合,将传达内容所必要的各种构成要素的均衡、调和、律动的视觉导向以及空白等,根据主题的要求予以必要的关系设计,进行一种视觉的关联和合理配置。

4.1.4.1　网站内容编排设计

网站内容编排设计包括文字信息处理和图片信息处理。

(1) 文字信息处理

文字是现在网页传输信息的主要工具,页面上主要的部分应该以文字为主。网页对于文本的处理一般放在最显著的地方,例如:整个显示界面的中央稍微偏右下;文本的排版和布局整体性好,使浏览起来通畅而丝毫没有阻碍,理解内容更加容易。文字的大小应该适中,太大浏览起来增加了翻页的难度,太小看起来太累,加之一些不同显示器的分辨率不同,导致这个矛盾更加突出。如果一味地追求"美观",将主要的文字性的内容放到不起眼的地方,最终导致上网的用户难以舒服地获得信息。

也要考虑文字颜色,一般用区别于主体的颜色可以起到强调的作用,但是凡事都过犹不及,若一个整体的文字内容里用的颜色太多,势必会影响读者的理解。

(2) 图片信息处理

图片在网页的设计中占据很重要的地位,由于图片的加入使网页更加丰富多彩,所以把图片用好是非常重要的。网页中图片的运用可以增加页面内容的形象性,更直观地表现或渲染主题,可见它在页面元素的编排中也是一个重要部分。大面积的图版易表现感性诉求,有朝气和真实感;小面积的图版给人以精致的感觉,使人视线集中;大小图片的搭配使用,可以产生视觉上的节奏变化和画面空间的变化。

图形图像所产生的空间感,一方面可以通过摄影、绘画的技法获得,一幅好的摄影绘画作品使物象有呼之欲出的感觉;另一方面还可以运用不同的手法对点、线、面等元素进行组合,从而使平面图形图像的三维空间感得以加强。图形图像可以采用 3 种方法来产生动感:

① 采用叠合的片断形态,最常用的方法是重复和渐变,例如:将动作分解成一系列片断形态。

② 表现形态的运动轨迹,就像人们看到流星拖着长长的尾巴而判断它正在划过夜空一样。

③ 采用运动过程中的形态或不稳定的形态,将物像运动过程中某一时刻的片断形态或处于不稳定状态的形态捕捉下来,并选取动态或动势最大的状态。由于人们平时对重力作用的认识,会不自觉地产生联想:接下去会发生什么? 怎样运动?

4.1.4.2　网站布局编排设计

布局,就是以最适合浏览器的方式将图片和文字排放在页面的不同位置。在网页的平面空间中标题、内容、主体图形、色调、视觉中心、背景和留白都是造型的最基本元素,将这些基本元素在 1024×768 像素或 1280×800 像素的版面中有机地结合起来就是设计的过程。网页的布局要根据用户显示器的分辨率进行设计,安全宽度应控制在 1260 像素以内,这样才能浏览到全部的横向页面内容,垂直方向上,页面是可滚动的,版面的长度一般要求不超过 3 屏。网页版式设计常常借助多种形式的框架,包括规则的框架与不规则的框架,可见的框架与不可见的框架,同时还要与文字样式、色调等因素紧密联系起来,构成合理的网页布局形式。

从平面设计的形式来看,整个页面可以分为几个部分,每个部分有不同的功能,也能体现不同的形式。设计版面应先画出布局草图,接着对版面布局进行细化和调整,反复调整后确定最终的布局方案。常见的网页布局形式有“同”字形、“厂”字形、“框架”形、“封面”形和Flash形。

(1)“同”字形

“同”字形也可以称为“国”字形，是一些大型网站所喜欢的类型，即页面顶部为“网站标志＋广告条＋主菜单”或主菜单，下方左侧为二级栏目条，右侧为链接栏目条，屏幕中间显示具体内容的布局，最下面是网站的一些基本信息、联系方式、版权声明等。这种结构是我们在网上见到的差不多最多的一种结构类型。这种结构的优点是充分利用版面，页面结构清晰，信息量大；缺点是页面显得拥挤，太规矩，不够灵活。例如：新浪新闻中心网页(http://news.sina.com.cn/)就是典型的“同”字形。

(2)“厂”字形

页面顶部为标志和广告条，下方左侧为主菜单，右侧显示正文信息。因为人的注意力主要在右下角，所以主要想得到的信息都能最大可能地获取，而且很方便。这是一种较广泛采用的布局方式。优点是页面结构清晰，主次分明；缺点是规矩呆板，如果色彩搭配不当，容易使人厌烦。

(3)“框架”形

一般为上下或左右布局，一栏是导航栏，另一栏是正文信息。也有将页面分为三栏的，上边一栏放图片广告，左侧栏放导航栏，右侧为正文信息。采用这种方式可以将功能性的东西有条理地放在左边和下边，使用起来更方便，像很多的按钮和链接(文字链接和图片链接以及E-mail链接等)都可以很清楚地显示出来，因此具有很好的导向性。

(4)“封面”形

一般应用在网站主页或广告宣传面上，多为精美的图片配上简单的文字链接。一般应用在网站主页或广告宣传面上，多为精美的图片配上简单的文字链接或结合一些小的动画，放上几个简单的链接或者仅是一个“进入”的链接，甚至直接在首页的图片上做链接而没有任何提示。如果处理得好，会给人带来赏心悦目的感觉。

(5) Flash形

其实这与封面型结构是相似的，只是这种类型采用了目前非常流行的Flash。与封面型不同的是，由于Flash强大的功能，页面所表达的信息更丰富，其视觉效果及听觉效果如果处理得当，绝不差于传统的多媒体。

网站设计是否新颖，直接关系到用户在网站上停留的时间和用户对企业认知的深度。例如伊利官网，它的主题是体现伊利在食品行业的领导地位，突出伊利是本行业的实力；在结构上主页从整体构架看上去好像一面旗帜，上半部分的飘带象征着蓝天，下半部分的飘带象征着绿地，充分给访客一种天然的想象空间。上部导航条是围绕着关于我们(公司介绍)、品牌产品、开放工厂、企业公民和新闻中心五个菜单，体现为访客着想的伊利服务理念。在风格上，页面主要采用蓝色、红色、绿色三种颜色，以蓝色为主，给人一种自然清新的感觉，体现伊利的稳健与大智的姿态，并与伊利的CI保持一致，整个网站的视觉协调统一，充分显示伊利企业的活力。

注意：一个网站的所有网页的布局可以不一样，可依所展示的内容不同选择不同的类型。以上介绍的几种框架结构的一个共同特点就是浏览方便，速度快，但结构变化不灵活；而如果是一个企业网站想展示一下企业形象，封面性是首选；Flash型更灵活一些，好的Flash大大丰富了网页，但是它不能表达过多的文字信息。

小思考：浏览并分析可口可乐公司官网（中国网站，www. coca-cola. com. cn）、蒙牛官网（www. mengniu. com. cn）、戴尔（中国大陆网，www. dell. com. cn）、京东网上商城（www. jd. com）、拉手网、淘宝网（www. taobao. com）等网站，请从网站的定位、结构和内容编排等方面进行分析、比较，充分理解网站设计的各方面的重要性，并试着去构思个人网站创建或改版升级。

4.2 HTML语言基础

网站的开发离不开网页，而网页的核心技术就是HTML语言。网页的本质就是超级文本标记语言，通过结合使用其他的Web技术（如：脚本语言、公共网关接口、组件等），可以创造出功能强大的网页。因而，超级文本标记语言是Web编程的基础。超级文本标记语言之所以称为超文本标记语言，是因为文本中包含了所谓"超级链接"点。事实上每一个HTML文档都是一种静态的网页文件，这个文件里面包含了HTML指令代码，这些指令代码并不是一种程序语言，它只是一种排版网页中资料显示位置的标记结构语言。所有网页在服务器解析之后，将结果也是以HTML源码形式传送给客户端，另外，HTML语言是制作网页的基础，可以说Web动态编程都是在HTML的基础上进行的。所以正确认识和理解HTML标记语言是学习网页制作的客观要求。

4.2.1 HTML的概念

HTML（Hypertext Markup Language，超文本标记语言）是一种用来制作超文本文档的标记语言。用HTML编写的超文本文档称为HTML文档，通过Web浏览器进行编译和执行才能正确显示。

HTML文本是由HTML命令组成的描述性文本，HTML命令可以说明文字、图形、动画、声音、表格、链接等。HTML的结构包括头部（Head）、主体（Body）两大部分，其中头部描述浏览器所需的信息，而主体则包含所要说明的具体内容。另外，还有很多HTML标记，它们定义了网页中文字的大小、颜色、效果，段落的排版方式，以及用户如何通过一个网页导航到另外的网页等各方面的内容。

4.2.2 HTML语法及编写规则

HTML的主要语法是元素和标记。元素是符合DTD（文档类型定义）的文档组成部分，如Title（文档标题）、IMG（图像）、Table（表格）等等。HTML用标记来规定元素的属性和它在文档中的位置。标记分单独出现的标记和成对出现的标记两种。

每一个HTML标记有一系列属性。标记用来标识信息内容，属性控制了信息内容显示效果。标记和属性共同控制网页内容及其效果，语法格式如下：

格式：〈标记名　属性名1＝属性值1　属性名2＝属性值2……〉信息内容〈/标记名〉

说明：

(1) 标记名、属性名和属性值不区分字母大小写；

(2) 标记名和属性名之间，属性名和属性名之间要适当空格；

(3) 属性使用的个数是没有限制的，使用多个属性时，属性之间没有先后顺序；

(4) 绝大多数标记都是成对出现的，也有标记是单标记，没有结束标记。

注意：大多数的标记是成对出现的，首标记的格式为〈标记名〉，尾标记的格式为〈/标记名〉。成对标记用于规定元素所含的范围，如〈title〉和〈/title〉标记用来界定标题元素的范围。单独标记的格式为〈标记名〉，它的作用是在相应的位置插入元素。如〈BR〉标记表示在该标记所在位置插入一个换行符。

4.2.2.1　HTML 基本结构

HTML 语言标记内容丰富，从功能上大体可分为：文本结构设置、文本格式标记、排版布局、列表、图片和视频标记、超链接和热点链接、表格、表单、框架和多媒体。虽然内容丰富，但 HTML 文档结构简单，通常包括 html、head、body 三部分，基本结构如下：

〈html〉
〈head〉
　　〈title〉网页标题〈/title〉
〈/head〉
〈body〉
正文部分
〈/body〉
〈/html〉

说明：

(1) 〈html〉…〈/html〉：文档标记，处于最外层，一般来说 html 文件总是以〈html〉开头，又以〈/html〉结束，整个 html 文件的所有内容都包括在这对标记之中。

(2) 〈head〉…〈/head〉：文件头标记，位列文档开始部分，一般包括〈title〉，〈base〉，〈link〉，〈meta〉等文件头元素，这些元素不属于文件本体。

① 〈title〉：定义网页标题，其中包含的文字或符号，将会显示在浏览器窗口的标题栏。

例：〈title〉第一章 HTML 语言〈/title〉

② 〈meta〉：定义网页相关说明信息，其中定义的信息是不显示的，包括以下几种。

(a) 定义搜索关键字，提供给搜索引擎使用，常见的两种用法：

例 1：〈meta name＝"keywords" content＝"html，css，javascript"〉

例 2：〈meta name＝"description" content＝"网页制作"〉

(b) 控制页面缓存，设置打开的网页是否总是最新版本：

例：〈metahttp-equiv＝"pragma" content＝"no-cache"〉

(c) 设定网页字符编码的解码方式，如简体中文：

例：〈metahttp-equiv＝"content-type" content＝"text/html；charset＝gb2312"〉

(d) 设定自动刷新页面时间(聊天室常用)：

例：〈metahttp-equiv＝"refresh" content＝"60；URL＝＊.htm"〉

③ 〈link〉：指定当前文档和其他文档之间的联接关系。

例：〈link rel＝"stylesheet" href＝"style.css"〉

注：rel 说明两个文档之间的关系；href 说明链接目标文档名，.css 说明文档是层叠样式表，有关 CSS 详细信息请参照有关 CSS 书籍。

④ 〈base〉:定义超链接的基准地址目录。

例:〈base href="基准地址目录 "target="目标窗口名称"〉

⑤ 〈script〉:用来在页面中加入脚本程序。

例:〈script language="VBScript"〉…〈/script〉

⑥ 〈style〉:指定当前文档的 css 层叠样式表。css 对于网页的字体样式、背景、边界等都有很大的应用。有关 css 详细内容请参阅相关书籍。

(3) 〈body〉…〈/body〉:文件主体标记,位于头部之后,以〈body〉开始,直到〈/body〉结束,是 HTML 文档的主体部分,整个网页的核心,浏览器窗口中所能显示的内容全部被包含在该标记中。〈body〉标记的属性主要用于定义网页总体风格,常见属性如下:

① bgcolor,设置网页的背景色;

② Background,设置网页的背景图像;

③ text,设置网页文本的颜色;

④ link,设置尚未被访问过的超链接颜色,默认为蓝色;

⑤ vlink,设置已被访问过的超链接颜色,默认为紫色;

⑥ alink,设置一个正被激活的超链接颜色,默认为红色。

注意:① 颜色有三种表示方法,分别如下:16 进制颜色代码格式,如#RRGGBB;10 进制 RGB 码格式,如 RGB(RRR,GGG,BBB);直接写出颜色英文名称,如 Black、White、Green、Maroon、Olive、Navy、Purple、Gray、Yellow、Lime、Agua、Fuchsia、Silver、Red、Blue 和 Tealt 等。

② 长度表示方法有两种,即绝对长度和相对长度。它们的单位分别是像素(pixel)和百分比(%),像素代表的是屏幕上的每个点,而百分比代表的是相对于客户端浏览器的多少。

③ link,alink,vlink 属性,现在很少使用,多数是在文件头〈head〉…〈/head〉中加入相应的 CSS 代码,以达到需要的效果。

4.2.2.2 HTML 标记及编写规则

(1) 注释标记

格式:〈! --……--〉

说明:在 HTML 文件中加入注释可以使程序清晰,容易理解。该标记中的内容在被浏览器解释时会被忽略,也不会被显示。

(2) 字体标记(font)

格式:〈font face="" color="" size=""〉…〈/font〉

或者:〈base font size="num"〉

说明:face 指定网页的字体名称,例如宋体、黑体、楷体等;color 指定文字颜色,默认颜色为黑色(颜色表示方式参照第一节中的注意中的内容);size 指定文字大小,其值从 1~7 表示字体从小到大。也可以写成〈font size=+1〉或文字内容〈/font〉,表示比预设字大(小)一级。

〈base font size="1~7"〉改变文字大小的预设值,直接加在〈body〉标记之后就行了。一般而言,若是没有特别预设,文字大小预设值默认为 3。

例如:设置"文本标记"4 个字为红色,6 号,黑体字:〈font color="red"size="6"face="黑体"〉文本标记〈/font〉。

例如:设置"文本标记"4 个字为红色,字号为 5 号,字体为隶书:〈font color="(255,0,

0)" size="+2" face="隶书"〉文本标记〈/font〉。

(3) 标题标记(Header)

格式:〈hn align="left|center|right"〉…〈/hn〉

说明:主要用于对文本中的章节进行划分,字体为粗体字,并且会自成一行。标题字体的大小一共有六级(n=1,2,3,4,5,6),从〈h1〉到〈h6〉依次减小,标记中 n 的值越大标题文本就越小。align 属性用来设置标题的对齐方式,其中 left 表示左对齐,center 表示居中对齐,right 表示右对齐。

(4) 字形变化标记

文字的字形也有相当多的变化,如粗体、斜体等,HTML 定义了许多特殊的字形来强调、突出、区别以达到提示的效果,使得整个页面文字元素更加形象,易于编排出更复杂的文字效果。常用的文字风格标记有如下几种:

① 〈b〉……〈/b〉为粗体;

② 〈i〉……〈/i〉为斜体;

③ 〈u〉……〈/u〉为下划线;

④ 〈strike〉……〈/strike〉为删除线;

⑤ 〈big〉……〈/big〉为以较大字体显示;

⑥ 〈small〉……〈/small〉为以较小字体显示;

⑦ 〈sup〉……〈/sup〉为上标;

⑧ 〈sub〉……〈/sub〉为下标。

(5) 排版布局标记

① 段落标记

格式:〈p〉……〈/p〉

说明:该标记可以定义一个段落。

属性:align 用来设定段落的对齐方式。取值有 left、right 和 center。

② 换行标记

格式:〈br clear="left|all|right|none"〉

说明:

〈br〉:强制段中换行,不分段落。属于单标记,没有结束标记。clear 属性用来控制文字和图片的位置,一般省略,取值及含义如下:

none:文字换行后,直接排列在之前的下一行;

left:换行文字移至图片下方,靠左对齐;

right:换行文字移至图片下方,靠右对齐;

all:换行文字移至图片下方对齐。

③ 段落右缩进标记

格式:〈blockquote〉…〈/blockquote〉

说明:加入的文字,全部往右缩进一单位(tab 键)。而且每加一组标记,往右缩进一单位,如加两组标记,往右缩进两单位,依此类推。

④ 居中对齐标记

格式:〈center〉…〈/center〉

说明:将对象居中对齐。对于已加有 align="center"参数的〈table〉标记不可以加上居中标记，因为很多浏览器不支持〈table〉标记中的 align="center"参数。

⑤ 预定格式标记

格式：〈pre〉…〈/pre〉

说明：将在编辑工具中已经排版的内容或格式，原样展现在网页上。使用〈pre〉标记时，默认 10 磅。

⑥ 水平分隔线标记

格式：〈hr color="" size="" width="" align="left|center|right" noshade〉

说明：在指定的地方插入一条水平线。其包含的属性有 align：设定线条放置的位置，可选择 left、right、center 三种设定值；size：设定线条厚度，以像素做单位，默认为 2；width：设定线条的长度，可以是绝对值（以像素做单位）或相对值，默认值为 100%；color：设定线条的颜色，默认为黑色；noshade：设定线条为平面显示，若无该属性则具有阴影或立体效果。

⑦ 特殊标记

在 HTML 中，某些字符是预留的。在 HTML 中不能使用小于号（＜）和大于号（＞），这是因为它们是 HTML 中保留标记，有特殊的含义。如果希望正确地显示预留字符，我们必须在 HTML 源代码中使用字符实体（character entities）。字符实体类似这样： ，以 & 开头，以分号（;）结尾。在编写 HTML 代码时常用的特殊标记如表 4.1 所示。

表 4.1 特殊标记

显示结果	描述	实体名称	显示结果	描述	实体名称
	空格		＜	小于号	<
＞	大于号	>	&	和号	&
"	引号	"	©	版权	©
®	注册商标	®	TM	商标	™
×	乘号	×	÷	除号	÷

⑧ 滚动字幕

格式：〈marquee〉…〈/marquee〉

说明：实现元素在网页中移动的视觉效果。常见属性如下：

Direction，表示滚动的方向，left，right，up，down；

Bihavior，滚动的方式，scroll（一圈又一圈循环），slide（只走一次），alternate（来回振荡）；

Loop，滚动循环次数，若未指定则循环不止（infinite）；

Scrollamount，滚动速度；

Scrolldelay，滚动延时；

Align，对齐方式，top，middle，bottom；

Bgcolor，背景颜色，16 进制数码表示，或者色彩的英文单词；

鼠标属性（事件），onMouseOut=this. start()表示鼠标移出状态滚动，onMouseOver=this. stop()表示鼠标经过时停止滚动。

(6) 列表标记

在 HTML 页面中，列表可以起到提纲写领的作用。列表分为三种类型：有序列表、无序列表和自定义列表。无序列表用项目符号●、○、■来标记无序的项目；有序者则按照数字或字母等顺序,使用编号来记录项目的顺序;自定义列表(描述性列表)则是按照缩进的方式列出标题的形式。

① 无序列表

格式:

〈UL type="disc|circle|square"〉

〈li type="disc|circle|square"〉…〈/li〉

〈li type="disc|circle|square"〉…〈/li〉

…

〈/UL〉

说明:无序列表是指没有进行项目编号的列表。UL 标记控制列表项前面显示的项目符号。常用属性 Type 表示列表项前面显示的项目符号,其取值如下:

disc:使用实心圆作为项目符号(默认值)。

circle:使用空心圆作为项目符号。

square:使用方块作为项目符号。

② 有序列表

格式:

〈OL type="1|A|a|I|i" start=value〉

〈li type="1|A|a|I|i"〉…〈/li〉

〈li type="1|A|a|I|i"〉…〈/li〉

〈li type="1|A|a|I|i"〉…〈/li〉

〈/OL〉

说明:有序列表是指带有先后顺序编号的列表,如果插入和删除一个项目,编号会自动进行调整。

OL 标记控制有序列表的样式和起始值。有两个常用属性:

Start:表示数字序列的起始值(可以取整数值)

Type:表示数字序列样式,其取值如下:

1:表示阿拉伯数字 1、2、3 等,此为默认值。

A:表示大写字母 A、B、C 等。

a:表示小写字母 a、b、c 等。

I:表示大写罗马数字Ⅰ、Ⅱ、Ⅲ、Ⅳ等。

i:表示小写罗马数字ⅰ、ⅱ、ⅲ、ⅳ等。

③ 自定义列表

格式:

〈dl〉

〈dt〉第 1 项〈dd〉注释 1〈/dd〉〈/dt〉

〈dt〉第 2 项〈dd〉注释 2〈/dd〉〈/dt〉

〈dt〉第 3 项〈dd〉注释 3〈/dd〉〈/dt〉

〈/dl〉

说明:自定义列表的标记也叫描述性项目列表,这种方式很少用。定义列表默认为两个层次,第一层为列表项标记〈dt〉,第二层为注释项标记〈dd〉,注释项默认显示在另一行中。

〈dt〉和〈dd〉标记通常是成对使用的，一个列表项标记也可以对应几个注释项标记。

例：创建如下形式的列表，结果如图 4.3 所示。

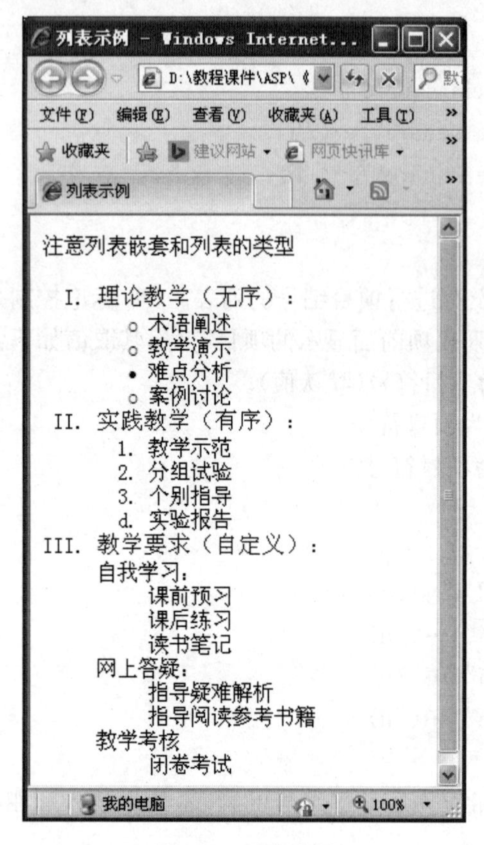

图 4.3 列表举例

源代码如下：

```
〈html〉〈head〉〈title〉列表示例〈/title〉〈/head〉
〈body〉
注意列表嵌套和列表的类型：
〈ol type="I"〉
〈li〉〈font color="blue" size="4"〉理论教学(无序)：〈/font〉
〈ul type="circle"〉〈font color="purple"〉〈/font〉
〈li〉术语阐述〈/li〉〈li〉教学演示〈/li〉
〈li type="disc"〉难点分析〈/li〉
〈li〉案例讨论〈/li〉
〈/ul〉
〈li〉〈font color="blue" size="4"〉实践教学(有序)：〈/font〉
〈ol type="1" start="1"〉〈font color="purple"〉〈/font〉
〈li〉教学示范〈/li〉〈li〉分组试验〈/li〉
〈li〉个别指导〈/li〉〈litype="a"〉实验报告〈/li〉
〈/ol〉
```

〈li〉〈font color="blue" size="4"〉教学要求(自定义):〈/font〉

〈dl〉〈font color="purple"〉〈/font〉

〈dt〉自我学习:

〈dd〉课前预习〈/dd〉〈dd〉课后练习〈/dd〉〈dd〉读书笔记〈/dd〉

〈dt〉网上答疑:

〈dd〉指导疑难解析〈/dd〉〈dd〉指导阅读参考书籍〈/dd〉〈dt〉教学考核

〈dd〉闭卷考试〈/dd〉

〈/dl〉

〈/ol〉

〈/body〉〈/html〉

注意:无论是有序列表,还是无序列表,在IE浏览器中,其type属性的值是区分大小写的,书写时必须小写。列表标记是可以嵌套的。使用嵌套的列表标记时,将相关的列表标记嵌套使用即可。

Li标记中的属性type的取值与相应的UL、OL标记的type属性相同;每一对Li的type的取值与UL、OL的type值也可以不相同。

(7) 图像与背景标记

① 图片标记

格式:〈img src="url"〉

说明:在网页文档中指定位置放置图像,其格式可以是GIF、JPEG、XBM、TIFF、和BMP等。其中:GIF格式文件最多只能显示256种颜色,一般用于制作透明、隔行和动画效果图片等;而JPEG格式文件可以拥有计算机所能提供的颜色,适合存放高质量的彩色图片、照片,常见属性如下:

src:指定图像的文件名和路径;

alt:用来设定在纯文本浏览器中替换图像的文本或鼠标悬停于图像上显示的文字;

align:指定图像和文字之间的排列属性,取值有left、right、bottom、middle、top等;

border:指定图像边框宽度,其默认值为0,无图像边框;

hspace:指定图像离左右文字的水平距离;

vspace:指定图像离上下文字的垂直距离;

height:指定图像高度大小;

width:指定图像宽度大小;

lowsrc:指定显示设定低分辨率图片。

② 设定背景

背景颜色可用〈Body〉标记中的Bgcolor属性进行设置,Bgcolor属性的取值可以为6位十六进制代码或颜色的英文单词,例如:

〈body Bgcolor=#ff0000〉…〈/body〉

〈body Bgcolor=red〉…〈/body〉

背景图片的设置使用〈Body〉标记中的Background属性进行设置,Background属性的取值为图片的路径。在网页中最好使用相对路径,以避免网站在移植过程中出现路径错误。网页中的背景图片也可以连接到别人的网站中的某一个图片,设定背景图片(可用gif、jpg或jpeg、png、bmp)。

(8) 表格标记

格式:

〈table〉

〈tr〉〈th〉…〈/th〉〈th〉…〈/th〉…〈/tr〉

〈tr〉〈td〉…〈/td〉〈td〉…〈/td〉…〈/tr〉

〈tr〉〈td〉…〈/td〉〈td〉…〈/td〉…〈/tr〉

……

〈/table〉

说明:

〈table〉…〈/table〉:定义一个表格,〈table〉标记有很多属性,用来设置表格整体风格,最常用的属性如下:

border:用来设定表格边框粗细。若省略,则无边框。

width 和 height:用来设定表格宽度和高度,可取绝对值或相对值。

cellspacing:用来设定表格间隙。

cellpadding:用来设定表格内部空白。

background:设置表格的背景图像。

bgcolor:设置表格的背景颜色。

align:设置表格的对齐方式,有 center、left 和 right 三种。

〈tr〉…〈/tr〉:定义一行,行标记内可以建立多组由〈td〉或〈th〉标记所定义的单元格。〈tr〉标记除了有与〈table〉标记一样的属性,还有 valign(垂直对齐)属性,取值为 top、middle、bottom,这些属性设置只影响〈tr〉…〈/tr〉标记对内的内容。

〈th〉…〈/th〉:定义表格表头单元格,通常是黑体居中文字显示,基本类似〈td〉…〈/td〉标记,表格中也可以不用此标记,〈th〉…〈/th〉标记须放在〈tr〉标记内。

〈td〉…〈/td〉:定义单元格,一组〈td〉标记建立一个单元格,〈td〉标记必须放在〈tr〉标记内,〈td〉标记除了有与〈table〉标记一样的属性,还有 colspan(向右合并单元格数),rowspan(向下合并单元格数),nowrap(禁止单元格内的内容自动断行),这些属性设置只影响〈td〉…〈/td〉标记对内的内容。

(9) 表格标题

格式:〈caption align="left|center|right" valign="top|bottom"〉…〈/caption〉

说明:〈caption〉应紧跟在〈table〉标记之后,在表格行标记〈tr〉标记之前。align 和 valign 分别用来设置标题的水平和垂直位置,默认时,标题位于表格的上方中间位置。

(10) 超链接

超链接可以说是网页中最活跃的标记,通过它可以轻易地在不同网站之间,不同网页之间跳来跳去,勾画出丰富多彩的 WWW 世界。超级链接除了可链接文本外,也可链接各种媒体,如声音、图像、动画等。

按照目标页面的特征,可以将超链接分为以下两种形式:

文件链接:这种链接的目标页面是一个文件,它可以是当前站点的网页,也可以是其他站点的页面,或者 E-mail 链接等。

锚点链接:这种链接的目标是网页中的一个位置,通过这种链接可以从当前网页当前位置跳转到当前页面或其他页面中的另一个位置。

格式一:〈a href="URL" target="" title=""〉超链接文本〈/a〉

格式二:

〈a name="书签名"〉文本〈/a〉:创建一个指定名称的书签(记号),名称由 name 属性指定;

〈a href="#书签名"〉提示文本〈/a〉:建立锚点链接关系,href 属性值由"#"号引导且必须与 name 属性值一致;

说明:常用属性如下:

href:必选属性,指定目标页面的 URL 地址,URL 地址由协议、域名路径、文件名构成;

target:可选属性,指定目标文档的窗口打开模式,可取值既可以是窗口或框架的名称,也可选_blank,_parent,_self,_top;

title:可选属性,用于指定鼠标指向超链接时所显示的提示文字。

例如:网页文件链接〈a href="http://www.ahbvc.cn"〉安徽工商职业学院〈/a〉。

注意:电子邮件链接:〈a href="mailto:user@126.com"〉联系我们〈/a〉。

ftp 链接:〈a href="ftp://ftp.ahbvc.cn"〉FTP 服务〈/a〉。

图像的链接和文字的链接方法是一样的,都是用〈a〉标记来完成,只要将〈img〉标记放在〈a〉和〈/a〉之间就可以了。

例:〈a href="http://www.ahbvc.cn"〉〈img src="教学楼.jpg"〉〈a〉

(11) Flash 动画等多媒体的插入

Flash 动画是当前网络中应用最为广泛的一种动画形式。Flash 动画是矢量动画,文件量小,浏览速度快。在网页中灵活运用 Flash 文件,可以使整个网页生动活泼,增加网页的阅读性。在网页中插入 Flash 需要用到〈embed〉标记,具体使用方法如下。

格式:〈EMBED SRC="文件路径" autostart="" loop=""〉

说明:

EMBED 用来插入各种多媒体,格式可以是 MIDI、WAV、AIFF、AU、MP3、WMV 等等,常用属性如下:

Src:设定 MIDI 等格式文件名及路径,可以是相对路径或绝对路径。

Autostart:是否在音乐下载完之后就自动播放。true:是,false:否(默认值)。

Loop:是否自动反复播放。LOOP=2 表示重复两次,true:是,false:否。

Hidden:是否完全隐藏控制画面,true:是,no:否(默认值)。

StartTime:设定歌曲开始播放的时间。如 STARTTIME="00:30"表示从第 30 秒处开始播放。

Volume:设定音量的大小,数值是 0～100 之间。

width 和 height:设定控制面板的高度和宽度。

Align:设定控制面板和旁边文字的对齐方式,其值可以是 top、bottom、center、baseline、left、right、texttop、middle、absmiddle、absbottom。

Controls:设定控制面板的外观。默认值是 console 一般正常面板;smallconsole 较小的面板。

Playbutton 只显示播放按钮。

Pausebutton 只显示暂停按钮。

Stopbutton 只显示停止按钮。

Volumelever 只显示音量调节按钮。

例：

〈html〉〈head〉〈title〉多媒体标记的应用〈/title〉

〈/head〉〈body〉

下面是一个多媒体文件：

〈embed loop＝"true" width＝"280" height＝"200" src＝"挖芋头合肥话版.WMV"〉〈/embed〉

〈/body〉〈/html〉

小思考：视频标记可以插入 AVI 格式的视频，那能不能插入 MP4，RM，RMVB 等格式的视频呢？如何才能正确地插入其他格式的视频呢？请同学们查查资料，自己动手实验一下吧！

(12) 插入声音

网页中的声音有多种插入方式，有作为背景音乐插入的，有作为播放器插入的，有作为超链接插入的。虽然插入声音的方式不同，但是必须在客户端有播放声音的播放器才能使网页中的声音正常播放。

添加背景音乐

格式一：〈bgsound src＝"音乐文件路径和名称" loop＝""〉

说明：IE 中背景音乐标记，可以嵌入多种格式的音乐文件，包括 WAV、WMA、MIDI、MP3 等格式的音乐文件，没有控制面板，网页浏览者不能手动控制是否播放。src 是背景音乐的路径属性，其值为要插入背景音乐的绝对路径或相对路径，一般在网页中采用相对路径。loop 为音乐循环次数，infinite 表示重复多次。

除了在网页中插入背景音乐外，还可以通过插入播放器的形式，在网页中插入音乐。具体方法如下：

格式：〈embed src＝"" autostart＝"" loop＝""〉

说明：具体属性及用法请参照“Flash 动画的插入”中对 embed 的介绍。

例 1：插入背景音乐

〈body〉〈bgsoundsrc＝"your. mid"autostart＝trueloop＝infinite〉〈/body〉

例 2：使用 embed 插入音乐(有播放控制界面)，结果如图 4.4 所示：

〈html〉

〈head〉〈title〉在线音乐〈/title〉〈/head〉

〈body〉

　　〈p〉一千零一夜

　　〈hr color＝"＃6600FF" size＝"6"〉

　　〈embed src＝"a. mid" autostart＝"true" loop＝"1"〉

　　〈p〉水手

　　〈hr color＝"blue" size＝"6"〉

　　〈embed src＝"b. mp3" autostart＝"false" loop＝"1"〉

　　〈p〉精忠报国

　　〈hr color＝"＃FF0000" size＝"6"〉

　　〈embed src＝"c. mp3" autostart＝"false" loop＝"1"〉

〈/body〉
〈/html〉

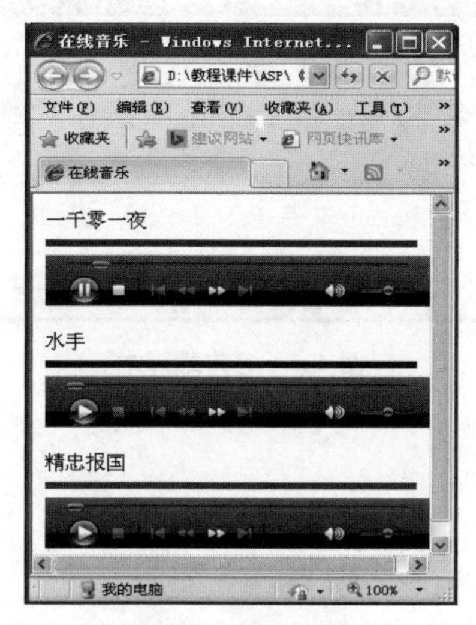

图 4.4　在线音乐

4.2.3　DHTML 的概念

DHTML(Dynamic HTML)又叫动态 HTML,它并不是某一门独立的语言,事实上任何可以实现页面动态改变的方法都可以称为 DHTML。它是一种使 HTML 页面具有动态特性的艺术,是一种创建动态和交互 Web 站点的技术集。DHTML 也不是一种技术、标准或规范,DHTML 只是一种通过 JavaScript,VBScript,Document Object Model(文件目标模块)简称 DOM,Layers 和 Cascading Style Sheets(CSS)等已有的网页技术、语言标准的整合运用,制作出能在下载后仍然能实时变换页面元素效果的网页的设计概念。传统的 HTML 页面是静态的,DHTML 是建立在 HTML 技术的基础上,它在 HTML 页面上加入了脚本技术,使其能根据用户的动作做出一定的响应,如鼠标移动到图片上,图片改变颜色,移动到导航栏,弹出一个动态菜单等等效果。DHTML 主要包括三个方面:一是 HTML;二是 CSS;三是客户端脚本。

CSS(Cascading Style Sheets)样式即级联样式表,又叫层叠样式表。它是用于控制网页样式并允许将样式信息与网页内容分离的一种标记性语言,CSS 能够真正做到网页表现与内容分离。相对于传统 HTML 的表现而言,CSS 能够对网页中的对象的位置排版进行像素级的精确控制,支持几乎所有的字体字号样式,拥有对网页对象和模型样式编辑的能力,并能够进行初步交互设计,是目前基于文本展示最优秀的表现设计语言。

客户端脚本语言是 DHTML 最重要的部分,因为页面中的对象要“动”起来,要能够根据用户的操作做出不同的响应,所以必须通过脚本语言程序进行控制。客户端脚本语言就是指可以直接对客户端进行编写并使页面发生动态变化的脚本语言,而 JavaScript 和 VBScript 就是我们最常用的客户端开发动态网页的脚本语言。

下面通过一个例子讲解 DHTML 页面中客户端脚本在网页中起到的作用。在网页浏览时,通常看到网站上都有一个显示当前日期时间的内容,而且这个内容会随着时间的变化而变化。那这就可以通过 DHTML 的脚本语言来自动的更新时间,如图 4.5 所示。当用户刷新页面时，网页上的日期时间会不断地自动更新。

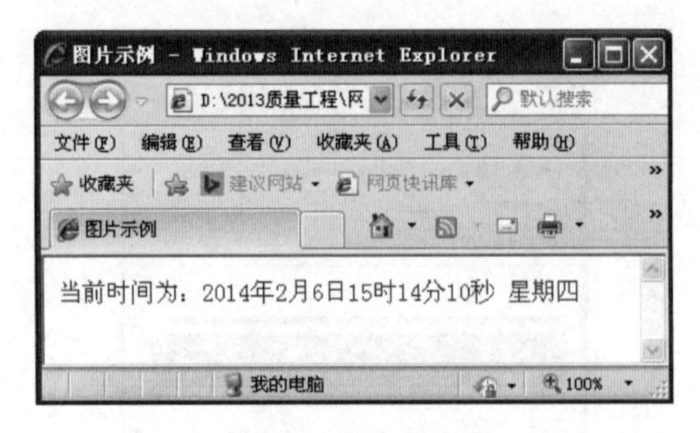

图 4.5　客户端脚本

例：客户端脚本举例

```
〈html〉
〈head〉〈title〉图片示例〈/title〉〈/head〉
〈body〉〈font color="red"〉
〈script language="JavaScript"〉
today=new Date();
function initArray(){
this. length=initArray. arguments. length;
for(vari=0;i<this. length;i++)
this[i+1]=initArray. arguments[i];}
var d=new initArray("星期日","星期一","星期二","星期三","星期四","星期五","星期六");
document. write("当前时间为:",today. getYear(),"年",today. getMonth()+1,"月",today. getDate(),"日",today. getHours(),"时",today. getMinutes(),"分",today. getSeconds(),"秒",d[today. getDay()+1],"");
〈/script〉
〈/font〉〈/body〉〈/html〉
```

4.3　使用 Dreamweaver CS6 制作网页

通过上面的讲解我们了解了网页的基本概念和制作网页的 HTML 语言，利用 HTML 语言我们可以运用各种标记在记事本等文本编辑工具中进行编辑，然后保存成扩展名为 . htm或者. html 的文件，这样就可以在浏览器中浏览了。运用记事本之类的文本编辑工具编写网页非常耗时耗力，而且还不直观，那么有没有一种工具让我们像使用 Word 那样直接编辑样式就可以制作出网页呢？Dreamweaver 就是这样的一款软件。

Dreamweaver CS6 是 Micromedia 公司推出的一套拥有可视化编辑界面，用于制作并编辑网站和移动应用程序的网页设计软件。Dreamweaver CS6 的视图方式较前几个版本更加丰富，提供了六种设计视图可供选择，由于它支持代码、拆分、设计、实时视图、实时代码和检查等多种视图方式来创作、编写和修改网页，对于初级人员，无需编写任何代码就能快速创建 Web 页面。用户在进行页面设计时可以根据需要选择相应的视图方式。如熟悉 HTML 语言的用户可以直接在代码视图中编写网页，熟悉排版的用户可以直接在设计视图中编辑。

CS6 新版本使用了自适应网格版面创建页面，在发布前使用多屏幕预览审阅设计，可大大提高工作效率。改善的 FTP 性能，更高效地传输大型文件。"实时视图"和"多屏幕预览"面板可呈现 HTML5 代码，更能够检查自己的工作，其成熟的代码编辑工具更适用于 Web 开发高级人员的创作。

CS6 还新增了 Catalyst 集成功能，使用 Dreamweaver CS6 中集成的 Business Catalyst 面板连接并编辑用户利用 Adobe Business Catalyst(需另外购买)建立的网站。利用托管解决方案建立电子商务网站。

4.3.1　任务描述

本节我们详细讲解如何使用 Dreamweaver CS6 中的层(DIV)、表格、图像、文字、视频和表单等元素来制作一个如图 4.6 所示的读书网页。

主要任务如下：

(1) 思考建立一个网站应包括的内容、建立的栏目、需要的素材；

(2) 利用层和表格的配合进行网页排版；

(3) 学会制作导航条；

(4) 插入 Flash 及多媒体内容；

(5) 使用表单对象。

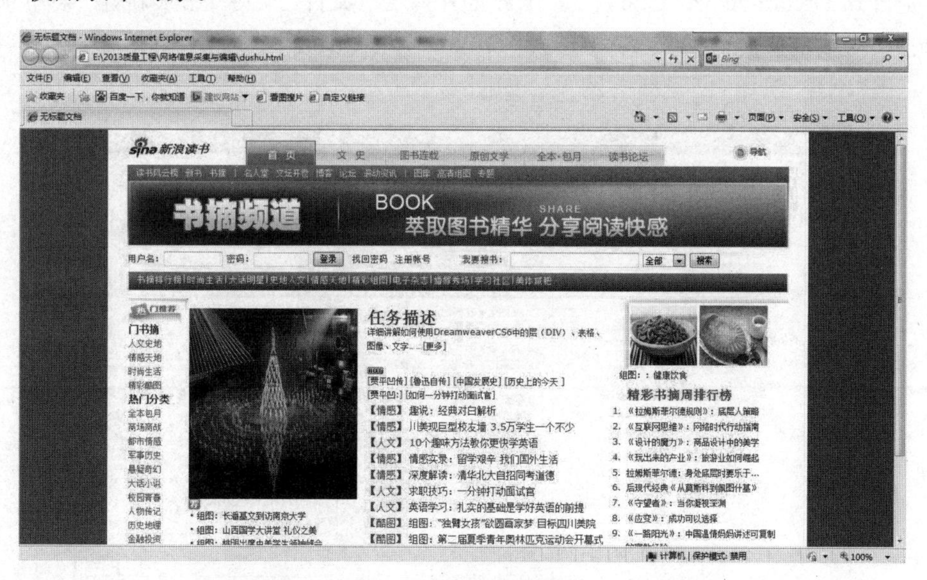

图 4.6　新浪读书网页

该页面由上、中、下三大部分构成：上面部分包括 Logo、宣传图片和导航栏，中间部分包括书籍文摘分类标题、文摘书籍推荐、文摘书籍排行榜和精彩图片区域，下面部分为网页的版权声明区域。

进一步分析,可以发现上面部分的内容被划分为三个区域,Logo 和导航、宣传图片和用户登录与搜索区域;其下方是一个网页的二级导航;而网页的中间部分被一个大的浅色边框完全包住。这两个浅色边框将整个网页分为上、中、下三块,使整个网页清晰明了。

下面就以这个网页为例,学习如何运用 Dreamweaver CS6 进行初步的网页的制作。

4.3.2 网页布局设计

一个网页是否能够明确地突出主体,除了要将内容安排得井井有条之外,还要对网页的布局进行精心地设计。布局合理的网页可以使用户在浏览的过程中有一种畅快感、新鲜感,而且能让用户的视觉快速地定位到网页的有效信息部分。

目前常用的网页布局技术有四种:层叠样式表布局、表格布局、DIV 布局和框架布局。其中层叠样式表布局相对较专业,对设计者的要求较高;表格布局是相对较为简单易学的方法,对于初学者是最好的布局方式,容易上手,表格布局的优势在于它能对不同对象加以处理,而又不用担心不同对象之间的影响,而且表格在定位图片和文本上比起用 CSS 更加方便,但 tr、td 太多,样式修改起来复杂;DIV 布局是目前相对较新的一种布局方式,通常与 CSS 一起使用,要写的 CSS 样式比较多,才能布局更好;但这种方式容易控制页面,互动性比较强,多数用在结构较为复杂的网页上;框架布局较呆板,目前主要用在企业为充分展示产品的网页中,但页面布置得好,才好看。建议初学者,先从表格入手,再到 DIV。

4.3.2.1 设计页面总体布局

使用层布局方式制作网页的步骤一般为:构建层结构——插入内容——样式表美化——细节处理——优化样式表。在本例中主要通过层(DIV)、表格和 CSS 相结合的方式进行页面的设计。

首先打开 Dreamweaver CS6,在工作界面中单击“文件”菜单下的“新建”菜单项,弹出“新建文档”对话框,在“页面类型”中选择“HTML”,在“布局”中选择“列液态,居中,标题和脚注”,点击“创建”按钮,创建新的网页。如图 4.7 所示。

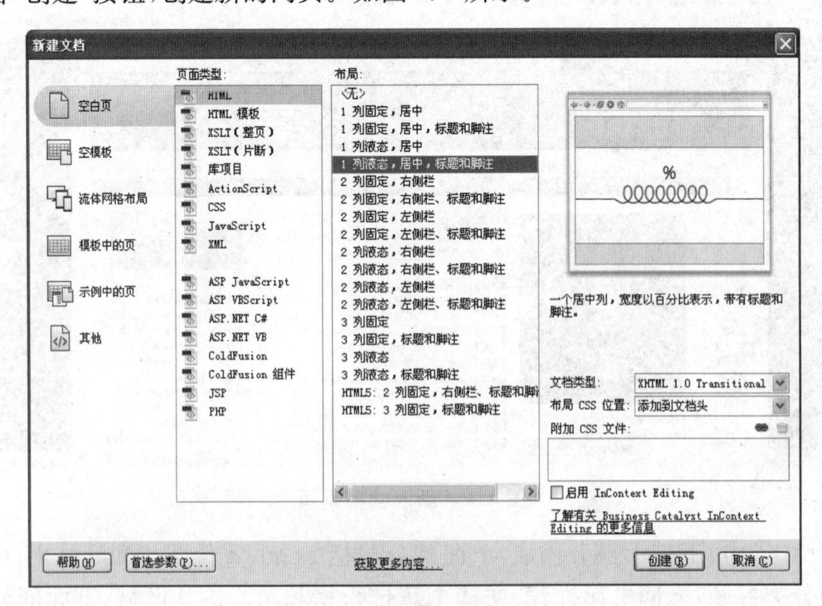

图 4.7 新建文档对话框

在新建的网页中，点击“拆分”按钮，将当面视图切换至“拆分”视图模式下，可以很明显地看出刚才建立的页面的布局主要通过 DIV 和 table 来进行设计的，其中包含了很多系统自动加入的样式表。在新建的网页的中间 content 区域中点击一下，然后单击“插入”菜单中的“表格”菜单项，在弹出的“表格”对话框中设定表格为 8 行 4 列，宽度为 933 像素，边框粗细和单元格间距都设置为 0，这样布局表格就插入完成了。在这里我们把整个网页主体部分作为一个完整的表格，把网页中的每一个横向元素，比如浅色水平线、导航栏等看作表格的一行，因此我们设定布局表格为 8 行(后期可以适当增加)，如图 4.8 所示。下面进一步进行网页的页面布局设计。

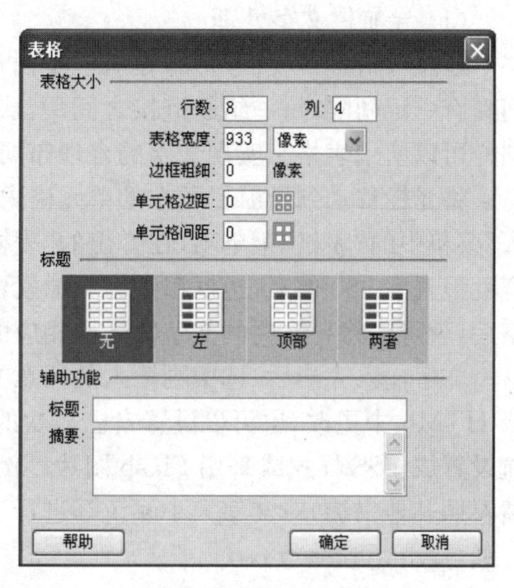

图 4.8　表格布局

布局表格绘制好后就可以对网页进行布局了。按照从左到右，从上到下的顺序，通过在表格中插入相应素材，如背景颜色、背景图片、导航等来实现页面的效果布局。在刚新建页面的左上角的“Insert_logo”DIV 中插入网站的 Logo，最简单的方法就是双击该区域，也可以通过主界面右侧的“图标面板”中的“插入”面板中选择“图像”，即可打开“选择源图像”对话框，找到网站 Logo，单击“确定”就可以在当前位置插入图像；当然也可以直接在“代码”视图中进行代码的编写。本例源码内容为：〈a href＝"http://book.sina.com.cn/" title＝"新浪文化读书"〉〈img src＝"image/logo.gif" alt＝"新浪文化读书"/〉〈/a〉。类似的方法可以在其他单元格中插入相应 DIV 等元素进行页面布局的设计。鉴于篇幅在此不一一举例，本例中的布局效果如图 4.9 所示。

图 4.9　页面内容布局

4.3.2.2 文字处理

网页布局结束后，就可以向网页中插入内容了。网页中最基本也最常用的是字符。下面先讲解如何在网页中使用文字以及设置文字的方法。

(1) 导航栏文字处理

通过分析案例我们可知，导航栏是由许多超链接文字构成的。文字颜色、大小统一，中间具有一定间隔，每一组超链接之间用浅灰色分隔线隔开。处理这种类型的文字排版我们同样可以使用表格来实现文字的合理布局。

将光标移动到导航栏所在的单元格内单击属性面板中的“居中对齐”按钮，然后单击“插入”菜单中的“表格”菜单项，在弹出的“表格”对话框中将行数设置为1，列数设置为20，表格宽度设置为960像素，边框粗细为0像素，单元格边距和单元格间距都设置为默认。插入表格后，就可以将导航栏的文字输入到相应的表格中了。

文字输入完毕后，选中刚输入的任意文字设置其字体大小(默认为12像素)可以在属性或HTML中更改，也可以设置自己喜欢的颜色。为了使得导航具有一致的风格，通常将导航设置成CSS样式或采用Flash图片。例如：本例中就是在HTML中利用CSS(有关CSS请参照其他书籍)对文字大小颜色等进行了设置的。部分主要源代码如下：

```
〈style type="text/css"〉
. sub_nav{color:#ffeeb9;line-height:19px;padding-left:10px;}
. sub_nava,. sub_nava:hover{color:#ffeeb9;margin:03px;}
. sub_navspan{margin:03px;}
〈/style〉
〈table〉〈tr〉
〈td height="25" colspan="4" background="image/bg. JPG"〉
〈font color="#FFFFFF" class="sub_nav"〉〈a title="读书风云榜" href="http://
book. sina. com. cn/rank/" target="_blank"〉读书风云榜〈/a〉〈/font〉〈/td〉
〈/tr〉〈/table〉
```

另外，可以通过插入“鼠标经过图像”的方式来制作导航条。将鼠标放到要插入鼠标经过图像的地方，单击“插入”→“图像对象”→“鼠标经过图像”，弹出“插入鼠标经过图像”对话框，通过“浏览”按钮，找到“原始图像”“鼠标经过图像”“按下时，前往的URL地址”的位置，填写替换文本中的内容，点击“确定”即可。

注意：导航条可以存在四种状态，分别是“状态图像”“鼠标经过图像”“按下图像”和“按下时鼠标经过图像”。

(2) 文本内容处理

网页文字的排版设计对于页面的整体效果有着非常重要的影响。就像传统的报纸杂志一样，我们将网页看作一张报纸、一本杂志来进行文字的排版处理，针对不同的需要，有可能需要使用一些特殊的文字排版技巧。比如做一个介绍古文的网页时，我们可能会用到文字竖排、文字从右读起的效果以增强页面表现力；做一个新闻页面，可能会用到段落首字下沉等效果，用以强调某条新闻。

本例主要内容基本上以列表的方式出现，所以在例题中大量使用了〈UL〉、〈OL〉标记，比如在页面的正中间的“情感”“人文”和“酷图”就是利用〈UL〉完成的，在最右边的“精彩书摘周排行榜”就是利用〈OL〉制作的，具体操作请参考“列表标记”。最终效果如

图 4.10 所示。

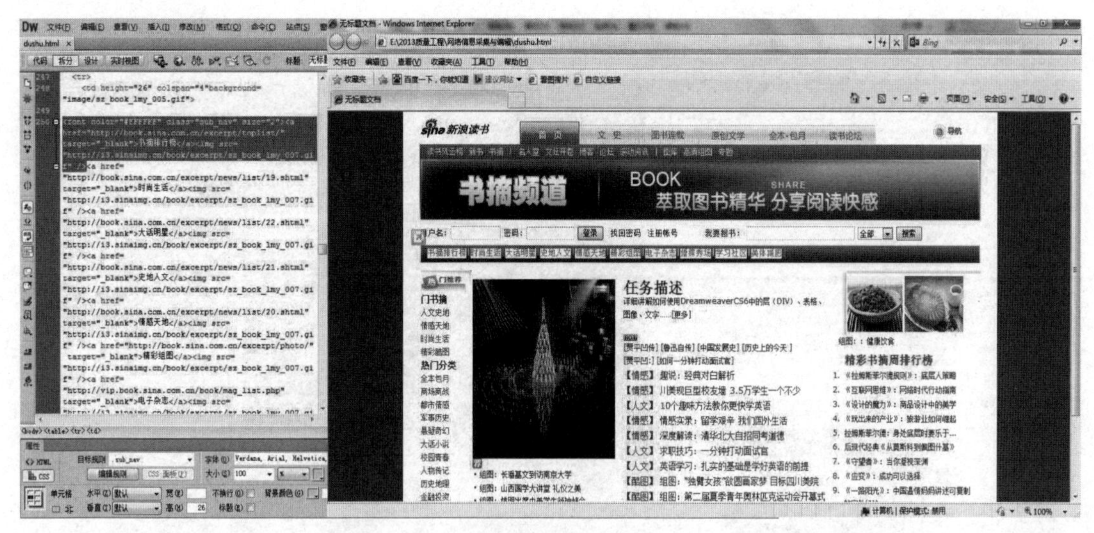

图 4.10　效果图

(3) 超链接文字处理

当把所有的文本信息录入到网页中后，就可以根据需要设置带有超链接的文本了(当然这步可以与上面“文字处理”同时进行，这里只是对超链接的外观进行设置)。在设置超链接时，当在属性面板的链接框中输入链接的目标后，预先设定的文本样式就改变了。为了解决这个问题，我们可以单击属性面板的“页面属性”按钮，在弹出的“页面属性”对话框中的“分类”区域内选择“链接”，在右边的链接属性中更改“链接字体”“下划线样式”等，选择合适的链接颜色和已访问链接的颜色，如图 4.11 所示。

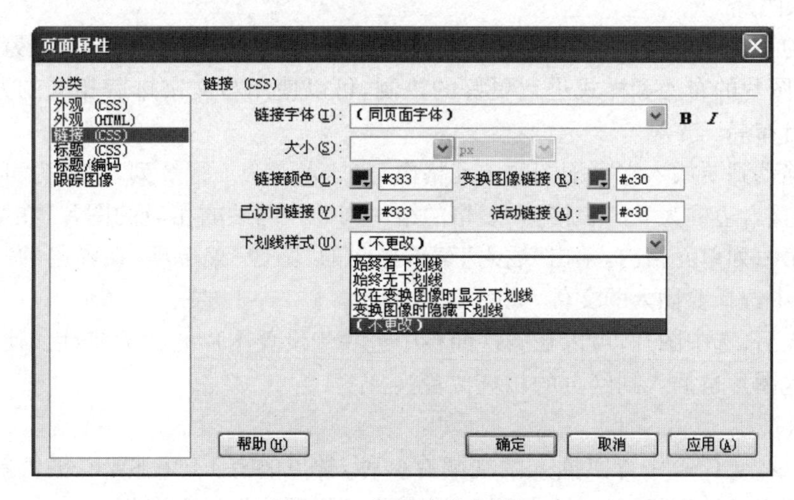

图 4.11　超链接文字设置

设置完成后，页面中所有的超链接都变成了我们设置的样式了，对于个别样式不统一的超链接，可以选中超链接文本，在“属性”面板中选择“CSS”，在面板上选择“编辑规则按钮”，如图 4.12 所示。

在弹出的“CSS 规则定义”对话框中，选择其类型为“高级”，单击“确定”按钮。在 CSS 规则定义对话框中设置超链接的相关属性，单击“确定”按钮即可进行编辑。

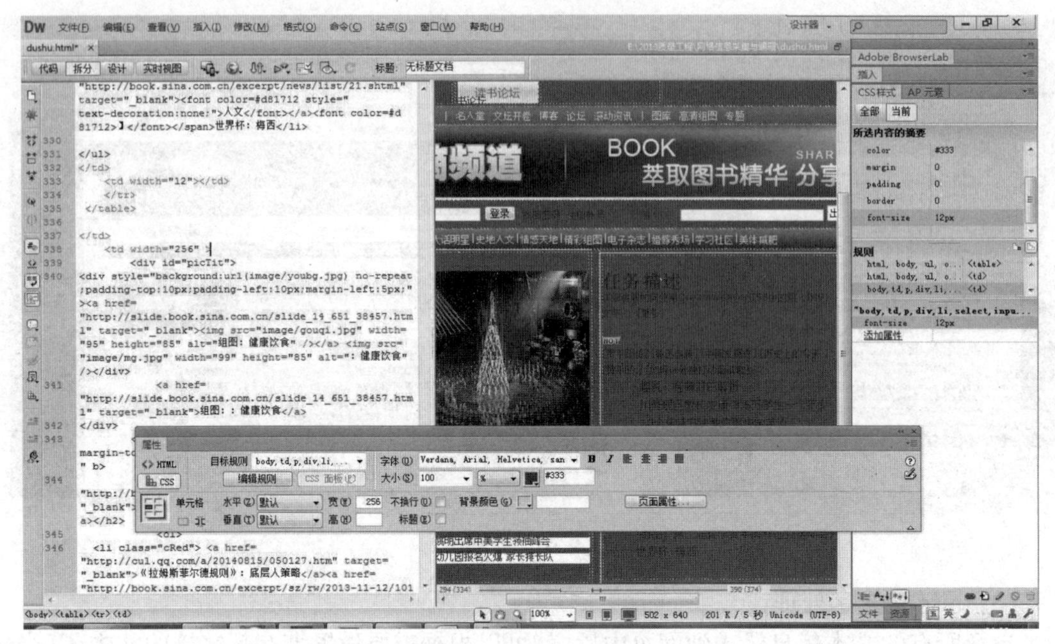

图 4.12 CSS 属性面板

4.3.2.3 视频、图片及表单的插入

网页中的文字信息处理完成后，我们可以在网页中加入一些修饰性元素，以提高网页的观赏性和阅读性，对于具有交互功能的视频新闻还需要加入视频和表单等元素。下面分别讲解在网页中插入图片、视频和表单的技巧。

(1) 插入图片

案例中的正文部分包含多张图片，一种是网站的网站 Logo 和宣传图片，另一种是文字配图，为了对图片的布局和样式进行更好的控制，可以使用与文字排版相同的方式，使用表格对图片进行布局。

把光标移动到要放入文字配图的单元格内，先插入一个 1 行 2 列，宽度为可以随意设定(可以自动调整)，边框为 0 的表格，在表格的第一列插入网站的相应的图片，在第二列空白。将光标放到第一列单元格内，单击“插入”菜单栏中的“图像”菜单项，在弹出的“选择图像源文件”对话框中选择要插入的文件，如图 4.13 所示。

图片插入后，选中图片，可以在属性面板中进一步设置图片的相关属性。使用同样的方法可以将其他图片也插入到网页的相应位置。

(2) 插入视频

Dreamweaver CS6 中可以插入的视频有多种，常见的有 FLV、SWF、插件等多种格式，下面简单介绍 FLV、SWF，并以插入 FLV 文件为例说明如何插入视频。

FLV 是 FLASH VIDEO 的简称，FLV 流媒体格式是一种新的视频格式。由于它形成的文件极小、加载速度极快，使得网络观看视频文件成为可能，它的出现有效地解决了视频文件导入 Flash 后，使导出的 SWF 文件体积庞大，不能在网络上很好的使用等缺点。

SWF(Shock wave flash)是 Adobe 公司的动画设计软件 Flash 的专用格式，是一种支持矢量和点阵图形的动画文件格式，被广泛应用于网页设计，动画制作等领域，SWF 文件通常也被称为 Flash 文件。

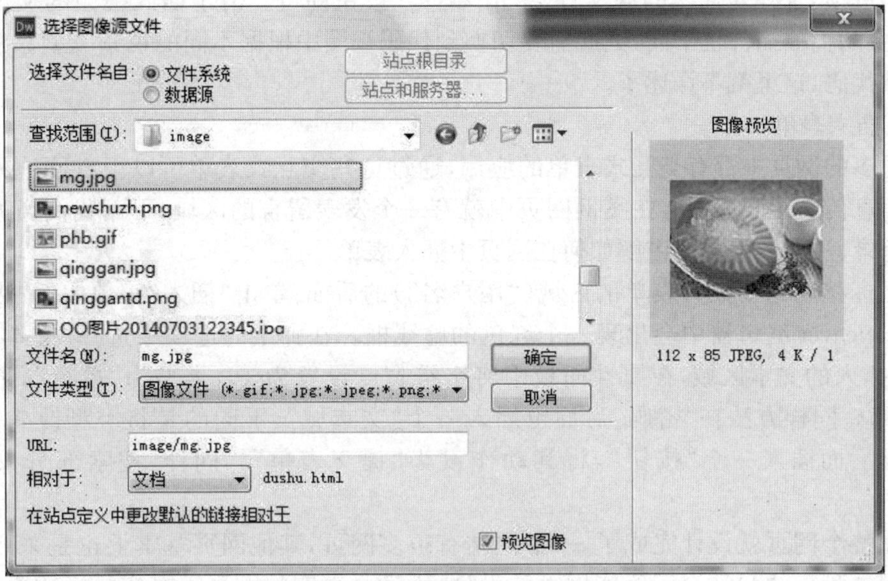

图 4.13　选择图像源文件对话框

在此说明插入 FLV 视频的方法，选择视频要插入的单元格，单击“插入”菜单中的“媒体”选项下的“FLV”菜单项。在弹出的“插入 FLV”对话框中，设置“视频类型”为“累进式下载视频”，单击“浏览”按钮选择视频源文件，选择合适的外观，设置好视频的宽度和高度。如果想让视频在网页中能够自动播放，则选中“自动播放”选项，单击“确定”按钮后，Flash 视频就插入到网页中了，如图 4.14 所示。

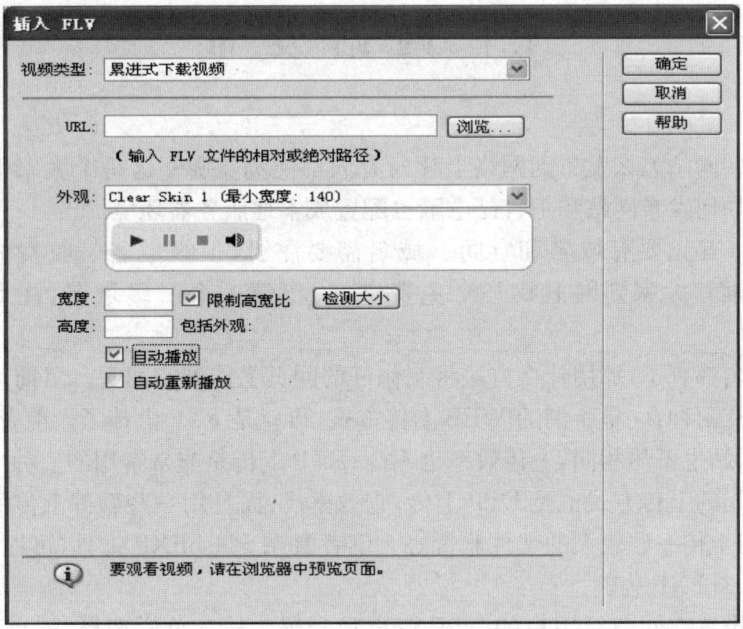

图 4.14　插入 FLV 对话框

如果想在网页中插入其他类型的视频或媒体，则单击“插入”菜单中的“媒体”选项里的“插件”菜单项，选择要插入的源文件，单击“确定”按钮即可。由于插入视频的文件类型不同，所需要的播放插件也不同，因此需要切换到代码视图中根据不同的视频类型添加相应的视频插件代码，这里就不详述了。

(3) 插入表单

在很多的网页中都有交互式表单的应用，通过这些交互式表单可以很方便地将用户的留言等信息传送给服务器。在案例网页中就有一个发表留言的区域，下面我们通过插入一个用户登录、注册的表单来讲解如何在网页中插入表单。

将光标移动到要插入表单的区域(“用户名”)的后面，单击“插入”菜单中的“表单”，此时 Dreamweaver 编辑器中会出现一个红色的虚线框。在弹出的选项中选择“文本域”菜单项，选中插入的文本区域，在属性面板中将字符宽度设置为 10，类型为“单行”，最多字符数设为 15。同样方法在“密码”后面也插入一个“文本域”，不同的是将类型改为“密码”；在密码框后面插入一个“按钮”，将其动作设为“提交表单”。同样，搜索部分操作方法相似。

至此整个网页就设计完成了，一个网站有很多网页，其他网页基本上也是采用这样的方法。但这种方法只适合于静态网页的设计，不适合动态的网页。在实际运用中，我们可以预先使用这种方法设计整个网页的布局样式，然后利用数据库连接技术将数据库的内容与我们设计的网页的显示样式结合起来，这样所有的内容显示页面都变成了我们设计的样式，省去了大量的代码编写时间，有兴趣的同学可以有针对性地学习动态网页设计。网站建立好了，如何让别人在网络上能浏览自己的网站呢？下面简单地介绍下网站的发布。

4.4 网站发布

我们做好的网站怎么发布到网络上让所有人都能浏览呢？这是个大家很关心的问题。本节主要讲解如何发布网站和把自己电脑也配置成本地服务器环境。

发布网站，首先要有域名和空间。域名需要注册，顶级域名是收费的，初学者，只是测试，这里推荐大家到网上找一个免费空间，申请一个二级域名，注册一下就可以使用。

空间和域名都有了，那用什么方法将制作好的网页上传到空间呢？目前，网上的免费空间的上传方式有两种：一是所谓的 WEB 上传方式，再就是 FTP 上传了。前者相对后者较好掌握，而且各网站也不尽相同，上传效率也不高；FTP 上传是非常常用的一种上传方式，包括好多收费的空间的上传方式也是 FTP 上传，它效率高，而且用一些软件上传的话，还能支持断点续传，这对上传一些较大的文件非常好。笔者常用 FlashFXP 工具(可以自行到网上下载)，这里以 FlashFXP 为例。

在软件中设置空间商给用户的 FTP 账户和密码。从菜单栏选择“站点”>“站点管理器”，点击“新建站点”按钮，输入站点名称，随意只要自己能区分就可以，笔者以 MySite 为例，然后输入地址，可以是 IP 地址(空间商会提供)，可以是域名(请确认域名已经解析到了主机上）。输入 FTP 账号密码，点击“应用”按钮，就可以连接了，如图 4.15 所示。

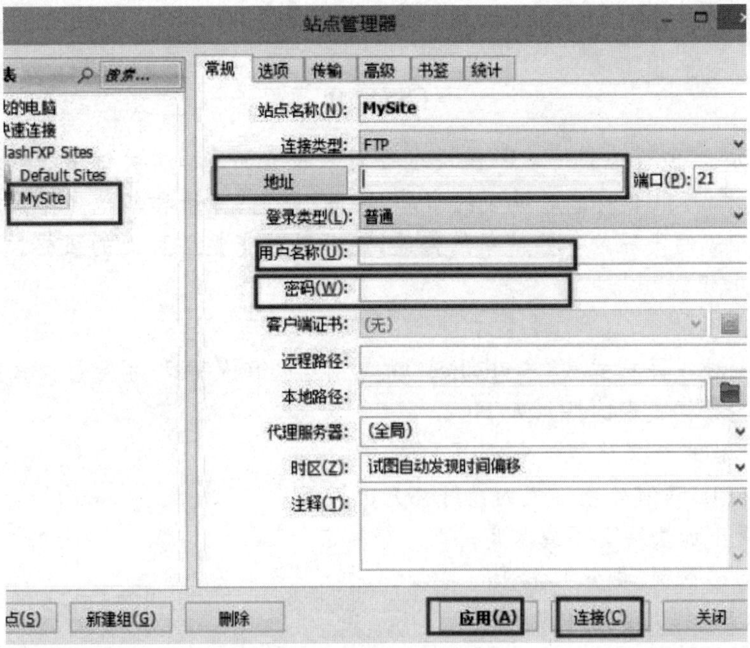

图 4.15　FlashFXP 登录

连接成功后，左半部分为本地目录，右半部分为连接的服务器空间，如图 4.16 所示。右键点击 index. html 选择“传输”，index. html 就上传到网站空间了，同样的方法可以再把网页中用到的图片传上去就行了，当然也可以传目录，要注意首页只能放在网站的根目录下。

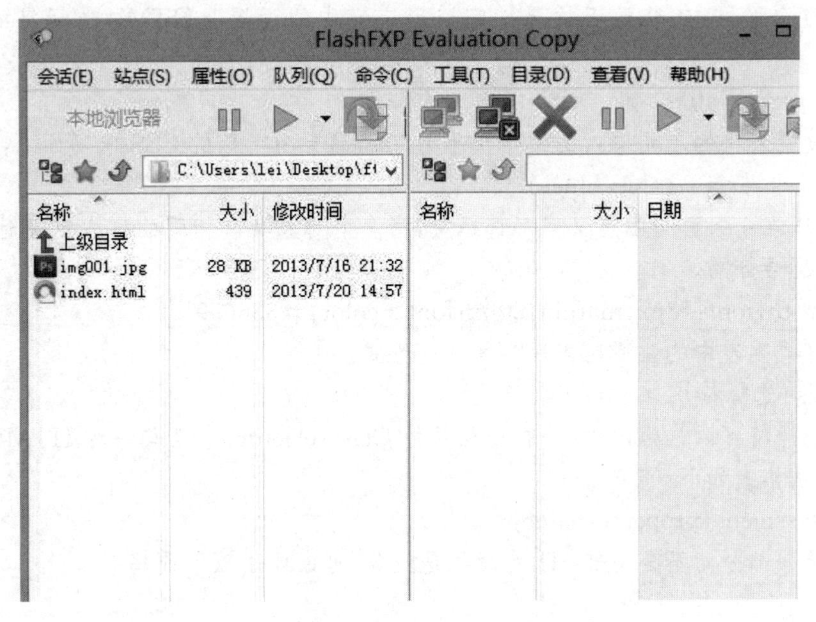

图 4.16　FlashFXP 上传

CSS 简介

在设计网页时，能否控制好各个模块在页面中的位置是非常关键的。制作网页时采用 DIV 和 CSS 技术，可以有效地对页面的布局、字体、颜色、背景和其他效果实现更加精确的控制。只要对相应的代码做一些简单的修改，就可以改变整个页面的风格。下面简单地介绍下 CSS 基础知识。

1. 特点

CSS 就是一种叫做样式表(Stylesheet)的技术，也有人称之为层叠样式表(Cascading-StyleSheet)。CSS 样式表的特点如下：

(1) 将显示格式和文档结构分离；

(2) 对 HTML 语言处理样式的最好补充；

(3) 体积更小加快网页下载速度；

(4) 实现动态更新、减少工作量；

(5) 支持 CSS 的浏览器增多。

2. CSS 的定义

定义 CSS 的语句形式如下：

select{property：value；property：value；…}

说明：SELECT：选择符，在 CSS 样式中有 3 种选择符，分别是：

(1) HTML 选择符

HTML 选择符就是 HTML 的标记符，例如：P、BODY、A 等。如果用 CSS 定义了他们，那么在整个网页中，该标识的属性都应用定义中的设置。HTML 选择符的定义方法如下：

tag{property：value}

例如：设置表格的单元格内的文字大小为 9pt，颜色为蓝色的 CSS 代码如下：

td{font－size：9pt；color：blue；}

CSS 可以在一条语句中定义多个选择符，当多个对象具有相同的样式定义时，多个对象之间可以用逗号分隔。

例如：tr，th{font：12px；margin：20px；font－color：＃336699}

注意：样式列表中的注释应采用“/ ＊ ＊ /”形式。

(2) Class 选择符

Class 选择符可以分为两种，一种是相关的 Classselector，它只与一种 HTML 标记有关系。它的语法格式如下：

Tag. Classname{property：value}

例如：让一部分而不是全部 H1 的颜色是红色，可以使用以下代码：

〈style〉

H1. redone{color：red}

〈/style〉

〈h1 class=redone〉安徽省工商职业学院〈h1〉

This is H1.

第二种是独立Class选择符,它可以被任何HTML标记所应用。

它的语法格式如下:

.Classname{property:value}

例如:可以将样式blueone应用于H2和P中的代码如下:

〈style〉

.blueone{color:bule}

〈/style〉

〈h2 class="blueone"〉有雨的日子〈/h2〉

〈p class="blueone"〉不知是无意还是天意,有你的日子总有雨!〈/p〉

(3) ID选择符

ID选择符其实与独立的Class选择符的功能一样,而他们的区别在于语法和用法不同。它的语法格式如下:

#ID name{property:value}

ID选择符的用法是在HTML标记中应用ID属性引用CSS样式。例如:

〈style〉

#redone{color:red}

〈/style〉

〈p id="redone"〉红色热情〈/p〉

〈p〉黑色神秘〈/p〉

由于以上代码中的"红色热情"使用ID标识引用redone样式,所以文字"红色热情"是红色的,而文字"黑色神秘"则仍采用默认颜色。

3. CSS样式的优先级

CSS在控制样式的时候,有三种引入方式,分别是:

外部样式表:将样式规则直接写在*.css文件中,然后再*.html页面中通过〈link〉标记引入的方式

内部样式表:(位于〈head〉标记内部)

内联样式:(在HTML元素内部)

按照W3School网站的说法,当同一个HTML元素被不止一个样式定义时,它们是有优先级之分的,如下,将优先级从低到高排列:

(1) 浏览器缺省设置;

(2) 外部样式表;

(3) 内部样式表;

(4) 内联样式;

(5) 其他样式按其在HTML文件中出现或者被引用的顺序,遵循就近原则,靠近文本越近的优先级越高;

(6) 选择符的作用优先顺序为上下文选择符类选择符、ID选择符,优先级依次降低;

(7) 未在任何文件中定义的样式,将遵循浏览器的默认样式。

任务1 规划和设计一个电子商务网站

工作任务

利用“准备知识”中的学习到的知识，对建立一个电子商务网站设计前进行充分的分析。

实例解析

电子商务是指在互联网(Internet)、企业内部网(Intranet)和增值网(VAN，Value Added Network)上以电子交易方式进行交易活动和相关服务活动，是传统商业活动各环节的电子化、网络化。电子商务是利用微电脑技术和网络通信技术进行的商务活动。自2013年以后，互联网行业一直在关注电子商务的发展，到目前为止，国内多家电器零售商都开发了自己的网上商城系统，推动了电子商务行业的蓬勃发展，现在电子商务，也是最被看好的互联网行业，网购的庞大客户群，也使现在各个企业或个人，都想开发自己的商城系统，做自己的电子商务。

网站的设计与建设是需要一系列步骤来完成的，能否遵循网站的设计步骤直接影响一个网站质量，也直接影响网站发布后是否能成功运行。那么制作电子商务网站需要哪些步骤?

网站建设总的来说需要经历四个步骤，分别是网站的规划与设计、站点建设、网站发布和网站的管理与维护。

网站的规划与设计，需要对网站进行整体的分析，明确网站的建设目标，确定网站的访问对象、网站应提供的内容与服务及网站的域名，设计网站的标志、网站的风格、网站的目录结构等各方面的内容。这一步是网站建设成功与否的前提，因为所有的后续步骤都必须按照第一步的规划与设计来进行实施。

接着进入具体的站点建设步骤。这个步骤主要包括域名注册、网站配置、网页制作和网站测试四个部分。除了网站测试必须要在其他三项内容开始之后才能进行之外，域名注册、网站配置和网页制作相对独立，可以同时进行。

相关的内容都建设好后，就可以正式地发布网站，也就是说将网站放到Internet上允许用户通过网站的域名进行访问。

网站的管理与维护贯穿网站建设的全过程，只要网站没有停止运行，就需要对其进行管理和维护。网站的管理和维护主要包括安全管理、性能管理和内容管理三个方面。

操作步骤

(1) 网站定位;

(2) 栏目规划;

(3) 物理(目录)结构设计;

(4) 网站逻辑布局设计;

(5) 网页风格设计;

(6) 导航系统设计;

(7) 域名注册;

(8) 网站平台配置;

(9) 网页制作和网站测试；

(10) 发布网站。

任务2　制作商务信息网页

工作任务

按任务1所描述内容制作并设计一个商务信息网页。

实例解析

近年来，随着国内Internet使用人数的增加，利用Internet进行网络购物并以银行卡付款的消费方式已渐流行，市场份额也在迅速增长，电子商务网站也层出不穷，已经服务到千家万户。电子商务得到了迅猛的发展。电子商务是数字化商业社会的核心，是未来发展、生存的主流方式。随着时代的发展，不具备网上交易能力的企业将失去广阔的市场，以致无法在未来的市场竞争中占优势。本任务以电子商务网页为例，讲解电子商务网页的设计的基本操作步骤。

任务中使用插入图像按钮制作网页Logo和导航效果，使用代码方式制作日期效果，使用表单、文本字段和提交按钮制作站内搜索效果，使用CSS样式设置文字行距和表格以及背景效果，使用属性面板设置单元格对齐和背景颜色制作网页底部效果。

操作步骤

(1) 准备好网站所需的素材。

(2) 栏目规划。

① 确定必需的栏目：如公司简介、产品介绍、服务内容、联系方式、技术支持等栏目；

② 确定重点栏目：如产品介绍之外、价格信息、网上定购、技术支持、产品动态等相关栏目；

③ 建立层次型结构，即将所有的内容先分成若干个大栏目，然后再将每个大栏目细分成若干小栏目，最好的层次深度不要超过三层。

(3) 网站目录结构设计：目录结构是否合理，不仅对网站的创建效率会产生较大的影响，还会对未来网站的性能、网站的维护及扩展产生很大的影响。目录层次不能太深，不使用中文名，根据栏目划分分门别类地存放文件，不能将所有文件放在根目录下，如图片文件、数据库文件等单独存放。

(4) 版面布局设计：首先对主页进行版面布局，然后在主页布局的基础上对栏目首页进行版面布局，接着往下，最后对内容网页进行版面布局。

(5) 色彩搭配：如选取背景色、导航条的颜色、文字的颜色、插图的颜色、超链接颜色等。

(6) 网站的导航设计：导航条和路径导航。

(7) 网页制作：使用网页制作工具(Dreamweaver CS6)来制作每一个网页。

(8) 网页和网站测试、运行。

(9) 站点发布。

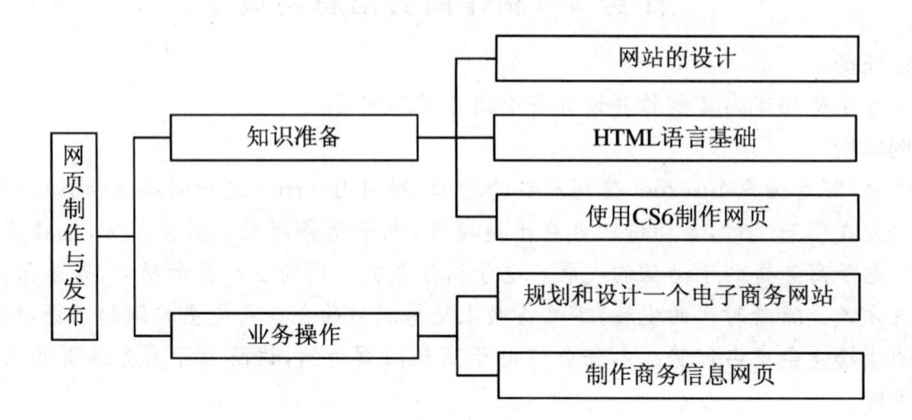

1. 在 Dreamweaver CS6 中，编辑好的网页常常需要预览，则预览的快捷键是(　　)。

A. F1　　B. F6　　C. F11　　D. F12

2. 下面按钮用来查看网页代码的是(　　)。

A. 代码　　B. 拆分　　C. 设计　　D. 实时视图

3. Flash 动画的扩展名为(　　)。

A. *.flv　　B. *.swf　　C. *.swt　　D. *.fla

4. 将水平线的宽度值设为(　　)时，可以随着浏览器的窗口大小而随之变化。

A. 50 像素　　B. 100 像素　　C. 50 百分比　　D. 100 百分比

5. 若要将链接文件加载到未命名的新浏览器窗口中，应选择(　　)。

A. _blank　　B. _parent　　C. _self　　D. _top

6. 以下扩展名可用于 HTML 文件的是(　　)。

A. asp　　B. html　　C. txt　　D. jsp

7. 利用属性面板设置电子邮件链接时，在“链接”文本框中输入邮件地址时，要在前面添加(　　)。

A. email　　B. mailto　　C. sendto　　D. mailto

8. 在 Dreamweaver CS6 中，不可以插入的图片格式为(　　)。

A. png　　B. gif　　C. jpg　　D. tmp

9. 在 Dreamweaver CS6 中，下面关于首页制作的说法错误的是(　　)。

A. 首页的文件名称可以是 index. html 或 index. htm

B. 可以使用排版表格和排版单元格来进行定位网页元素

C. 可以使用表格对网页元素进行定位

D. 在首页中我们不可以使用 CSS 样式来定义风格

10. 下面关于网站制作错误的是(　　)。

A. 首先要定义站点

B. 最好把素材和网页文件放在同一个文件夹下以便方便

C. 首页的文件名必须是 index. htm

D. 一般在制作时,站点一般定义为本地站点

11. 下面关于页面的背景和风格设置说法错误的是(　　)。

A. 在页面属性设置中一般定义页边距为 0

B. 可以设置页面的背景图片

C. 页面的背景图片一般选择显眼的图像,特别是大型网站

D. 页面的风格一般以网站的主题而定

12. 网站的上传可以通过(　　)。

A. FTP 软件　　　　B. Flash 软件

C. Fireworks 软件　　　　D. Photoshop 软件

13. 在 Dreamweaver CS6 中,设置分框架属性时,要实现无论内容如何都不出现滚动条,怎么设置属性?(　　)。

A. 设置分框架属性后时,设置 scroll 的下拉参数为 default

B. 设置分框架属性后时,设置 scroll 的下拉参数为 yes

C. 设置分框架属性时,设置 scroll 的下拉参数为 no

D. 设置分框架属性后时,设置 scroll 的下拉参数为 auto

14. 下列各项中不是 CSS 样式表优点的是(　　)。

A. CSS 对于设计者来说是一种简单、灵活、易学的工具

B. CSS 可以控制浏览器等对象操作,创建出丰富的动态效果

C. 一个样式表可以用于多个页面,甚至整个站点,因此具有更好的易用性和扩展性

D. 使用 CSS 样式表定义整个站点,可以大大简化网站建设,减少设计者的工作量

15. 下面哪个选项不是属于网页中三种最基本的页面组成元素?(　　)。

A. 文字　　B. 图形　　C. 超链接　　D. 表格

项目5

信息发布技术

理论知识目标

(1) 学生能够了解信息发布的基本流程；

(2) 学生能够理解记者、栏目编辑、签发编辑操作中的异同；

(3) 学生能够掌握信息发布过程中的操作要领。

职业能力目标

(1) 学生能够了解系统管理员可操作的内容以及网站后台管理操作的基本知识，能够对网站进行合理规划和运作；

(2) 使学生掌握不同角色权限下的基本操作技能，能够进行内容编辑、内容发布、模板制作等操作。

典型任务工作

任务1　编辑、发布新闻

任务2　网络信息发布系统管理

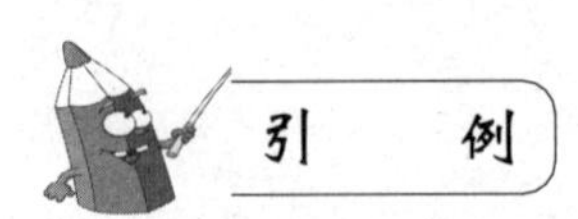

2014年2月中旬，工信部网站转发了《国务院关于取消和下放一批行政审批项目的决定》，小张是×××网站的记者，写了如下的稿件：

题目：国务院取消5项IT类审批，政府、国企类招标门槛降低

正文：上周末，工信部网站转发了《国务院关于取消和下放一批行政审批项目的决定》，其中与电信IT行业相关的行政审批项目主要有5项。

除了“外国组织或者人员运用电子监测设备在我国境内进行电波参数测试审批”直接改为“今后禁止开展此类活动”之外，其他几项涉及电信资费、跨地区增值电信业务备案、系统集成资质认定等的行政审批项目全部取消。

…………

因此，取消该项审批，企业将减少分支机构设置、人员配备等，降低办事成本。

（资料来源：凤凰网，2014 年 2 月 18 日）

思考与讨论：小张是栏目编辑，小王是签发编辑，在整个网络编辑系统中他们应该如何分工、合作来发布网站记者小黄采写的新闻稿件？

5.1 网络编辑系统基础知识

一个网站所包含的信息类型多种多样，有文字信息、图片信息、视频信息等，每个网站信息发布都是通过网络编辑后台系统完成的，下面将以“网络编辑职业技能实训系统”为例加以说明。

网络编辑系统是网络编辑发布与管理新闻稿件的平台，使用不同的角色登录网络编辑系统将会具有不同的使用权限，根据权限的不同可以分别对稿件进行编辑、发布、审批以及管理等操作。

5.1.1 网络编辑系统的登录

在浏览器地址栏中输入网络编辑系统的地址，打开如图 5.1 所示的界面，用户在指定位置输入用户名、密码和验证码，并选择担任的角色，角色分别有“超级管理员、记者、栏目编辑、签发编辑”四种。单击“登录”按钮即可进入网络编辑系统。

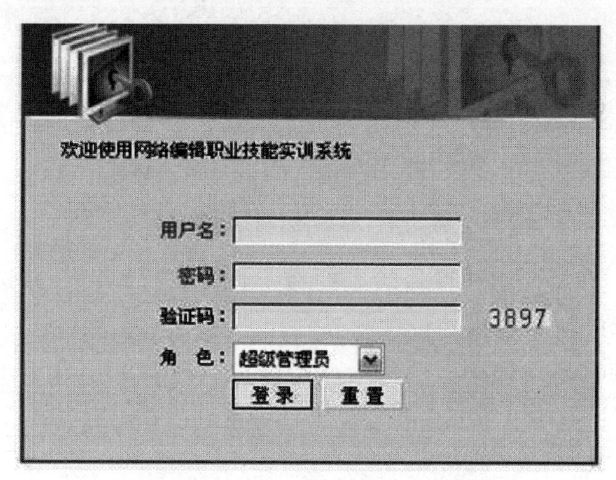

图 5.1 网络编辑系统登录界面

5.1.2　网络编辑系统的基本操作

每个人担任角色的不同，根据自己所属的用户名进入网络编辑系统后出现的操作界面以及可以操作的项目也有所不同。

5.1.2.1　系统管理

系统管理员的权限包括：栏目内容、图像管理、插件管理、系统数据等。系统管理员通过管理员账号、密码登录系统管理界面。

系统确认管理员身份后进入系统管理界面，如图5.2所示。

图5.2　系统管理界面

(1) 栏目内容

栏目内容是提供栏目管理、稿件管理、模板管理、文件管理等功能的。其中包含添加修改、生成管理、JS管理、文件管理和其他管理。

① 添加修改

(a) 栏目管理。管理员在栏目管理中完成栏目的新增、修改、删除，稿件的查看、修改、生成等作业，如图5.3所示。

图5.3　添加修改栏目内容

(ⅰ) 增加栏目。在所要增加栏目的副栏目下，输入栏目名称，并选择捆绑模板与分类类型后，单击“新建栏目”。

(ⅱ) 修改栏目如图5.4所示。

栏目中的主要属性介绍如下：

栏目名：前台显示的栏目名称。

捆绑模板：生成分类页面所用的模板。

栏目性质：有中间分类页和终端分类页之分。

JS 文件栏目名显示：生成的 JS 文件是否显示栏目名称。

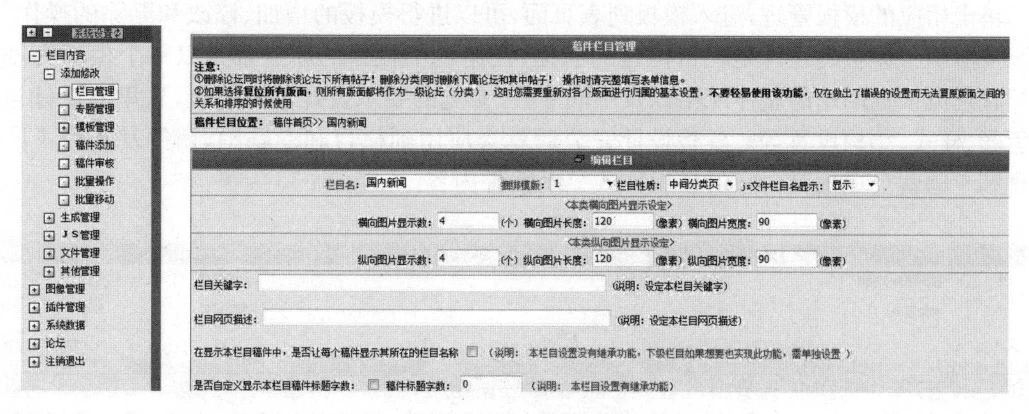

图 5.4　栏目编辑窗口

（ⅲ）删除栏目。在相应的栏目上单击“删除栏目”按钮即可删除该栏目。删除一个分类，则该分类下的所有分类与稿件都会被删除。

（ⅳ）生成文件。将生成当前栏目及其下所有子栏目与稿件的资料，如图 5.5 所示。

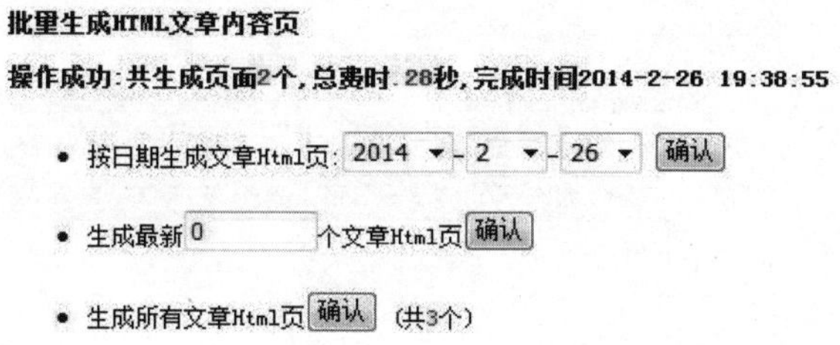

批量生成HTML文章内容页
操作成功：共生成页面2个，总费时 .28秒，完成时间2014-2-26 19:38:55
按日期生成文章Html页：2014 - 2 - 26 确认
生成最新 0 个文章Html页 确认
生成所有文章Html页 确认 （共3个）

图 5.5　生成文件过程

刷新 JS 将重新生成该栏目的 JS 文件。

（ⅴ）查看稿件。单击相应栏目的“查看稿件”后，将列出该栏目下的全部稿件，还可以查找、移动、生成、删除稿件。如果需要对稿件进行修改，则选择相应的稿件标题进入稿件修改页面。

（b）专题管理。专题管理与栏目管理相似，可参照栏目管理项目进行操作，如图 5.6 所示。

稿件专题管理
注意：
①删除分类同时将删除该分类下所有稿件！删除分类同时删除下属分类和其中稿件！ 操作时请完整填写表单信息。
稿件专题位置： 专题首页
此专题下没有子类别了
专题名称
新建专题名称：
捆绑模板： 暂无模板可被捆绑
中间专题页
新建专题

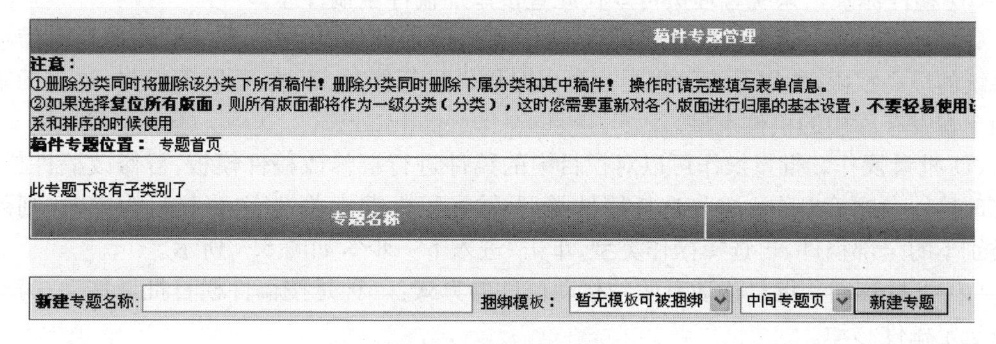

图 5.6　新建专题窗口

(c) 模板管理。模板管理分为分类模板管理、稿件模板管理、专题模板管理、网站首页模板管理、网站专题首页模板、网站地图模板管理。

单击相应的模板管理,进入模板列表页面,可以进行模板的增加、修改和删除的操作,如图 5.7 所示。模板的设计是栏目构建的前提,任何一个栏目的新建都是以一个模板为基础的。管理员根据网站的整体风格以及不同专栏、专题的要求设计多种模板,这里的设计包含对色彩、样式、结构设置等。模板设计完成后就会应用到栏目和专题中,稿件发布在不同的栏目和专题就会应用其对应的模板样式显示稿件内容。

ID	模 板 名 称	模板类型	修改操作	选择
250	鉴定用分类模板	分类模板	修改	□
350	专题模板1	分类模板	修改	□

□选中所有 删除

添加分类模板 添加稿件模板 添加专题模板 添加网站首页模板 添加网站专题首页模板 添加网站地图模板
(说明:对于随考试包提供的模板不允许修改、删除)

页码: 1

图 5.7　模板管理界面

单击相应模板的"修改",则进入该模板的修改页面,如图 5.8 所示。

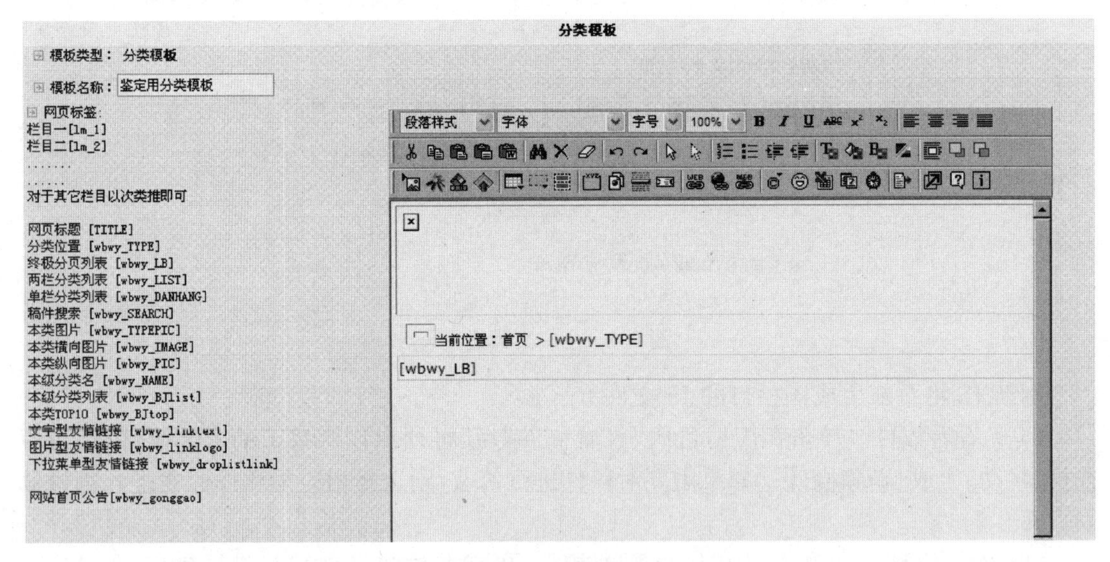

图 5.8　模板修改

(d) 稿件添加。系统管理员可以在此直接添加稿件至稿件库。

(e) 稿件审核。进入稿件审核页后,会出现稿件待审列表,由于系统管理员具有信息发布系统的最高权限,所以系统管理员也可以对稿件进行修改、审核、删除等操作;这里的审核相当于在发布库中的稿件审核。

(f) 批量操作。批量操作可以对栏目中的稿件进行群修改稿件模板、群修改稿件栏目、群修改稿件专题等操作。首先选择稿件类型,输入稿件搜索关键字,当栏目为空时,则列出该类别下的全部稿件,再选择操作类型,单击"进入下一步",如图 5.9 所示。

(g) 批量移动。批量移动有两种移动稿件的方式:一种是按稿件栏目批量移动;另一种是按选定稿件移动。

按稿件栏目批量移动，会将所选栏目中的稿件全部移动到另外一个栏目中。

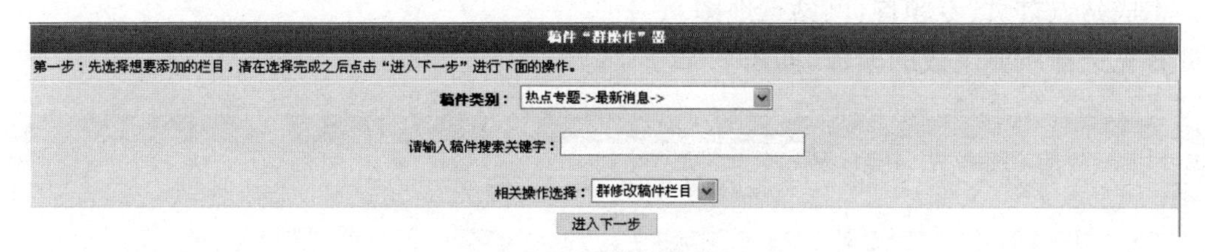

图 5.9　稿件批量操作

按选定稿件移动，此操作会将所要移动的稿件列表用逗号分隔，移动到所选栏目中，如图 5.10 所示。

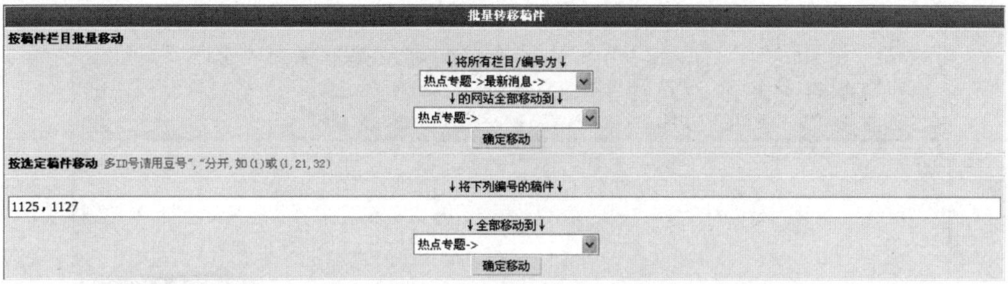

批量转移稿件
按稿件栏目批量移动
↓将所有栏目/编号为↓
热点专题->最新消息->
↓的网站全部移动到↓
热点专题->
确定移动
按选定稿件移动 多ID号请用豆号","分开，如(1)或(1,21,32)
↓将下列编号的稿件↓
1125，1127
↓全部移动到↓
热点专题->
确定移动

图 5.10　稿件批量移动

② 生成管理

生成管理是管理模板与内容相结合生成 HTML 的，包含生成所有稿件、生成所有分类、生成所有专题、生成所有 JS、生成站点地图、生成专题首页、生成站点首页。

生成所有稿件可以选择按日期生成稿件、生成最新稿件、生成所有稿件，如图 5.11 所示。

正在生成文章内容页的Html页，请等待......
正在生成：第(1-3)个 共3个

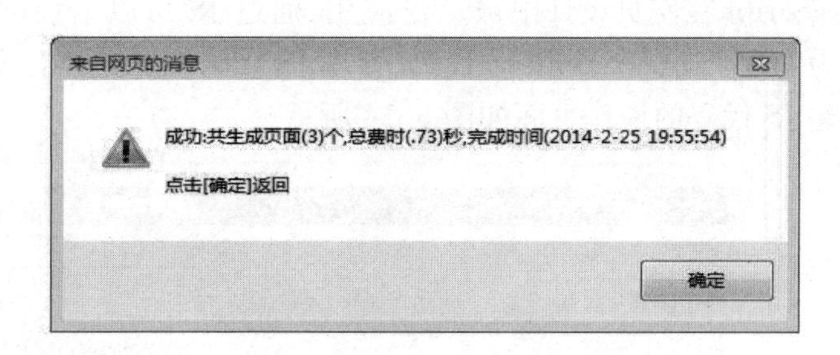

图 5.11　HTML 页面批量生成

按日期生成稿件 HTML 页：将按照指定的日期生成 HTML。

生成最新稿件 HTML 页：将按照指定的稿件数量，生成最新录入的稿件。

生成所有稿件 HTML 页：将把系统中审核过的稿件全部生成。

生成又有分类、专题、JS,生成完毕后将会产生操作的相应信息。

生成站点首页、专题首页、站点地图。

首先选择所要生成的模板,如图 5.12 所示。

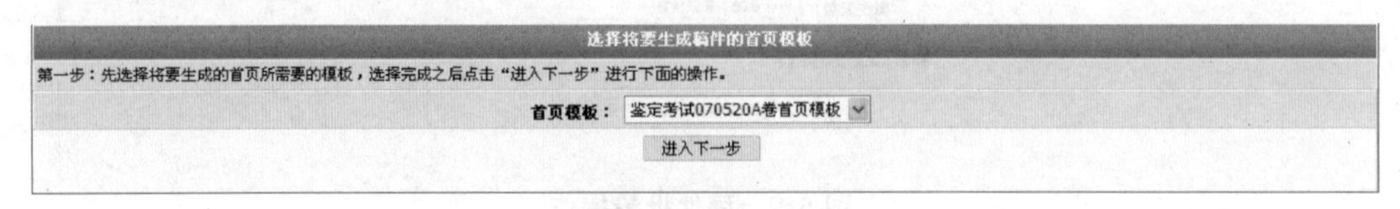

图 5.12　模板生成 1

单击“进入下一步”按钮,会显示将要生成的页面,如图 5.13 所示。

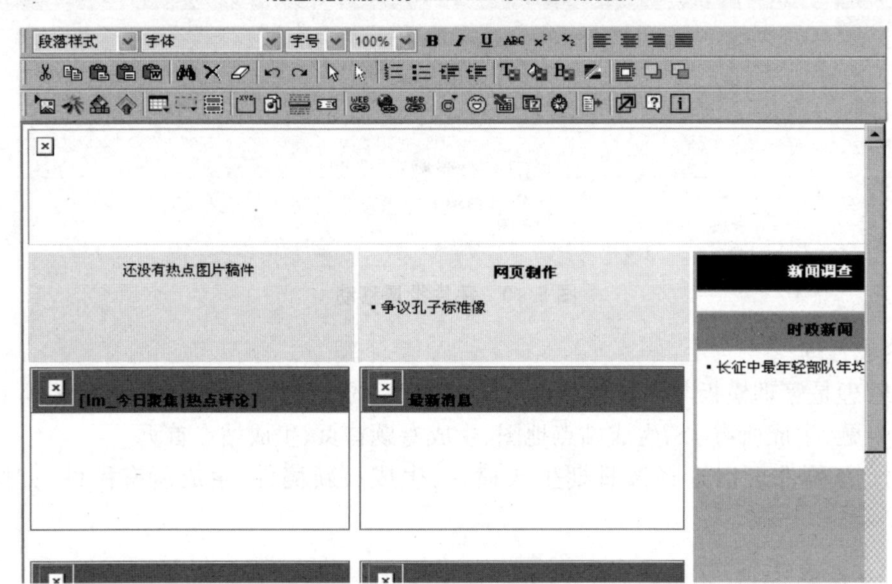

图 5.13　模板生成 2

③ JS 管理

JavaScript 在网页设计中被广泛应用,通过 JS 可以增加网页的灵活性、美观性等。JS 管理分为创建 JS 代码、获取 JS 代码、管理 JS 代码、并排新闻、滚动并排等功能。

创建 JS 代码的操作页面如图 5.14 所示。

新建JS列表	
JS中文名称：	
JS英文名称：	
JS类型：	⊙ 文字新闻　○ 图片新闻
新闻调用数量	5
新闻标题字数	(以字符计算，一个汉字代表两个字符)
新闻标题导航图标	
是否显示稿件栏目	不显示
	创建 JS

图 5.14　创建 JS 代码

获取 JS 代码的操作页面如图 5.15 所示。

获得调用JS	
栏目调用 ：	热点专题->最新消息-> <script src=http://wb.chinact.org.cn/wb3train/js/20080179/listjs3707.js><
专题调用 ：	请选择专题 获得相应栏目代码
最热新闻 ：	<script src=http://wb.chinact.org.cn/wb3train/js/20080179/HotNews.js><
最新新闻 ：	<script src=http://wb.chinact.org.cn/wb3train/js/20080179/LastNews.js>
滚动新闻 ：	<script src=http://wb.chinact.org.cn/wb3train/js/20080179/MarqueeNews
并排新闻 ：	<script src=http://wb.chinact.org.cn/wb3train/js/20080179/BPNews.js></
用户自建的JS	

图 5.15　获取 JS 代码

管理 JS 代码：管理 JS 代码将会列出全部自定义 JS 代码，并可以进行管理、修改、删除操作。

④ 文件管理

文件管理将会出现列出在服务器上所有相应的文件内容，可以对这些文件进行查看、删除等操作。分为稿件页管理、分类页管理、专题页管理、滚动新闻、JS 文件管理。

⑤ 其他管理

(a) 关键字管理。关键字是稿件编辑时经常用到的文字。关键字管理包含关键字、作者、来源、责任编辑的管理。

(b) 稿件评论管理。稿件评论管理可以管理读者对稿件的评论，并进行审核、删除等操作。

(c) 内部连接管理。添加链接，输入链接名称和网址，如图 5.16 所示。

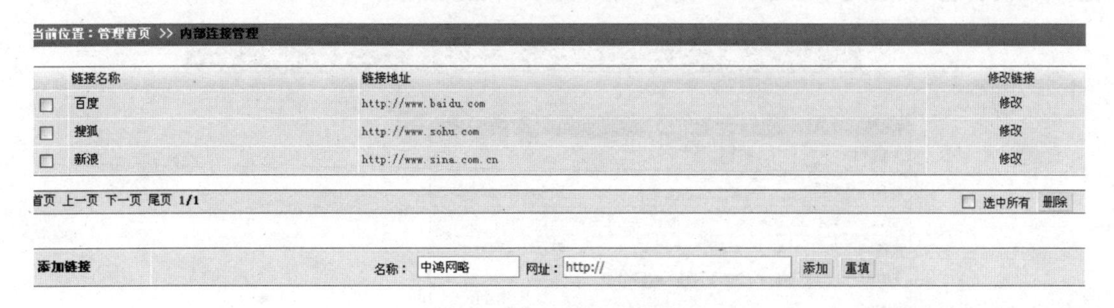

图 5.16　内部连接管理

(d) 友情链接管理。在这里可以对网站需要的友情链接进行增、删、改管理，通过添加如图 5.17 所示的内容，可以建立友情链接。

(2) 图片管理

通过图片管理，可以添加、删除图片集，并可以对指定的图片集进行图片的上传、删除管理，如图 5.18 所示。

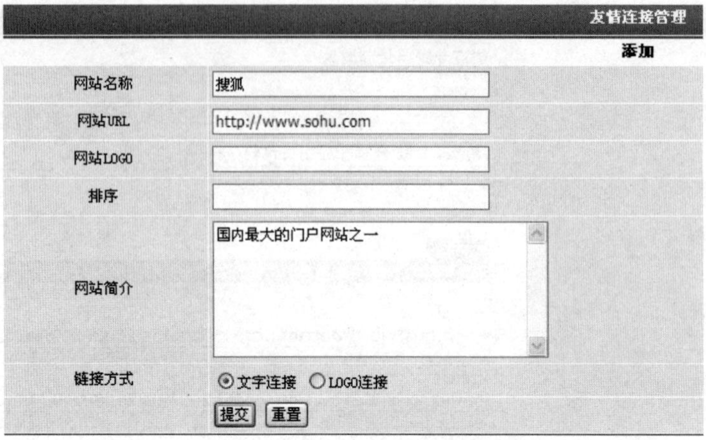

图 5.17　友情链接设置

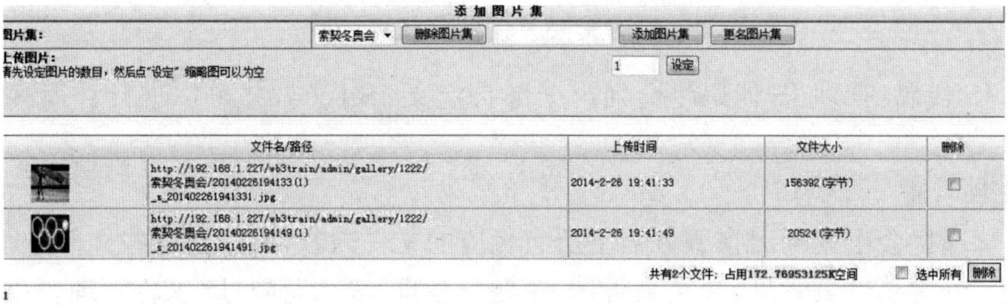

图 5.18　图片管理

（3）插件管理

① 投票管理

投票管理具有增加、修改、删除投票的功能，如图 5.19 所示。在“增加投票”中，用户可以选择投票选择项的数目、投票标题、投票方式、投票状态、投票的结束时间以及投票的具体选项和代表色，设置完毕后选择“提交”，即可完成增加投票。

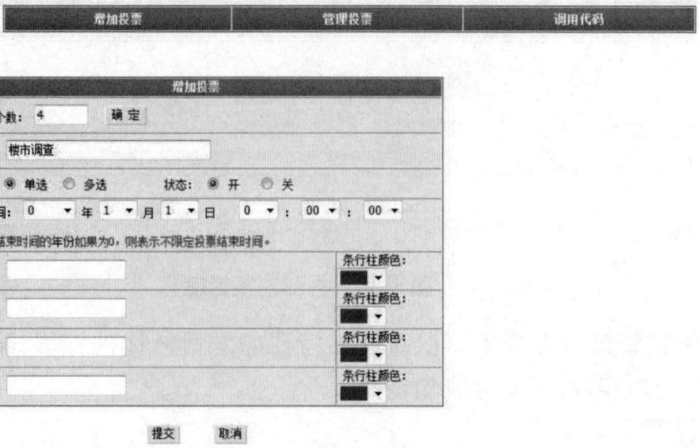

图 5.19　投票设置

对投票项目的修改和删除可以在“管理投票”中实现。投票的各选项设定应符合客观事实要求，以符合投票调查的科学性、有效性。

② 弹出公告

在如图 5.20 所示的页面中可以设置网站的弹出公告，该公告设置好后，在用户打开网站或页面时，该公告会弹出显示设置的内容。

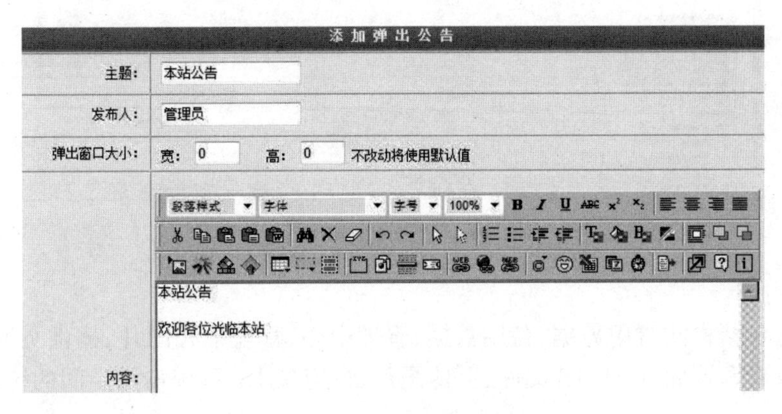

图 5.20　弹出公告编辑

③ 首页公告

网站首页公告可以在如图 5.21 所示的页面中进行管理，首页显示的公告设置好后就会在网站首页中指定的位置显示出来。

图 5.21　公告的编辑

(4) 系统数据

系统数据包含网站初始设置、系统检测和空间占有。

① 网站初始设置

在这里可以对网站基本信息、系统环境、栏目初始设定、专题初始设定、网站首页、会员进行相关设置。如图 5.22 所示。

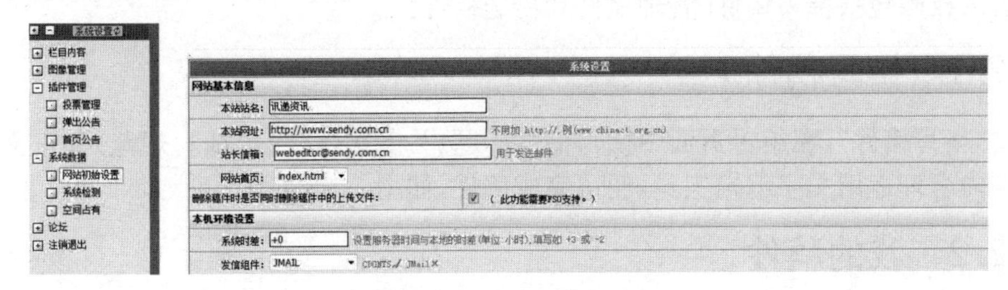

图 5.22　网站初始设置

② 系统检测

系统检测可以检测服务器基本信息、IIS 信息、安装组件信息、磁盘使用情况、服务器运算速度等,如图 5.23 所示。

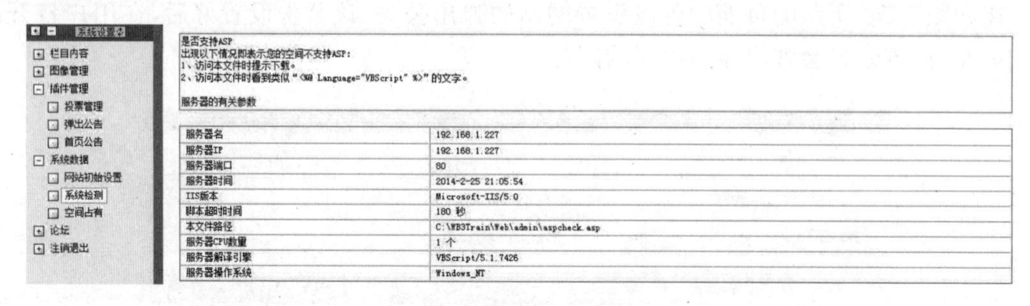

图 5.23 系统检测

③ 空间占有

空间占有包括检测常用数据、备用数据、管理中心、管理中心图片、稿件页面、分类页面、分类 JS 文件、专题页面、广告 JS 文件、上传图片、自定义 JS、系统占用空间的统计等功能,如图 5.24 所示。

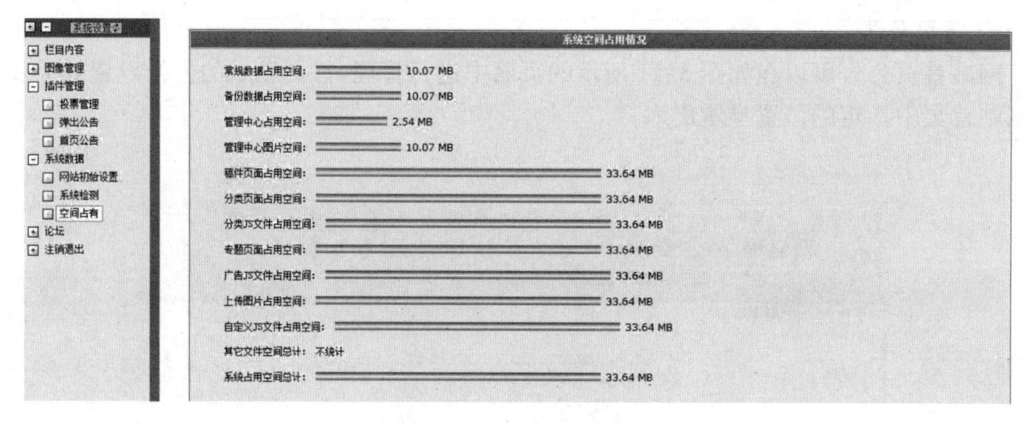

图 5.24 空间占有明细

5.2 网站记者操作

记者的权限包括撰写稿件、管理稿件和传送稿件。

5.2.1 撰写稿件

单击“新写稿件”,在编辑页面中撰写稿件标题、关键字(需注意填写规范)和正文。在正文编辑框内合理运用文字编辑工具,便可完成稿件,如图 5.25 所示。

5.2.2 我的稿件

记者单击“我的稿件”进入记者编写的稿件页面,右侧会列出记者编辑过的所有稿件及其所属的栏目、专题，如图 5.26 所示。

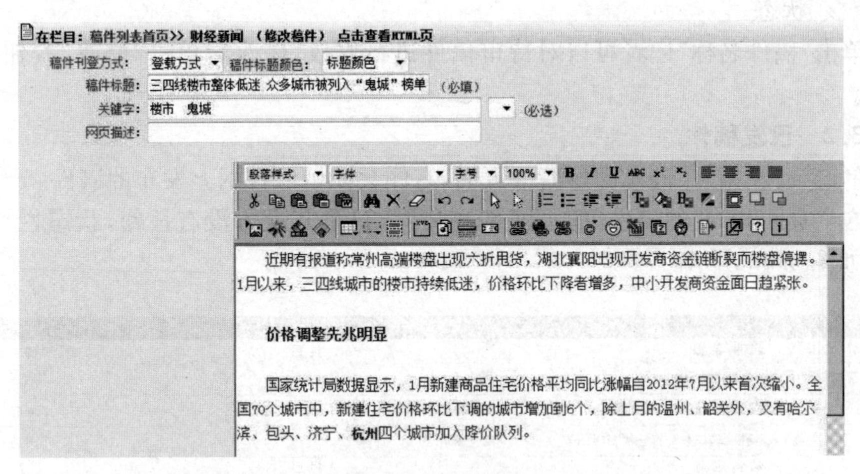

图 5.25　稿件编辑

我的稿件

ID	选择	稿件名称	栏目	状态	操作	更新日期
7	□	民调显示53%美国受访者看衰奥巴马国际声望	国际新闻->	编辑退回	传稿	2014-2-25
6	□	[转载]阿朗宣布与英特尔合作云计算研发 远离设备价格战	科技新闻->	签发退回	传稿	2014-2-25
5		中央巡视工作发展历程 走向制度化重点化	国内新闻->	已发布		2014-2-25
4	□	三四线楼市整体低迷 众多城市被列入“鬼城”榜单	财经新闻->	签发退回	传稿	2014-2-25
3		[转载][加粗]鲁能补时丢球葬好局亚冠联赛1-1平武里南	体育新闻->	已发布		2014-2-25
2		[原创][红色]李克强会见越南祖国阵线主席：推进南海共同开发	国内新闻->	已发布		2014-2-25
ID	选择	稿件名称	栏目	状态	操作	更新日期

相关操作：删除 传稿

页次：1/1，每页18篇，当前 稿件6篇 [<<- <- 1 -> ->>]

图 5.26　稿件的几种状态

“我的稿件”有 5 种状态：

(1) 未传稿：记者撰写完后没有上传的稿件；

(2) 待编辑审核：记者已经将稿件传给了栏目编辑；

(3) 待签发审核：栏目编辑已经通过记者上传的稿件，将稿件传给了签发编辑；

(4) 编辑退回：记者传给栏目编辑，文章没有通过栏目编辑的审核；

(5) 签发退回：栏目编辑通过，文章没有通过签发编辑的审核；

(6) 已发布：已经通过审核，并发布到网站上的稿件。

5.2.3　管理稿件

5.2.3.1　待审稿件

待审稿件是记者发稿后等待编辑审核的稿件，此时记者还可以对该稿件进行修改，如图 5.27 所示。

稿件名称	栏目	状态
体育总局副局长：媒体对中国足球应有正确态度	竞技体育->	待编辑审核

图 5.27　待编辑审核的稿件

(1) 单击“待审稿件”进入待审稿件页面，右侧会显示已经传到编辑库的稿件。

(2) 这个页面和“我的稿件”的页面基本相同,只是其下方没有“传稿”按钮,状态栏均为“待编辑审核”状态。

(3) 单击“稿件名称”记者可以对待审稿件进行修改,修改后单击“修改”按钮即可完成修改操作。

5.2.3.2 已发稿件

(1) 单击“已发稿件”进入已发稿件页面,右侧会显示已在网上发布的稿件。

(2) 这个页面和“我的稿件”的页面基本相同,只是其下方没有按钮,状态栏均为“已发布”状态,如图 5.28 所示。

已发稿件

ID	稿件名称	栏目	状态	更新日期
5	中央巡视工作发展历程 走向制度化重点化	国内新闻->	已发布	2014-2-25
3	[转载][加粗]鲁能补时丢球葬好局亚冠联赛1-1平武里南	体育新闻->	已发布	2014-2-25
2	[原创][红色]李克强会见越南祖国阵线主席 推进南海共同开发	国内新闻->	已发布	2014-2-25
ID	稿件名称	栏目	状态	更新日期

页次: 1/1,每页18篇, 当前 稿件3篇 [<<- <- 1 -> ->>]

图 5.28 已发布的稿件

(3) 已发稿件中的稿件,记者不能再次进行修改,单击文章标题会提示文件已经锁定不能编辑,只可单击 ID 号浏览文章。

5.2.3.3 退回稿件

退回稿件包括栏目编辑退回的稿件和签发编辑退回的稿件。

(1) 单击“退回稿件”进入退回稿件页面,右侧会显示被栏目编辑和被签发编辑退回的稿件。

(2) 这个页面和“我的稿件”的页面基本相同,但是其状态栏显示为“编辑退回”或“签发退回”状态,是从编辑库或发布库退回来的稿件,如图 5.28 所示。

(3) 这里的稿件可以进行再次修改,修改完毕后点击“重新传稿”继续给栏目编辑和签发编辑审核,通过后即可发布。

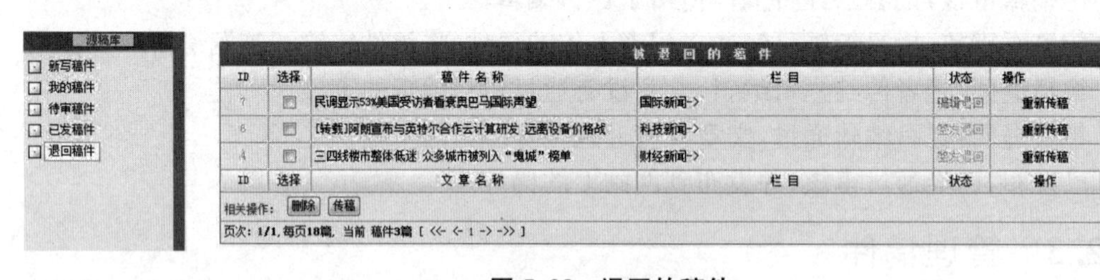

被退回的稿件

ID	选择	稿件名称	栏目	状态	操作	更新日期
7		民调显示53%美国受访者看衰奥巴马国际声望	国际新闻->	编辑退回	重新传稿	2014-2-25
6		[转载]阿朗宣布与英特尔合作云计算研发 远离设备价格战	科技新闻->	签发退回	重新传稿	2014-2-25
4		三四线楼市整体低迷 众多城市被列入“鬼城”榜单	财经新闻->	签发退回	重新传稿	2014-2-25
ID	选择	文章名称	栏目	状态	操作	更新日期

相关操作: 删除 传稿

页次: 1/1,每页18篇, 当前 稿件3篇 [<<- <- 1 -> ->>]

图 5.28 退回的稿件

5.3 栏目编辑操作

栏目编辑的权限包括撰写稿件、编审稿件、传送稿件和管理稿件。

5.3.1　撰写稿件

如图5.29所示，栏目编辑可在编辑框里撰写稿件，即填写新闻信息，完成新闻稿件的撰写或修改。通过图5.30至图5.33可以对比看出原稿库的“新写稿件”与编辑库的“新写稿件”的不同之处在于：编辑库新写稿件的后注相对于原稿库新写稿件的后注增加了稿件生成相关设置等内容；编辑库新写稿件的文件头相对于原稿库新写稿件的文件头增加了所属栏目、专题的选择。真正体现出身份不同导致了操作的权限不同。

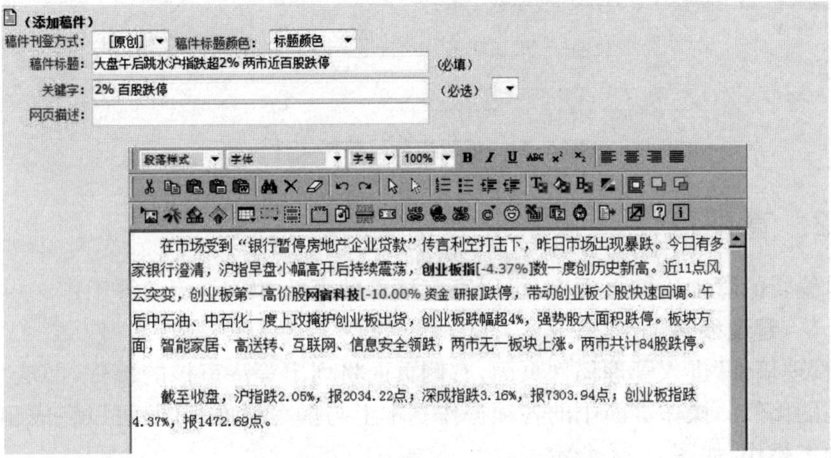

图5.29　栏目编辑撰写/修改稿件

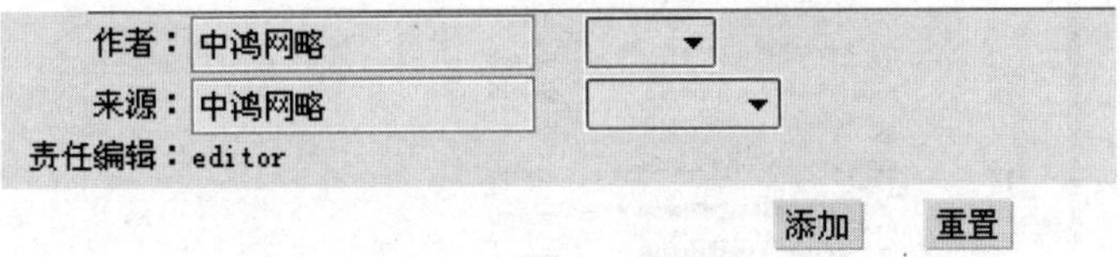

图5.30　原稿库新写稿件后注

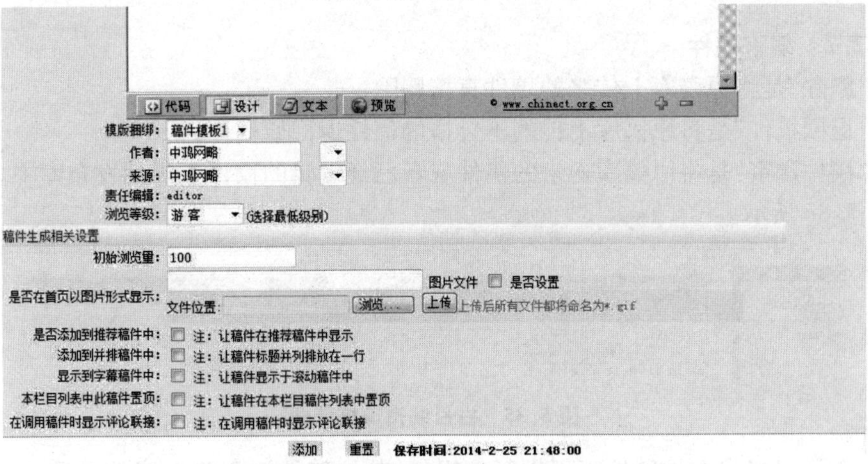

图5.31　编辑库新写稿件后注

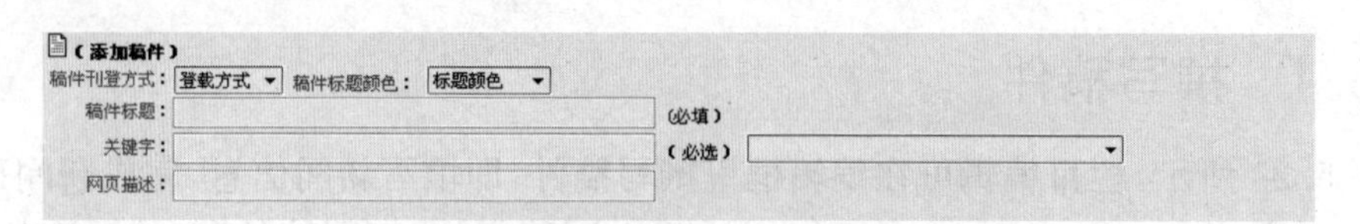

图 5.32 原稿库新写稿件文件头

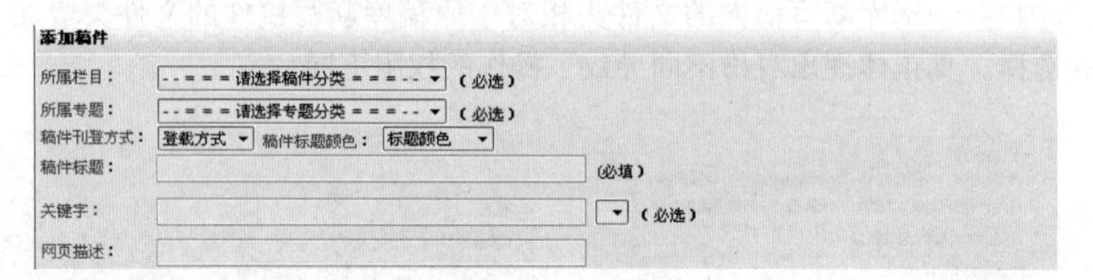

图 5.33 编辑库新写稿件文件头

5.3.2 管理稿件

在栏目编辑的管理稿件页面中，可以完成稿件的审核、编审、传送等工作。

5.3.2.1 管理稿件

单击“管理稿件”进入管理稿件页面，右侧页面将列出等待审核的稿件，即从“原稿库”传来等待审核的稿件。操作页面中的各项操作基本上与撰写稿件相同，可以完成删除、退回稿件和稿件送审操作，如图 5.34 所示。

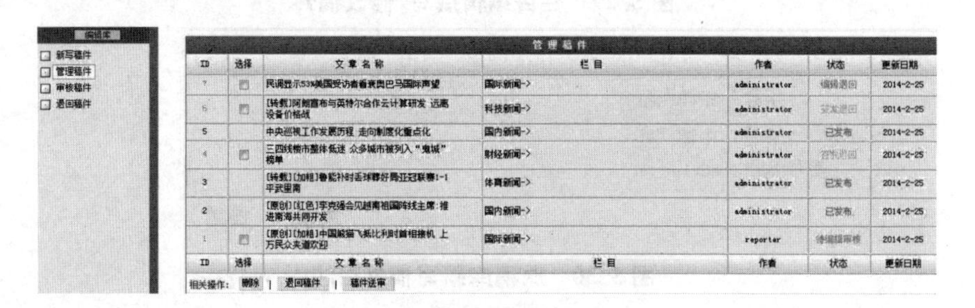

图 5.34 栏目编辑管理稿件

5.3.2.2 编审稿件

(1)“删除”是将原稿库上传来的稿件直接删除；

(2)“退回稿件”是将原稿库上传的不合格的稿件退回原稿库；

(3)“稿件送审”是将原稿库送来的稿件或者已经编辑的稿件上传到发布库中。

如图 5.35 所示。

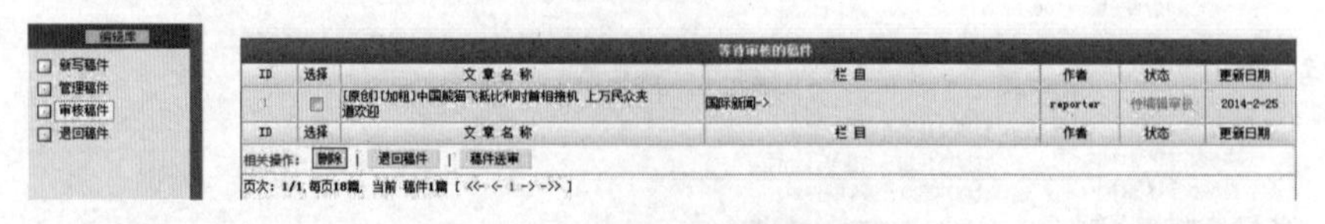

图 5.35 栏目编辑审核稿件

注意：除了已经发布的稿件不可进行编辑外，其他稿件只要单击稿件名称，就可直接进行编辑。

5.3.2.3　传送稿件

(1) 向发布库传送通过审核的稿件。

(2) 将不合格的稿件退回原稿库。

5.4　签发编辑操作

将栏目编辑审核后的稿件直接转发到签发编辑处，签发编辑在发布库中对稿件进行进一步的管理和审核。

5.4.1　管理稿件

(1) 单击“管理稿件”进入管理稿件页面，在页面右侧会显示稿件的栏目管理页面，罗列出所有栏目名称。

(2) 栏目列表中每一个带有“＋”的栏目都含子栏目，其中每一个项都有四种相关操作，即生成文件，查看文件，刷新 JS，查看稿件，如图 5.36 所示。

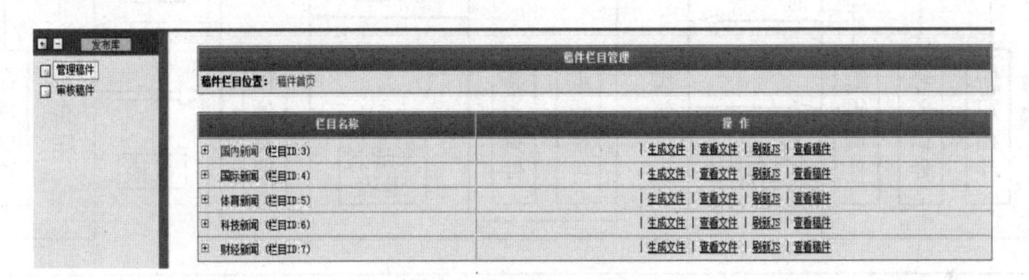

图 5.36　稿件管理

生成文件：将已发布的稿件生成页面，如图 5.37 所示。

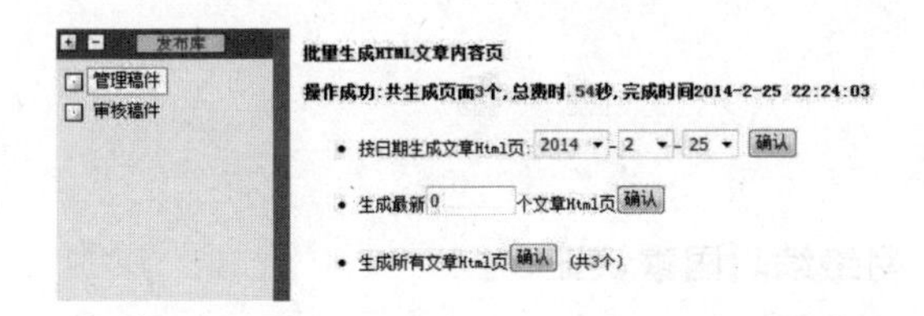

图 5.37　生成文件

查看文件：预览生成的网页上的稿件。

刷新 JS：刷新原代码。

查看稿件：单击“查看稿件”，页面出现所有已发布的稿件列表，操作栏目的“删除”和“发布”都只针对某一个稿件。

(3) “移动”是选中某一稿件，将其从一类移动到另一类。

(4) “撤销稿件”是将已发布的稿件进行撤销发布处理。

5.4.2　审核稿件

审核稿件是对栏目编辑报送的稿件(包含栏目编辑自己发的稿件)进行审核操作，状态为“待签发审核”，如图 5.38 所示。该页面与查看稿件页面的操作基本相同，只缺少了“撤销稿件”功能。如果新闻稿经签发编辑审核后确认无误则可以单击“发布”，发布后就成为网站上一条正式的新闻了。

审核稿件

ID	选择	文章名称	栏目	状态	更新日期	编辑	单项操作
1	□	[原创][加粗]中国熊猫飞抵比利时首相接机 上万民众夹道欢迎	国际新闻->	待签发审核	2014-2-25	reporter	删除
ID	选择	文章名称	栏目	状态	更新日期	编辑	单项操作

删除 | 移动 | 发布 | 退回稿件

页次：1/1,每页18篇, 当前 稿件1篇(生成操作：)[<<- <- 1 -> ->>]

图 5.38　稿件审核

一篇合格的新闻稿需要经过记者、栏目编辑、签发编辑根据新闻的内容、消息的准确性、新闻的价值等多方面综合考虑、修改后才能产生。网站上的即便是短短的新闻消息一句话也凝聚了采编人员辛勤的劳动和汗水。图 5.39 显示了稿件编辑与发布的流程。

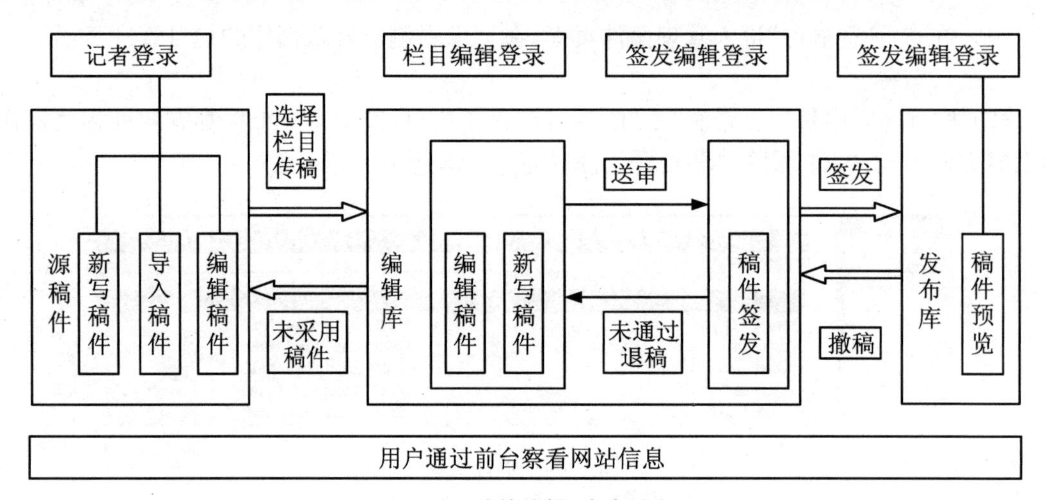

图 5.39　稿件编辑、发布流程

网络编辑国家认证

1. 职业名称

网络编辑员。

2. 职业定义

利用相关专业知识及计算机和网络等现代信息技术，从事互联网内容建设的人员。

3. 职业等级

本职业共设四个等级，分别为网络编辑员(国家职业资格四级)、助理网络编辑师(国家职业资格三级)、网络编辑师(国家职业资格二级)、高级网络编辑师(国家职业资格一级)。

5. 职业能力特征

具有一定的文字表达、沟通能力，手指、手臂灵活，动作协调，色觉、形体感、空间感较强。

6. 基本文化程度

高中毕业(含同等学力)。

7. 培训期限

全日制职业学校教育,根据其培养目标和教学计划确定。晋级培训期限:网络编辑员不少于200学时;助理网络编辑师不少于230学时;网络编辑师不少于200学时;高级网络编辑师不少于180学时。

8. 申报条件

网络编辑员(具备以下条件之一者):

(1) 经本职业网络编辑员正规培训达规定标准学时数,并取得毕(结)业证书者;

(2) 在本职业连续见习工作1年以上者;

(3) 取得经劳动保障行政部门审核认定的、以中级技能为培养目标的中等以上职业学校本专业或相关专业毕业证书者。

助理网络编辑师(具备以下条件之一者):

(1) 取得本职业网络编辑员职业资格证书后,连续从事本职业工作1年以上,经本职业助理网络编辑师正规培训达规定标准学时数,并取得毕(结)业证书者;

(2) 取得本职业网络编辑员职业资格证书后,连续从事本职业工作2年以上者;

(3) 连续从事本职业工作3年以上者;

(4) 取得高级技工学校或经劳动保障行政部门审核认定的、以高级技能为培养目标的高等以上职业学校本专业或相关专业毕业证书者;

(5) 取得本专业或相关专业大专以上(含大专)毕业证书者。

网络编辑师(具备以下条件之一者):

(1) 取得本职业助理网络编辑师职业资格证书后,连续从事本职业工作1年以上,经本职业网络编辑师正规培训达规定标准学时数,并取得结业证书;

(2) 取得本职业助理网络编辑师职业资格证书后,连续从事本职业工作2年以上。

高级网络编辑师(具备以下条件之一者):

(1) 取得本职业网络编辑师职业资格证书后,连续从事本职业工作1年以上,经本职业高级网络编辑师正规培训达到规定标准学时数,并取得结业证书。

(2) 取得本职业网络编辑师职业资格证书后,连续从事本职业工作2年以上。

9. 鉴定方式

本职业鉴定分为理论知识考试和技能操作考核两部分。理论知识考试采用闭卷笔试或上机考试的方式;技能操作考核采用上机操作、方案设计、答辩等方式,由3~5名考评员组成考评小组,根据考生实际操作结果和综合表现,参照统一标准评定得分。两项鉴定均采用百分制,成绩皆达60分及以上者为合格。

任务1 编辑、发布新闻

工作任务

以记者身份编辑如下内容的稿件并送审;由栏目编辑对稿件进行审核、送审;最后由签发编辑审核、发布新闻。

操作稿件

发改委:26 日 24 时起汽柴油价每升涨 0.15 和 0.17 元

2014 年 02 月 26 日 16:59　发改委网站

今日,国家发展改革委发出通知,决定将汽、柴油价格每吨分别提高 205 元和 200 元,测算到零售价格 90 号汽油和 0 号柴油(全国平均)每升分别提高 0.15 元和 0.17 元,调价执行时间为 2 月 26 日 24 时。

此次成品油价格调整幅度,是按照现行成品油价格形成机制,根据 2 月 26 日前 10 个工作日国际市场原油(102.19, 0.14,0.14%)平均价格变化情况计算,并累加上个调价周期应涨未涨金额确定的。2 月中旬以来,受北美地区极寒天气以及部分产油国减少原油供应等因素影响,国际市场油价震荡上行,前 10 个工作日平均价格上涨明显。

通知要求,中石油、中石化、中海油三大公司要组织好成品油生产和调运,确保春耕期间成品油市场稳定供应,严格执行国家价格政策。各级价格主管部门要加大市场监督检查力度,严厉查处不执行国家价格政策的行为,维护正常市场秩序。

实例解析

网站新闻的发布一般都依靠网络信息发布平台,网络新闻的发布从编辑到审核再到发布需要逐层操作、审批。

操作步骤

(1) 以记者身份首先编辑新闻初稿,检查文稿后送审;

(2) 由栏目编辑对送审稿件进行审查、编辑后送审,如果有问题退稿重新编辑、送审;

(3) 由签发编辑对送审稿件进行最后审查、编辑后发布新闻。

稿件编写如图 5.40 所示。

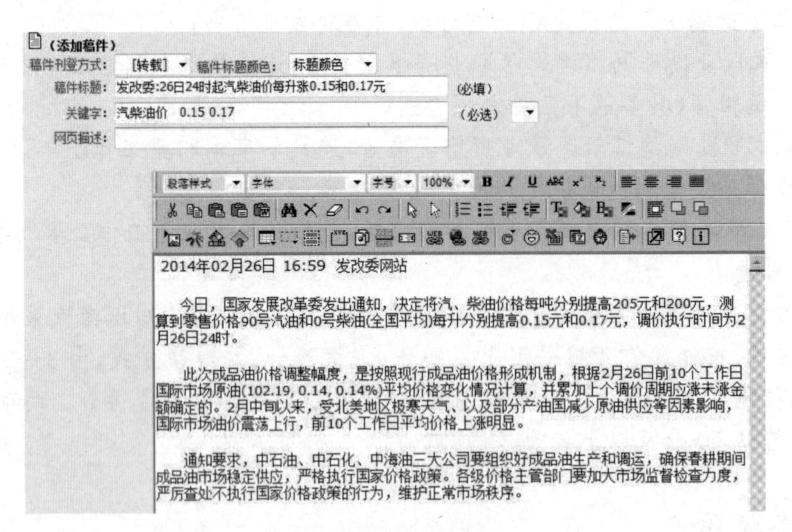

图 5.40　稿件编写

任务 2　网络信息发布系统管理

工作任务

以管理员身份登录管理后台,在发布系统内依次设置 4 个栏目:焦点、最新消息、图文报道、分析评论。如图 5.41 所示。

图 5.41　栏目设置

将任务 1 编辑的文章发布到“最新消息”栏目中。如图 5.42 所示。

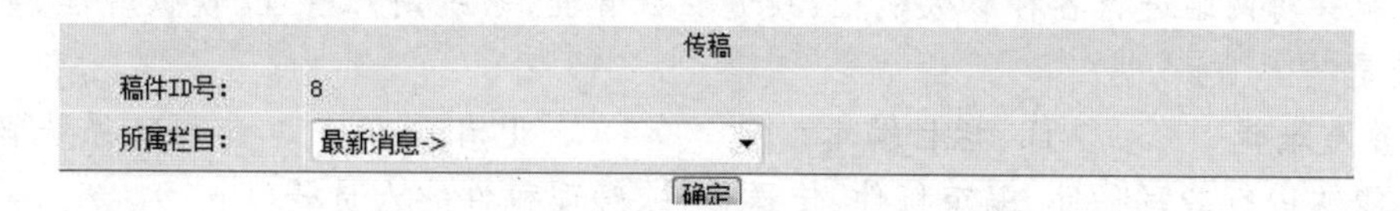

图 5.42　稿件发布

实例解析

网络信息发布系统管理是网站功能的核心，网站的风格、网站的栏目设置、网站的信息发布都是以网络信息发布系统的设置为基础的。

操作步骤

(1) 以管理员身份进入网络信息发布系统；

(2) 在网站栏目编辑中新建焦点、最新消息、图文报道、分析评论 4 个栏目；

(3) 在新闻发布窗口将任务 1 编辑的文章发布在“最新消息”栏目中；

(4) 在网站主页中找到新建的栏目并查看发布的新闻。

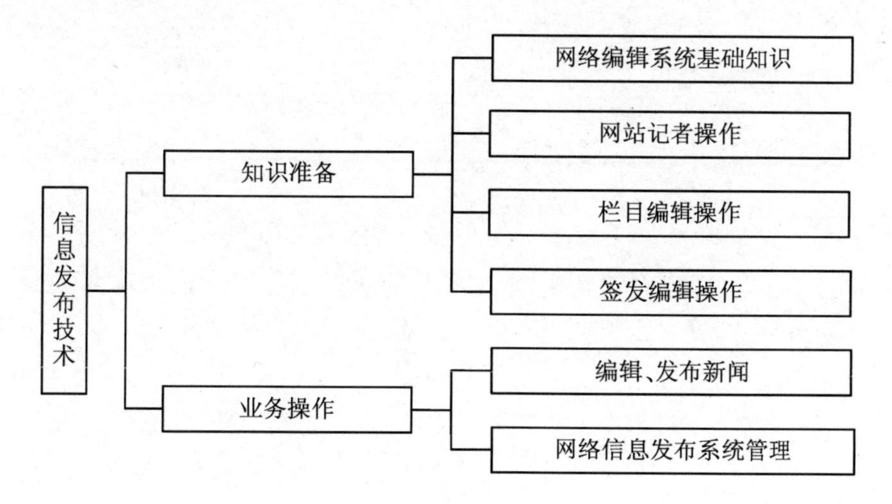

课后自测

1. 单选题

(1) 以下角色属于论坛管理者的是(　　)。

A. 会员　B. 系统管理员　C. 版主或网站某个专栏的主持人　D. 网管

(2) 关于投票式问卷调查的说法不正确的是(　　)。

A. 备选答案必须完备

B. 添加一个"其他"选项是必要的

C. 可以采用提交以后才能查看别人的调查结果的方式

D. 投票式调查问卷一般只有一道题目,调查范围太窄,不具有统计意义

(3) 能够对网站进行各种参数配置、频道栏目管理、系统用户管理、模板管理、数据处理等的人员是(　　)。

A. 签发编辑　B. 栏目编辑　C. 记者　D. 系统管理员

(4) 能够进行撰写稿件、编审稿件、传送稿件、管理稿件的人员是(　　)。

A. 签发编辑　B. 栏目编辑　C. 记者　D. 系统管理员

2. 多选题

(1) 系统管理员的权限包括(　　)。

A. 栏目内容　B. 图像管理　C. 插件管理　D. 系统数据

(2) 记者的权限包括(　　)。

A. 撰写稿件　B. 管理稿件　C. 传送稿件　D. 发布稿件

(3) 栏目编辑的权限包括(　　)。

A. 撰写稿件　B. 编审稿件　C. 传送稿件　D. 管理稿件

(4) 签发编辑的操作有(　　)。

A. 管理稿件　B. 审核稿件　C. 插件管理　D. 图像管理

(5) 在网站记者操作中,稿件的状态除了未传稿、待编辑审核外还有(　　)状态。

A. 待签发审核　B. 编辑退回　C. 签发退回　D. 已发布

项目6

网络内容编辑

理论知识目标

(1) 了解网络信息采集途径;
(2) 理解网络信息筛选标准;
(3) 掌握网络信息加工方法。

职业能力目标

(1) 具备网络信息采集能力;
(2) 能够对网络稿件进行归类;
(3) 具备基本的网络信息加工素养。

典型工作任务

任务1　网络信息采集
任务2　网络稿件的归类

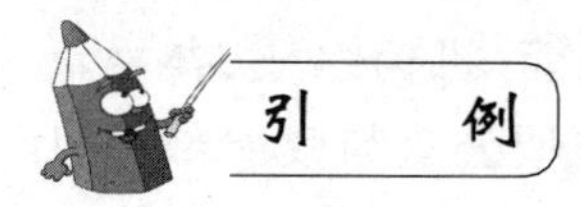

彭博误发旧闻引发的股票雪崩

2008年9月8日上午,美国Income证券咨询公司一名记者通过谷歌搜索到一则美联航破产的新闻,他于10点53分将这一消息发给彭博社订阅服务系统。6分钟后彭博社以"UAL股价上午10点58分暴跌33%"为题报道了这则消息。当该消息传到华尔街时,美联航母公司 UAL 股票在数分钟内遭到大规模抛售,交易量约 1500 万股,股价大跌 76%,跌至惨不忍睹的 3 美元。当 Income 证券咨询公司发现这则“新闻”是一则 6 年前的消息后,立即电话通知了彭博社,后者在 11 点 08 分将这篇文章从网站上删除。约 20 分钟后,UAL 股票在纳斯达克停止交易一小时,当天收盘 UAL 股价报 10.92 美元,下跌 1.35 美元。

美联航曾在 6 年前宣布过一次破产,并且在 2002 年到 2006 年期间申请过破产保护。美国的《太阳哨兵报》当时对此进行过报道,但在该报网站档案中没有注明这篇报道的日期。谷歌 9 月 6 日从《太阳哨兵报》网站提取这篇报道后,标注的是发现它的日期,这让那位记者误以为这是一篇新发表的文章,因此造成了这一连串的误会。

从整个过程我们不难判断传阅这则新闻的人因为追求时效性,并没有仔细审读内容,也没有对信息的来源做出基本的判断,因而给美联航空公司造成了极坏的影响。

思考与讨论:网络编辑在通过各种途径采集信息时,需要做哪些工作来保证网络信息的质量和价值?

6.1 网络信息采集

6.1.1 网络信息

6.1.1.1 网络内容的构成

网络通过 Web 页的形式展示信息,供受众浏览,通过 Web 页上的互动组织与受众互动。

网络稿件包含:

(1) 以文字为主的网络文稿,如新闻稿、文学作品、专业论文,及其他应用文稿;

(2) 以图片、图表、音频、视频等为主的网络稿件。

网站按照主体性质的不同可分为政府网站、商业网站、企业网站、个人网站等。

(1) 政府网站:政府办公信息化,形成“电子政务”是我国近几年政务工作的一个重大转变。政府上网易后,可以在网上向公众开放政府部门的名称、职能、机构组成、办事章程、各项文件和档案资料等,公众就可以通过网络获得相关信息,方便公众与政府部门打交道。同时,电子政务的展开,可以使公众在网上进行各种与政府有关的工作,如在线咨询、在线申报批文等。在政府内部,各个部门之间也可以通过网络相互联系,沟通、指导、汇报工作。

我国政府网站所提供的主要有职能、业务介绍,政府公告,法律法规,政府新闻,行业地区信息,办事指南等。

(2) 商业网站:就是在网上从事商业活动的网站,通过网络利用网站的各种职能转趋利润。包括综合性门户网站(门户网站:新浪、搜狐、网易、TOM 等;垂直网站:前程无忧等)及从事网上电子交易的网站(淘宝、当当等)等。

商业网站主要提供电子商务、新闻、网上社区、电子邮箱等服务。

(3) 企业网站:存在的目的是宣传企业、推销企业,为客户提供更为及时、到位的服务。

信息发布型企业网站:将网站作为一种信息载体,主要功能定位于企业信息发布,包括:公司新闻、产品信息、采购信息等,用户、销售商和供应商所关心的内容,多用于品牌推广以及沟通(如康佳集团公司网站:http://www.konjia.com)。

网上直销型企业网站:在发布企业基本信息的基础上,增加网上接受订单和支付的功能。企业基于网站直接面向用户提供产品销售或服务,改变传统的分销渠道,减少中间流通环节,从而降低总成本,增强竞争力(如 Dell 公司中文网站 http://www.dell.com.cn)。

综合性电子商务网站:不仅将企业信息发布到互联网上,通过网络销售公司的产品,更重要的是集成了包括供应链管理在内的整个企业集成一体化的信息处理系统(如海尔集团网站 http://www.haier.com)。

(4) 个人网站:个人在互联网上建立的自己的网站,网站内容完全由个人自主设计和发布。可以是个人信息,自己感兴趣的文学、音乐等方面的内容。相对于机构设置的网站而言,个人网站不需要受组织或利益团体的制约,拥有更大的自由和空间。

6.1.1.2　网络信息的分类

(1) 按信息形式划分,网络信息可分为文字、图像、声音、视频、动画、图表等;

(2) 按信息内容的属性划分,网络信息可分为新闻信息、学术信息、娱乐信息、教育信息、科技信息、商务信息、体育信息、财经信息、法律信息等;

(3) 按人类信息交流方式划分,网络信息可分为非正式出版信息、正式出版信息、半正式出版信息;

(4) 按信息加工层次划分,网络信息可分为网络资源指南搜索引擎、联机馆藏目录、网络数据库、电子期刊、电子图书、电子报纸、参考工具书和其他动态信息;

(5) 按信息发布机构划分,网络信息可分为企业站点信息资源、学校及科研院所站点信息资源、信息服务机构站点信息资源、行业机构站点信息资源以及政府站点信息资源等。

6.1.1.3　网络信息的特点

网络信息具有数量庞大、增长迅速;内容丰富、覆盖面广;信息质量参差不齐、有序与无序并存;信息共享程度高、使用成本低等特点。

6.1.2　网络信息采集途径

6.1.2.1　搜索引擎

搜索引擎是指根据一定的策略、运用特定的计算机程序搜集互联网上的信息,在对信息进行组织和处理后,为用户提供检索服务的系统。

搜索引擎包括:

(1) 全文搜索搜索引擎,如 Baidu(如图 6.1)、Google 等;

(2) 目录搜索引擎,如搜狐、新浪、网易分类目录等;

(3) 元搜索引擎,如 InfoSpace、Bbmao 等。

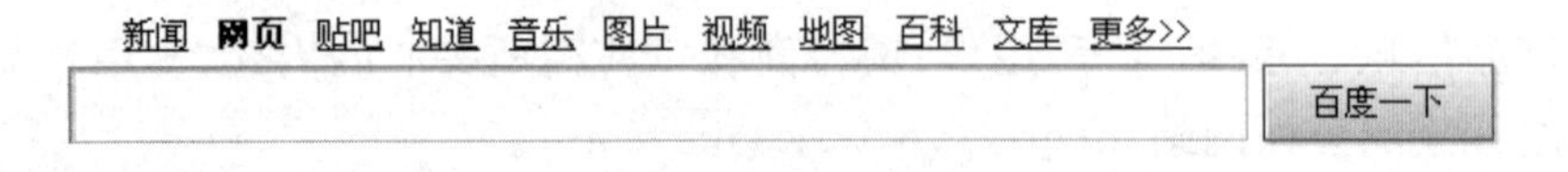

图 6.1　百度搜索引擎

6.1.2.2　网站

网站是指根据一定的策略、运用特定的计算机程序搜集互联网上的信息,在对信息进行组织和处理后,为用户提供检索服务的系统。

网站包括:

(1) 新闻信息网站,如新华网、中国新闻网、人民网等,新华网如图 6.2 所示;

(2) 财经信息网站,如国家商务部网站、财政部网站、人民银行网站等;

(3) 教育信息网站,如各个大学网站、中国教育和科研计算机网、教育部网站等;

(4) 科技信息网站,如国家科技部网站、各门户网站科技频道、中国公众科技网等;

(5) 网络文学网站,如榕树下、红袖添香、潇湘书院等。

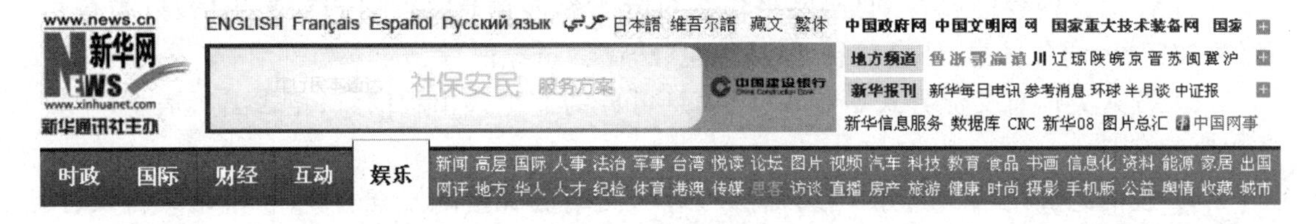

图 6.2　新华网首页

6.1.2.3　网络论坛

网络编辑要到各种论坛中找内容、发现信息源。论坛中的信息质量参差不齐,很多原创内容被埋没在了大量的垃圾内容中。论坛内容源能有效解决网站内容日益同质化的问题。

网上存在着形形色色的论坛,既有一些综合的论坛如天涯社区、猫扑、新浪论坛、搜狐论坛等,也有一些专业性的论坛如瑞丽女性论坛、人民网强国论坛、各个大学的论坛、和讯股吧、铁血军事论坛等。

6.1.2.4　邮件列表

邮件列表是指建立在互联网上的电子邮件地址的集合。利用这一邮件地址的集合,邮件列表的使用者可以方便地利用邮件列表软件将有关信息发送到所有订户的邮箱中。

国内提供邮件列表服务的网站如希网、索易等,此外,百度、谷歌等网站也提供分类或关键词邮件新闻订阅等服务。

6.1.2.5　网络数据库

网络数据库具有信息量大、更新快,品种齐全、内容丰富,数据标引深度高、检索功能完善等特点，也是获取信息尤其是文献信息的一个有效途径。

网络数据库有收费数据库和免费数据库之分。收费数据库一般是需要购买使用权；免费数据库主要是专利、标准、政府出版物，一般是政府、学会、非盈利性组织创建并维护的数据库。

6.2 网络信息筛选

6.2.1 网络信息筛选标准

6.2.1.1 网络信息价值判断的标准

网络信息价值判断的五个标准是：

(1) 网络信息的真实性。真实性是信息价值判断的一个核心标准，即信息内容必须反映客观事物的本来面貌；

(2) 网络信息的权威性。权威性是指传播者所传播的信息、谈论的问题是由享有盛誉的专家或机构来表明意见，其观点、看法有权威效应；

(3) 网络信息的时效性。时效性是指信息从大众媒介发出到受众接收、利用的时间间隔及其效率，它侧重表达传播时间与传播效果之间的关系；

(4) 网络信息的趣味性。趣味性是指信息内容本身轻松有趣，为人们所喜闻乐见，能够很快抓住人们的注意力，吸引阅读；能够引发人们的情感共鸣；

(5) 网络信息的实用性。是网站信息服务质量的一个重要体现，实用性具体可表现为介绍知识、提供资料、直接服务等。

注意：来源于BBS、博客、电子邮件等的信息鱼龙混杂，是需要特别加以注意核实的一类信息，在处理时要注意以下问题：

(1) 按照国家有关规定，对其内容严格审核，不能将国家规定中禁载的内容发布出去；

(2) 对信息内容的真实性要加以十分谨慎的审核；

(3) 如果需要采用，最好能与作者取得联系，征得对方的同意，并在必要时找到责任人。

6.2.1.2 社会评价标准

(1) 政治规范：要求稿件与我国媒体的宣传方针一致，坚持团结、稳定、鼓励、正面宣传为主的方针，对党的各项方针政策有较好的掌握，把握正确的舆论导向。

(2) 法律规范：网络编辑需要遵守网络信息发布的相关法律法规，如《著作权法》《著作权法实施条例》《互联网信息服务管理办法》《互联网电子公告服务管理规定》《互联网出版管理暂行规定》《互联网新闻信息服务管理规定》《信息网络传播权保护条例》等。

(3) 道德规范：这要求在选稿时遵守网络编辑的职业道德，严格求证，不发布虚假信息和不良信息，不断增强自身社会责任感，增强信息甄别能力。

此外，网络信息筛选时还要注意审查稿件是否具备发表水平，主要从内容和格式两方面进行审查，可以参照国家有关新闻出版的质量标准以及根据网站的有关质量标准进行审查。对于新闻类信息，还要根据新闻写作的基本原则和规律进行审查。

6.2.1.3 网站自身规范

除了遵循网络信息价值判断标准、社会评价标准之外，在筛选文稿时，网络编辑还需要遵守网站自身制定的规范。

6.2.2 网络信息归类

6.2.2.1 关键词的选取

对于网络文稿而言，关键词一般是表明文章主题的那些词语，它以名词为主，包括人物、事件、人物所属领域、事件所属领域或所影响的领域等。

(1) 关键词的作用

网络信息设置关键词的作用主要有：有助于网络稿件的归类；有助于网络稿件的检索；有助于超链接的运用。

(2) 关键词的设置

网络信息关键词的设置应注意以下几点：应寻找文中多次出现的词；注意文章的题名、摘要、层次标题和正文的重要段落；可根据人物的知名度及影响的重要程度来选择关键词；关键词的选取尽量与读者的关注点相吻合。

6.2.2.2 网络信息的归类

网络信息按照以下几个标准进行归类：

(1) 按稿件主题归类

主题有两种不同的含义：一是指文稿的主要内容；一是指文稿的中心思想。文稿的主要内容与中心思想既有联系又有区别，中心思想是在主要内容基础之上提炼出来的，但又不等同于主要内容。这里的"按主题归类"实际上指的是按文稿的主要内容以及基于主要内容的中心思想进行归类。

要确定文稿的主要内容，可借助文中关键词的力量。"关键词"以名词为主，包括人物、事件、人物所属领域、事件所属领域或所影响的领域等等。

要确定关键词，首先应寻找文中多次出现的词。其次，注意文章的题名、摘要、层次标题和正文的重要段落，因为题名、摘要、层次标题和正文的重要段落本身就是经过作者提炼的、隐含着关键的信息。

确定关键词以后，还得明确文章的主题。有的文章主题比较隐晦，不易明确。

(2) 按地域归类

按作者地域对文学稿进行归类，或按新闻发生地对新闻稿进行归类是网络文稿归类的一种常用方法。比较通用的有国内、国际之分，国内某省某市之分，此外大多是省会或国内其他名城。文学稿件可分为陕西作家群、山西作家群、湖南作家群等频道或栏目。

各网站在按地域进行文稿的分类方面确实有些乱，个别网站做法甚至令人不可思议。鉴于网络媒体信息容量大的特性和传播效果的最大化目标，各网站不妨从以下三方面着想，设法解决因地域引起的文稿分类困惑。

① 依据文稿写作侧重点不同，放不同栏目。个别牵涉稿件改写问题。

② 同时放置于两个或多个栏目。在按地域归类文稿时还可考虑与按主题归类方法结合使用。

③ 加设相关频道、栏目，如跨国公司、华人新闻、海外拓展等。人民网"跨国公司"频道、新华网"华人新闻"栏目等的设置，能有效解决因地域原因引起的稿件归类问题。

（3）按稿源归类

从稿源看，网站内容可分为原创内容、协议转载内容和社区内容。原创是网站的生命所在。社区内容当然也有原创成分，但因其影响面有限而未成为人们研究的重点。原创文学、首发新闻等成为网站原创内容中的重要组成部分。有专门的原创文学网站，也有专门的原创文学频道或栏目。首发新闻则是国内新闻网站在大量转载新闻基础上的一个补充、一种创新、一方特色。据说，国内有的新闻网站如新华网、人民网首发新闻的比重已经相当大。

（4）按受众年龄等特征归类

按受众年龄等特征归类也是网络稿件归类的一种常用方法。它直接以目标受众的喜好、需求对栏目进行定位，不同栏目目标受众非常明确。如图6.3所示。

图6.3　按受众年龄特征归类示例

按受众年龄等特征归类时，仍然考虑了不同年龄段受众的不同关注内容、主题，在归类时适当结合文稿主题归类法进行。

（5）按时效性归类

“最新新闻”“滚动新闻”“即时新闻”“最新原创”“最近更新”等栏目都是从时效性角度对网络文稿进行归类。从时效性角度对网络文稿进行归类，充分利用读者对文稿时效性的关注，有效吸引读者注意、扩大传播效果。

按文稿的时效性归类，还须参考该文稿的价值和它对目标读者的重要性。如果价值不大，再强的时效性也不会增强读者的注意，久而久之读者会对该栏目视而不见，无法实现设置该栏目的初衷。

千龙新闻网新闻排行榜分最新新闻、48小时新闻、周新闻和月新闻排行榜四类，既按时效性归类，又按受众的关注度进行排名，是一种很好的尝试。如图6.4所示。

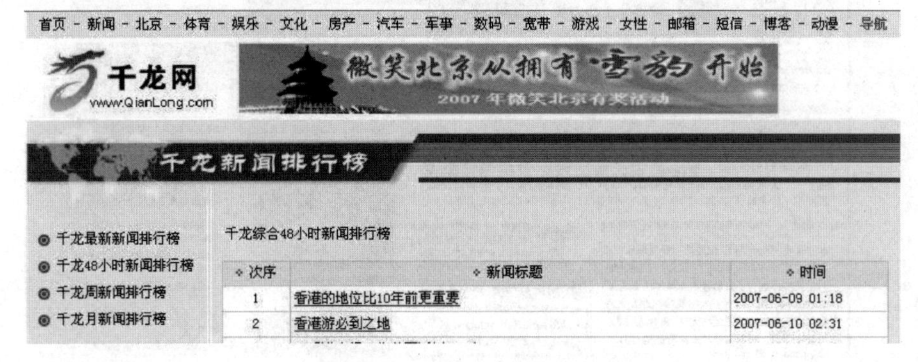

图6.4　按时效性归类示例

(6) 按稿件重要性归类

“要闻”“焦点”“专稿”“重点推荐”“精品阅读”等栏目是一些网站对重要新闻稿、文学稿进行推介而专设的。

判定稿件重要程度的依据在于信息的价值(时新性、重要性、显著性、接近性、趣味性)。频道的先后顺序和栏目的前后排列本身即已隐性地体现稿件的重要程度,单设相关频道或栏目无疑再次提醒受众关注它们以及置于其中的文稿。

(7) 按作者分类

按稿件作者的不同对稿件进行归类,满足受众对不同作者个性、不同风格作品的需求。好处在于归类简单易行,编辑省心省力;不足之处在于作者对自己的稿件处置权大,而作者本人喜好与受众喜好不一致,如何对作者写作进行引导成为推广作者、增加网页点击量、扩大网站知名度的首要问题。如图 6.5 所示。

精彩推荐

[A]Acosta 阿忆 艾未未 安妮宝贝 敖幼祥 安迪

[B]白脸 北村 柏杨 彼得·梅尔

[C] 蔡骏 蔡澜 残雪 崔文华 柴静 陈力丹 陈林 陈希我 春日迟迟 春树 陈明远

[D]邓正来 大仙 当年明月 丁天 丁子江

[F]方方 傅国涌

[G]高平 高远 高群书 葛红兵 葛剑雄 谷子 龚鹏程 狗子 桂杰 高文飞

[H]海岩 韩浩月 郝明义 洪晃 虹影 胡赳赳 侯宁 胡因梦 胡元骏 坏蓝眼睛 韩石山 画眉 韩雨亭 黄钟

[J]姜丰 蒋方舟 蒋悦 洁尘

图 6.5 按作者分类

如综合网站的博客栏、博客网专栏频道都是按作者归类稿件的典范。

(8) 按信息形式归类

从信息形式看,网站内容分文字、视频、互动三大块。目前看来,文字仍然是网站内容信息的主要形式。视频和图片是次要的或辅佐性的信息形式。文字抽象但信息量大,所占网络空间小;图像、视频形象,形式新颖,所占网络空间大。

可以把图片、图表、Flash、音视频等形式稿件放入相关的栏目,也可以把它们与文字搭配使用,按上述归类方法归入不同栏目。专设频道或栏目如新华图片、图表、音视频频道或栏目。

(9) 按文稿体裁归类

传统的新闻稿和文学稿都有不同体裁之分,已经影响到人们对网络文稿进行分类。如许多网站专设“评论”栏目,其中就依据新闻评论这一体裁形式;有的网站设“随笔”等栏目,这又是依据文学随笔这一体裁。专业的新闻网站和文学网站更多地考虑了按体裁对文稿进行归类。如图 6.6 所示。

图 6.6 新华网信息归类示例

6.3　网络信息加工

6.3.1　网络文稿审读

文稿审读是在稿件归类以后紧接着要做的另一项工作。文稿审读又称为"审稿"。审稿是网络文稿编辑中重要的一环,也是网络文稿修改的前提。审稿工作做得好,便为下一步文稿修改打下了坚实的基础。

6.3.1.1　网络文稿的特点

(1) 文稿以一种原生态的形式出现,篇幅短小,一般不讲究传统写作的形式,有意用生造词,这是由网络文稿作者心态不同于传统写作的心态(表达急切、渴望"瞬间"真实、虚拟世界不负文责)决定的。

(2) 作者群体扩大、素质相对低下,"把关人"缺失或把关力度不够,导致网络文稿质量不高。

(3) 过分关注文稿的时效性和上传速度,难以保证文稿质量。

6.3.1.2　认真审读是做好改稿工作的前提

(1) 网络编辑的审读主要在于从传统媒体和网络中发现适合网络传播的文稿,判定其作为网络传播文稿的价值(哪怕只是一些思想的火花),指明其从形式到内容的不足,为下一步改稿工作做准备。

(2) 在审读中,只读不想或不进行深入思考,是网络编辑不能深入问题本质,所编文稿毫无特色、人云亦云的根本原因,因此,加强自身学识和理论修养是网络编辑做好审读工作的必然要求。

6.3.2　网络文稿加工修改

6.3.2.1　网络稿件存在的主要问题

一般网络稿件存在的主要问题有:

(1) 政治性错误;

(2) 事实性错误;

(3) 知识性错误;

(4) 辞章性错误;

(5) 行为格式不规范;

(6) 语言表述不准确;

(7) 新闻报道有偏见。

6.3.2.2　网络稿件的修改方法

(1) 稿件的校正

稿件的校正就是改正稿件中不正确的写法,包括稿件中的事实、思想、语法、修辞、逻辑等各个方面。校正的具体操作方式:

① 替代:以正确内容和叙述代替原稿中不正确的内容和叙述。

② 删节：直接删除稿件中有差错的部分。

③ 加按语：对稿件中的错误不直接改动，而以加按语的方式指出差错。

(2) 稿件的压缩

稿件的压缩就是通过对稿件的删意、删句和删字，使原稿在内容上更加重点突出，在章节上更加紧凑，在表达上更加凝练。压缩稿件时要掌握以下原则：

① 消除赘述，但不损害原稿主干，保留其精华；

② 与新闻价值相适应，稿件长短与价值大小相统一；

③ 顾及版面刊播的可能，新闻稿数量与版面相吻合，不多不少。

(3) 稿件的增补

稿件增补的信息内容主要有以下方面：

① 扩充新闻价值大的部分；

② 增添回叙内容；

③ 嵌入相关新闻和背景资料；

④ 增添必要的字句。

(4) 稿件的改写

稿件改写的方法主要有：

① 综合改写；

② 分篇改写；

③ 改写体裁；

④ 改写结构；

⑤ 改写辞章。

6.3.3 网络文稿的校对

6.3.3.1 校对的观念

"校对"是个并列词组，包含"校"(校是非)和"对"(校异同)的双重含义。"校是非"指校出原稿被编辑忽略的差错和版式设计中存在的问题；"校异同"指校出有违原稿之处。传统编辑观认为，"校对是出版物付印前编辑保证出版物文字和内容质量的最后一道工作程序"。网络文稿在其被发布之前，同样要保证文字与内容质量，校对仍是网络编辑工作中重要的一环。

目前的网络编辑工作同传统编辑工作相比，在校对方面有四个突出特点：

(1) 编校合一，校对工作完全依赖编辑个人

至多做出"两个编辑负责一个频道的，要互相将另一人的稿件复审一遍；三人组成的，则分工复审"等规定，而这样的规定遇到时效性要求，将无异于一纸空文。

(2) 只有校样，没有原稿

校对以校是非为主，最后定稿与否完全由编辑瞬间决定，没有理性思考的时间。

(3) 网络文稿错误更多，文稿编辑更易出错

网络文稿可说是录排差错与写作差错合二而一。电子文本的下载、复制离不开格式转换，转换中往往出现意想不到的格式问题、字体号问题。

(4) 编辑时效性要求高

如重大事件新闻稿的发布几乎要求与新闻同步。网络的互动性建立在时效性基础之

上，如何保持高质量与时效性之间的平衡，仍是网络编辑工作者需要思考的问题。

为有效控制差错率，把对社会的负面影响降到最低程度，从长远看，健全的编校制度和其他方面的质量保障体系建设是必不可少的。作为质量保障体系建设的一部分，知名网站不妨尽早设置专门的“改错”互动栏目，充分调动受众的积极性，最大限度地消除文稿中的硬伤。因为网络互动性、时效性强，这或许是网络文稿编辑中的一种事半功倍的纠错办法。可喜的是，新华网等网站在这方面已经走在了前面，纠错热线、纠错邮箱已在网站首页醒目位置标出，由此可见这些网站纠错的决心之大。

在一整套编校质量保障体系建立之前，网站能做的工作无非是设法增强编辑个人的校对意识。

新浪网审稿制度：

(1) 每个编辑所发稿件，自己要认真审查一遍。

(2) 两个编辑负责一个频道的，要互相将另一人的稿件复审一遍。三人组成的，则分工复审。部门监制要对内容负责，监督主编、编辑的信息发布。

(3) 编辑没有把握的稿件，经监制、主编审后再发。

(4) 监制、主编抽查已发稿件。

(5) 对于把握不好的信息，要向网审请示，杜绝自以为是，想当然的做法。

6.3.3.2 校对的方法

传统编辑工作中校对的方法有点校法、折校法、读校法、通读法和电脑校对五种。

点校法也称对校法：指校对者先默读原稿若干字，用左手指点原稿，再默读校样，右手执笔随目光所示，发现有错立即改正。

折校法也称叠校法：指校对者将原稿置双手拇指、食指与中指中从上至下折叠，直至原稿上每一行文字与校样上的文字紧密靠近，目光在校样与原稿间上下移动，逐字逐句进行比较发现错误。

读校法：需两人配合才可进行，指一人读校样，一人看原稿；或者一人读原稿，一人看校样，比较原稿与校样的不同。

通读法：一般指对原稿内容较熟悉者可脱离原稿直接通读校样，这样可快速发现文意不通畅、可能存在问题之处，乃至其他错误。在传统编辑工作中，通读法是其他校对方法的补充，不能单独使用。

电脑校对：是利用校对软件对电子文本进行扫描，发现其不合语言常规(如现代汉语、英语)的地方，引导编辑加以改正。电脑校对已无原稿，主要校是非。在电脑校对中，可进行二次开发(如增加专业词汇、自定义错误库等)，扩大校对范围和提高准确率。

网络编校没有原稿、校稿之分，时效性要求很高。网络编校有通读法和电脑校对法两种。

(1) 在传统编辑工作中，通读法只是一种辅助性的校对方法，其优势在于校是非。而是非往往因校对者个人偏见而难以判断准确，面对同一文稿，同一人校对再多的次数都不管用。唯一的办法就是增加同一文稿校对者的人数。综合考虑质量与时效，要获得传统编校的效果，两人以上三个校次(编辑编完该文稿之后一次校对—同频道或栏目另一编辑交错校对一次—该文稿编辑二次校对)应是比较合理的选择。

(2) 因网络文稿文本都已电子化，电脑校对是一种理所当然的选择。但电脑校对软件再先进也不是万能的，对之不能寄予过高期望；它只是校对者手中掌握的一种工具，辅佐校对者，而不是取代校对者。

借鉴传统编校工作中特殊情况增加校次的方法，网络文稿中的重要稿件、加急稿件（如时政专题）不妨采取电子文本与纸质文本同时校对的办法。

6.3.4 网络内容的整合

6.3.4.1 整合的概念与范畴

网络内容整合是网络编辑通过对各类信息资源进行重新组合，以提高传播效率，实现信息增值的一种较高层次的编辑手段。

(1) 整合是一种编辑手段，且是一种较高层次的网络媒体编辑手段

如果说网络文稿编辑中的改正、增补、删减、改写等编辑手段更多地继承了传统纸媒编辑手段的话，整合则更多地带有传统作者写作（加工信息）的部分特征，只是所凭借的并非纯文字形式而是多媒体手段。

(2) 整合的对象是各类信息资源

其中既有传统媒体的也有网络媒体的，既有即时的也有相对陈旧的，既有内容的也有形式的。

(3) 整合的方式是对信息进行重新组合

或打乱信息的结构，重新排列信息，或改变信息的外在表现形式，或添加新信息，或利用网络多媒体优势将某些传统媒体信息加以改变使之更适合网络传播，或利用网络海量信息和便于搜索的优势深挖该信息的价值。

(4) 整合的目的在于提高传播效率，实现信息增值

作为网络媒体编辑手段的整合与“整合行销传播”“整合教育资源”“整合传媒”中的“整合”意义有相通的一面，但作为专业术语有其独特的涵义，它是从网络信息传播的角度思考问题的。

整合不同于原创，但毫无疑问带有原创的性质。整合出新即原创，这是目前阶段我国商业网站成功的经验所在，也是各新闻网站努力的目标。

6.3.4.2 整合的类型

按类别分，整合包括内容整合与形式整合两种（这里的“内容整合”是指相对于具体稿件而言的狭义的内容整合，与文题相对于网络硬件平台而言的“内容整合”内涵有区别）。

按规模分，内容整合包括单稿件整合、多稿件整合、专题整合三种。

按表现形式分，形式整合包括多媒体整合、超链接（相关背景、相关文章）两种。

整合往往是内容整合与形式整合同时进行，各种表现形式的综合运用。

(1) 稿件整合

稿件整合是作者写作常用的一种方法，作者往往把来自不同渠道的不同信息整合在一篇稿件中。稿件整合也是网络编辑最大限度地利用网络媒体信息量大的特点，围绕某主题将多个媒体（既有传统的又有现代的）发布的相关信息汇合而成新信息的一种编辑手段。在网络内容编辑中，稿件整合能够弥补目前国内商业网站无新闻采访权的不足。

稿件整合分单稿件整合和多稿件整合两种。

① 单稿件整合

另设导语，引导读者阅读，便于信息被搜索，改变信息内涵；

主题的深化；

观点的明确化；

调整结构；

增强论据分量，加大论证力度；

使语句简洁明快、紧凑活泼；

增加互动组件；

链接相关背景、相关文章；

统筹配置、设计编排文字、图片、动画、音频与视频等多媒体信息等内容。

单稿件整合又有单渠道信息与多渠道信息之分。

单渠道信息整合指整合者纯粹利用原信息提供者的稿件和自身知识储备加工改造原稿。如中华读书网(booktide. com)上有一篇《郁达夫评〈查泰莱夫人的情人〉》的书评，转载自国际在线网(gb. cri. cn)。国际在线网上此文配了该书封面图一幅，文稿标题为"郁达夫评劳伦斯的小说"，除正文外还有一段导语，结果这段导语在转载过程中变成了中华读书网的第一段正文。尽管两稿的内容相似，阅读效果肯定不一样。在转载中，稿件的这种改变不能简单地判断为谁好谁坏，但从中不难看出编辑的整合痕迹和编辑思路。

分篇是单渠道信息整合的一种特殊类型，人们阅读网络页面属于快速浏览的"浅阅读"，要求网络文稿主题单一、头绪简单、篇幅短小，反之则需要分篇。

分篇是在稿件整合中文稿显露两个或多个主题，且各自相对独立的情况下采取的一种信息拆分的编辑手段。分篇不是简单的删减，有时甚至还增补相关文字，提醒受众注意分篇文稿与综合信息的关系。当然，分篇稿件相对独立，可作为单一信息被受众所接受。

分篇的运用十分普遍。例如：各网站开设的专题中，从不同视角对同一新闻事件的报道与综合报道并存，许多报道其实就是综合报道的分篇。

多渠道信息整合指整合者利用原信息提供者的稿件、自身知识储备以及其他信息渠道提供的不同信息加工改造原稿。这类整合不露痕迹，非明眼人难以看出。随着网络的发展，多渠道信息整合在网站编辑工作中会比较普遍。例如：作者创作，整合中包含更多的创造性，但编辑要注意整合的适度，避免引起版权纠纷。

单渠道信息整合与多渠道信息整合都属于单稿件整合范畴。二者相同点在于都是基于原信息提供者的稿件(原稿)进行，不同点在于信息渠道有单一渠道和多渠道之分。单稿件整合的力度相对后面即将谈到的多稿件整合和专题整合要小。

② 多稿件整合

多稿件整合基于多渠道信息整合，要求编辑在短时间内把代表各方观点、立场，有着不同表现形式的不同稿件收集齐全，在此基础上加以综合、分析，形成一篇具有自己独特视角、独特观点、独特内容和形式的新稿件。多稿件整合包括：

在多渠道信息基础上(尤其基于不同媒体不同作者稿件)博采众长，形成全新的文稿；增加互动组件；

链接相关背景、相关文章；统筹配置、设计编排文字、图片、动画、音频与视频等多媒体信息等内容。

多稿件整合较单稿件整合复杂，要求整合者占有并统筹把握多渠道信息，在此基础上结合自己的知识积累和思考，最终形成新稿件。

不论是单稿件整合还是多稿件整合，稿件内容、主题的变化必然引起标题的变化。稿件整合离不开标题的改写。至于如何设计标题，后文将有专章谈及。

(2) 专题整合

专题整合也是基于多渠道信息进行整合,结果是形成稿件群。跟多稿件整合比,其信息渠道更广,整合而成的专题也更受受众关注,影响的受众也更多。

专题整合更加重视多媒体表现形式和技术手段的运用,直接展示和链接展示的信息量更是庞大无比。

专题整合更加注重与受众的互动,互动组件形式丰富多彩。

值得注意的是,多稿件整合与单稿件整合一样,最终形成的稿件均为一篇。这与专题整合最终形成多篇稿件的结果不一样。专题整合中部分稿件直接取自其他媒体,部分稿件属于单稿件整合,部分稿件属于多稿件整合。在整合的力度上,专题整合的力度最大。

如2001年4月1日美机撞毁我军战斗机事件发生后,新浪网迅速作出反应,开设了相关专题,并为此特别开辟了新闻留言板和"撞机"论坛,聚集了大量的人气。截至4月13日15时,网民在新浪网上就"撞机"事件发表的评论帖子数量已经超过20万。同时,新浪网就"撞机"事件开辟的舆论调查也吸引了85万人次参加。专家指出,这已经创造了中文论坛就某一独立事件而发表帖子数量的最高纪录。此外,新浪网网友的网络评论被路透社、美联社、CNN、《华尔街日报》等西方主流媒体大量转载或报道,中国网民愤怒的声音传遍了全世界。

(3) 多媒体整合

多媒体整合是充分利用网络媒体的多媒体开发优势,综合运用文字、绘画、图表、照片、音响、音乐、语音、视频、动画等表现形式,形成合力,多侧面、多角度表现网络稿件主题的一种整合方式。属于形式整合的范畴。

多媒体整合与前三者(单稿件整合、多稿件整合、专题整合)不是并列关系而是交叉关系,也就是说,前三者都可能存在多媒体整合的情况。

多媒体整合是网络相对于传统媒体最大的优势所在。印刷媒体的理性、电子媒体的感官渲染、网络媒体的海量信息储存能力和超强时效性三者的结合,使网络媒体脱颖而出,成为新时代最具生命力的媒体之一。

(4) 超链接

超链接是一种网络技术手段,是通过链接相关内容稿件丰富稿件内容、满足受众全方位把握信息的一种整合方式,也属于形式整合范畴。

超链接的前提是通过关键词搜索在网上找到相关稿件,并依相关度大小对其进行排列。须注意的是,超链接的目的在于对"关键词"或新闻背景、有关知识、相关新闻等加以补充,以延伸报道或丰富报道内容;在网上通过搜索引擎得到的结果往往较多,而链接量有限,因此还需网络编辑对此结果有所选择,选择其中具有代表性观点和内容的文章依次排列,以突出所编稿件的主题。

6.3.4.3 整合的意义与原则

(1) 整合的意义

① 满足受众渴望原创内容的需求

网络原创的内涵包括:因具有新闻采写权而提供独家新闻;因载体性质、作者心态不同而提供文学或博客类原创作品;因时效性而及时提供论坛相关信息;因整合而提供"信息之上的信息";提供新的信息形态等。

新闻采写权牵涉政府对网络新闻发布的管理,并非每家网站都能拥有此权力,因此"独家新闻"不可强求。

至于文学或博客类原创作品，其原创性跟作者个人相关，与编辑的内容整合无关。

整合论坛相关信息，精心处理以获得“关于信息的信息”而不是简单传递各类媒体信息，提供新的信息形态，这三者也都跟网络编辑的内容整合有关。

② 使网络信息增值

对网络“微内容”进行深入挖掘和对网络信息进行深层次解读都会使网络信息增值。

对网络编辑而言，提供信息并不是最重要的，对信息做出有效地处理，提高信息的服务质量才是竞争最有力的武器。这样，对信息进行深层次解读成为信息增值的另一前提条件。

只有对信息进行深层次解读，信息才能成为受众喜闻乐见的信息，对传播者而言也才能实现该信息的增值。

③ 网络新价值的实现

网络只是一个信息平台。平台价值的实现还有赖于不同于传统媒体内容的原创内容的出现。多媒体是网络媒介的核心因素，多媒体整合是网络媒体区别于传统媒体、实现内容创新的一种有力手段。

(2) 整合的原则

① 不能篡改事实，引用他人观点不能断章取义

整合中应注意核实事实。不仅要核实新添加内容中的事实，也要核实原稿中被整合内容的事实，避免以讹传讹。

避免照片、图片、表格等的误用。照片、图片、表格等在正文中起着辅助说明、增强形象感的作用，适当和适量能给纯文字稿件增色不少，但如果不注意它们与正文中说明对象的一一对应关系，或者因过分强调时效性而不去核实其正误，则有可能走向事物的反面，出现编辑质量问题，闹笑话或者引起法律纠纷。

不能篡改事实。某些编辑缺乏责任意识，为制造热点不惜牺牲事实真相，这种做法一时可能得逞，但长此以往将损害网站和整个网络传播的权威性。

在整合中肯定会涉及大量引用，如名人名言、事实材料、典籍诗词等，其中既有明引也有暗引，不管属于何种引用，都不能断章取义。

② 避免重形式轻内容

对稿件进行结构调整最终目的在于把传统媒体稿件整合成展示编辑意图、适于网络表达的网络媒体稿件。某些编辑违背编辑规律、写作规范，盲目出新，结果把稿件结构变得不伦不类，无助于编辑意图的表达，丧失了应有的表现力。

超链接是网络技术的优势所在，对受众全面了解事件、把握信息起着举足轻重的作用。一些无意义的链接应尽力避免，如纯粹为增加点击量的本网链接、似是而非的链接、未经编辑筛选排序而仅由搜索引擎自动生成的文章的随意组合等。

多媒体是手段而不是目的，如果多媒体无助于内容的表达就应该大胆舍弃。许多网站盲目使用多媒体，炫耀技术，把每个网页都变成了技巧展示的场地，结果，多数视频、音频无人问津，造成网站资源的极大浪费。

多媒体手段应该与信息内容相辅相成。网络新闻编辑在使用多媒体手段时，要平衡技术与内容的关系，使技术与内容交相辉映。

6.3.4.4　整合的方式与方法

(1) 不改变原稿的外在形式，仅增加互动组件、相关链接和背景资料

网络编辑往往将其他媒体(报刊或网络)上的稿件整合后提供给网络受众，在原稿基础

上加上相关链接、背景资料或可以互动的组件，能够突出稿件主题，通过相互参证解疑释惑，开阔受众视野，并使网络受众随时加入到关于报道的网络对话中来。这既是一种充分发挥网络优势、较传统且轻松省力的整合方法，也是一种典型的整合出新的形式，在网络编辑工作中被大量使用。

整合创新建立在如下两方面基础之上，这也是编辑在运用这一整合方式所应该注意的。

① 这一整合方式充分利用了网络信息量大和超链接的优势，但如何真正发挥这些网络优势仍是编辑应该思考的问题。

从长远看，整合稿件的质量才是编辑首要考虑的问题；编辑应该选择那些最能辅助表现正文主题的稿件作为背景资料或相关链接稿件，应具有观点的代表性和资料的权威性（尽量用一手资料）。哪些观点具有代表性，哪些资料具有权威性，任凭编辑衡量，不是搜索技术所能解决的。

② 互动组件确实能吸引受众参与，有的网站甚至程式化地设置了一些互动组件。

为充分调动受众参与互动的积极性，须考虑：稿件内容的大众化；稿件观点值得作进一步探讨且稿件可能引起针锋相对的观点（如社会新闻、大众话题）；有立竿见影的反馈信息。

对于网站而言，程式化的互动组件当然要有，但要尽量弱化（如位置固定、简洁等），不要因此影响正文主题的表达；对于那些有互动才能使稿件增色的情况，不妨抓住机会、“大动干戈”，把互动组件的配置当成一件大事来做（如设置正反方，摆出相关观点）。此外注意，网页互动组件的设置目的在于吸引受众参与而不在引导舆论，在于发现问题而不在表达观点；引导舆论可通过其他稿件实现。

（2）在原稿基础上适度改变原稿形式

如何通过改变或增加信息形态的方式使稿件形式更活泼，更有利于稿件主题表达。这是网络稿件整合常常需要考虑的问题。

不管是对传统媒体稿件还是网络媒体稿件，都可能牵涉换图片、增加或修改表格，配发 Flash 动画或其他多媒体信息形态的问题。网站在制作、调用、保存这些多媒体材料方面有强大的优势。在这个过程中编辑必须注意围绕稿件主题来配置多媒体信息形态。要做到这一点：

① 必须了解各表现形式的优劣势，任何表现形式都可能既有表现优势也有表现劣势。

动画形式活泼，适合表现非正统、消解权威、幽默滑稽的场面和人物；

图表形式直观形象，适合表现抽象的内容；

音频视频形式强调对听觉视觉的冲击，突出震撼效果与动感。

严肃的主题（如时政新闻、学术对话等）、庄重场合（如国家领导人接见外宾、追悼会现场等）尽量少用动画等形式去表现；阐明事理、情感抒发的稿件宜用文字，少用图片或音频视频。

② 还必须注意多媒体信息形态的恰当组合。

如色彩是否统一、协调，是否避免了同时使用太多的颜色，界面对象的动静处理是否得当，布局是否合理、简洁、协调、美观，画面是否均衡，等等。

（3）受网络互动信息触发，利用网络互动信息组织稿件

网络互动信息是网络独有的资源。在互动中，网站编辑会发现一些网友特别感兴趣的话题，网友们利用网络空间再进行比较深入的探讨。这时，如果编辑觉得有必要进一步挖掘其社会意义，有必要进一步扩大其社会影响，那不妨把它们纳入自己的视野，对网友所提供信息进行整理、加工，外加适度的采写，行诸文字或其他稿件，然后推荐给受众。

这类稿件纯粹是网络互动的产物，从受众中来（对网友信息进行加工）又到受众中去（把

加工好的信息加以传播)，一定深受受众欢迎，也体现了网站的受众本位观念。

对这类稿件进行整合必须注意以下方面：

① 题材的确定。以不同网民提供的共同信息为基础，必须是受众感兴趣的话题；必须围绕网站的中心工作组织稿件，符合办站理念。

② 传播对象的数量与质量。对某话题感兴趣(表现为发帖子)的网友只是更多网友的代表，而更多网友的背后才是更大的社会群体，这一社会群体是编辑整合出来的稿件的目标受众。

③ 经常性地检测传播效果，变换选题思路。编辑应该继续关注网友对稿件及其信息的反馈，为下一次稿件整合(既可以是同一问题的进一步深入也可以是一个新的话题)作准备。

④ 专题中多种整合手段的综合运用

网络上围绕一个中心话题组织多篇稿件即形成专题。依规模(如稿件的多少)、网站重视的程度(稿件内容的价值)、组织的复杂程度又可分为小专题与大专题。小专题往往以文字或图片为主，其他信息形态为辅；大专题则往往以文字为主，其他信息形态为辅。

大专题为增强表现力、突出主题、吸引受众，往往较小专题更加注重多种信息形态的综合运用。

从专题的组织、表现可以看出一家网站的编辑思路、管理水平，因此，网站往往不惜人力物力，力求从单一稿件的内容到形式、从单一稿件单一信息形态到多篇稿件多种信息形态进行整合，获得符合受众需求的原创效果。

6.3.4.5　网页编排设计原则

(1) 逻辑性原则

网页是网站的基本单位，也是海量信息的载体，网页之间通过不同的链接方式联系在一起组成信息组，网页信息间的逻辑关系就成为组织这些网页的内在动因。

网站的首页即个网站的主页，是访问者必须阅读的页面。

网页间关系逻辑性强的网站，越远离主页的网页，其与重要信息的逻辑关系就越弱，直到转入其他信息。

(2) 平衡性原则

网站版面提供给访问者的主要是静态的视觉享受，平衡性原则是指在设计网站时，特别是在网站的版面设计中，要充分考虑版面元素的访问者视觉接受度。页面色块的分布、颜色的厚重、文字的大小、图片与文字的比重等都是页面平衡性的重要元素。搭配平衡的网页可以给人一种稳定的感觉，阅读时不会有不平衡或者倾倒的感觉。

(3) 对比性原则

对比就是要在网页设计中，通过文字、图片、装饰等符号的编排，打破网页的平面感、沉闷感，创造出具有动感旋律的网页。对比可以是色彩饱和度的变化、颜色不同的变化，可以是文字字号、字体的变化，还可以是留白与大块文字的变化，越是强烈的视觉对比，就越能给访问者留下深刻印象。

6.3.5　网络文稿标题制作

6.3.5.1　网络文稿标题的构成要素

(1) 主题

网络稿件标题的主题，用于揭示稿件内容中最重要的信息和概括稿件的中心思想。

(2) 附加元素

附加元素包括随文部分、主观标示、效果字符。

(3) 题图

题图包括照片、图表、漫画、动画等形式,其作用在于解释标题、引起网民注意、引导网民阅读。

(4) 准导语

准导语指位于主标题之后的一段文字,它一般用于比较长或者比较重要的稿件中,以一段较为具体的话对标题做出解释或提纲挈领地概括稿件的主要事实、做法、经验或问题等,作用类似于消息的导语。

(5) 小标题

当网络稿件所反映的事实比较复杂,由几个方面构成或稿件事实的发展可以划分为几个明显的阶段时,往往就需要使用小标题。

6.3.5.2 网络文稿标题的制作原则

(1) 题文一致:基本内容一致,标题的论断在新闻中要有充分的依据。

(2) 简洁凝练:体现在概括性强,言简意赅;字斟句酌,去掉多余词句;巧用简称等。

(3) 具体准确:准确性原则主要包括:对新闻事实的概括准确;对新闻事件发生的时间、地点等新闻要素描述准确;对新闻事件的评述要掌握分寸和度;用词准确。具体即在网络稿件涉及的多个事实信息中,只选取其中一个或几个重点事实信息,放在标题中加以强调。

(4) 突出亮点:必要凸现亮点的内容包括:最新的、最重要的、最显著的内容;广大网民所不知晓的内容;新异、反常的内容;与广大网民关系密切的内容;在社会上已经发生重大影响的内容;突出新闻事件中最有趣的内容等。

(5) 亲切贴近:主要是指文稿所包涵的信息与受众的心理和地理距离越接近,就越易受到人们的关注。

(6) 新颖生动:立意要新、角度要新、语言要新。

6.3.5.3 网络文稿标题的制作技巧

(1) 内容的提炼和润色。要做到长短控制,字数适中;单行实题,虚实兼顾;赋予标题文采。

(2) 形式的编排和美化。一般可以采用不同的字体、字号和标点符号;美术手段辅助变化;区分主页标题和网页内标题;当日最重要的标题应作特殊处理。

6.3.6 网络文稿关键词设置

6.3.6.1 关键词概念

关键词是在一篇文章中具有关键意义的词语,设置成功的关键词至少包含以下几层意思:关键词应是单词或术语;关键词要能准确反映主题概念;关键词用于标记和检索。

6.3.6.2 关键词作用

关键词的选择与设置是网络信息编辑工作的重要环节,其作用为:

(1) 便于网民快速做出是否阅读正文的判断;

(2) 便于网络稿件的归类;

(3) 便于信息的检索。

6.3.6.3 关键词设置原则

(1) 精确性和规范性原则:精确性是指所析出的关键词在语义表达上所具有的精炼性和准确性;规范性是指所析出的关键词是人们常用的专业性强的规范性词语。

（2）全面性和适度性原则：指关键词能够提炼主题概念和表达全文内容，同时关键词能够适度地标引深度和选取数量。

（3）逻辑性和层次性原则：指关键词的选取和设置能按照网络稿件的逻辑关系，使其在整体上具有逻辑性、层次性。

6.3.6.4　关键词设置方法

（1）把握网络稿件的主题

① 专业词汇和隐含主题；

② 专业词汇。

（2）提炼关键词

① 不要把选取范围仅限文章的标题，还可以从稿件的摘要和正文中选取；

② 当主题在题名、摘要、正文中不是很明显时，需要整体分析，提炼关键词。

（3）关键词的选用和逻辑排列

① 单主题网络稿件的关键词可少些，多主题的关键词应多些；

② 研究对象的组成部分多的稿件，标引的关键词要多些，反之则少些。

6.3.7　网络信息内容提要制作

6.3.7.1　内容提要

（1）内容提要的概念

内容提要是以简要的文句，突出最重要、最新鲜或最富有个性特点的事实，提示新闻要旨，吸引读者阅读全文的消息的开头部分。与标题相比，内容提要更详细，传达的要素更多，但与正文相比，它又要简短得多。

（2）内容提要的运用场合

内容提要一般在导读页紧接标题出现、在正文中出现或者在正文页的标题后出现。

（3）内容提要的作用

内容提要可以起到吸引读者点击、解释稿件的精华、调节阅读节奏的作用。

6.3.7.2　内容提要的撰写原则

（1）强调新闻中的主要内容；

（2）介绍某些方面内容的细节；

（3）补充缺少的要素；

（4）通常省略时间。

6.3.7.3　内容提要的写作思路

（1）全面概括

全面概括是内容提要写作中的最主要的方式。它的目标是用凝练的语言，将稿件中的主要信息或观点概括出来，使读者可以更迅速地把握稿件的主要内容。

（2）提炼精华

在某些情况下，稿件内容本身较为丰富，如果要全面概括很难突出稿件的重点。这时，也可以考虑在内容提要中只强调稿件中最具有价值、最有新意或最容易吸引人的某些内容。

6.3.7.4　内容提要的制作技巧

（1）内容提要简短精悍

如一事一报法、浓缩事实法、剖璞现玉法、典型材料法（如《谁是最可爱的人》）、取其一角法(如《西班牙百年奇旱》)等。

(2) 内容提要精深活泼

如写细节,写富有人情的细节、勾勒形象、描摹动态、写出氛围、幽默风趣、有起有伏、巧用背景等。

6.3.8 超链接的设置

6.3.8.1 超链接的运用方式

超链接运用的主要方式有:

(1) 利用超链接解释与扩展关键词;

(2) 利用超链接设置延伸性阅读,如相关报道、相关评论等;

(3) 利用超链接改写文章;

(4) 利用超链接改写文章,如将多篇文章整合成一篇新的文章,或者将长文章缩写成短文章。

6.3.8.2 运用超链接的注意事项

在运用超链接时,需要注意:

(1) 注意超链接的度和量;

(2) 尽量准确地标注信息源;

(3) 注意超链接的打开方式,如在当前窗口中打开,即用新页面代替当前页面,或者在新窗口中打开,也可以在当前窗口中加链接的关键词附近打开一个小窗口。

6.4 网络内容原创

6.4.1 网络信息原创概述

6.4.1.1 网络信息原创及其重要性

这里所说的网络原创性信息是指除转载传统媒体或其他网络媒体的信息之外,网络编辑根据网站的主体形象和用户的多样化需求,对信息源进行整合、提炼的再次加工。

(1) 原创性信息有助于打造网站的品牌影响力;

(2) 原创性信息有助于吸引和稳定用户;

(3) 原创性信息有助于网站从众多竞争对手中脱颖而出。

6.4.1.2 原创性信息的形式及特点

(1) 原创新闻

原创新闻的途径:网络记者自己采访写作的,独家的、第一手的新闻报道;通过整合新闻资源,重新编辑加工的新闻报道。

原创新闻的特点:超文本链接、时效性、多媒体、互动性。

(2) 原创文学

网络原创文学首先必须是在线写作;其次,必须是文学,要有文学的构成要素和审美功能,起码网络新闻和新闻综述不是文学;第三,网络原创文学还需要有网络写作的特征。

网络文学的特点:网络创作的自由性;作品内容的情感化、个性化;流动、多样的艺术形态;全息开放的结构模式;美学欣赏的互动性;作品信息的资源共享和传递的即时性。

(3) 博客

博客(Blog)是继 E-mail、BBS 和 IM(即时通信)之后的第四种网络交流方式,是网络时代的个人"读者文摘",是以超级链接为武器的网络日记,博客是信息时代的麦哲伦,代表着新的生活方式和新的工作方式,更代表着新的学习方式。

博客的特点:法律的约束与网络的宽松;博客的撰写者和阅读者之间可以完全不相交,独立存在;博客的人性特点;阅读博客的隐性、显性与未来人群;团队博客,群体 Blog 可以分为两种形式,一种是互相间都认识,能经常见面的,一种是大家都不认识,只是在网上一起交流信息共享心得的。

6.4.2　网络信息原创采用的采访方法

6.4.2.1　实地采访

(1) 正面提问;

(2) 侧面提问;

(3) 设问法;

(4) 追问法;

(5) 激问法。

6.4.2.2　电话采访

(1) 操作原则

① 采访前准备,拟出要提的问题;

② 采访中边听边记;

③ 核实。

(2) 需要注意的问题

① 在进行电话采访时,要讲究礼貌,及时说出自己的身份、姓名和单位;

② 确定采访对象是否方便接听,是否有时间通话,并说明采访的重要性和必要性;

③ 注意语言措辞要切合身份,不能太过随便,也不可太多生硬;

④ 适时结束通话,通话时间过长是浪费对方的时间。

6.4.2.3　电子邮件采访

(1) 有一个好的标题,在标题中清楚地点明采访主旨,吸引采访对象点击阅读。

(2) 提出问题之前,首先对自己和所在媒体单位进行简短的介绍,表达采访意愿,说明采访原因,使对方了解采访的重要性以及对他个人或者公司的影响,吸引对方接受你的采访,并做出回复。

(3) 问题要简明扼要,直接切入主题。

6.4.2.4　BBS 论坛和聊天室采访

(1) 主要方式

① 利用聊天室或 BBS 由记者或编辑来控制采访过程,记者、编辑充当主要提问人,网民提的问题,也由他们筛选后再转提;

② 对网民与嘉宾的交流不做任何干预,只是记录交流过程;

③ 记者作为众多的网民中的一员,通过主动、积极的参与来获得自己需要的信息。

(2) 特点

① 网络速度快,可以对新闻进行及时点评;

② 交互性采访过程,舆论效果更加;

③ 指导性、实用性强。

相关链接

关键词是在一篇文章中具有关键意义的词语。关键词包含三层意思:

(1) 关键词应是单词或术语,实词、单义性,对应某一主题或知识点。

(2) 关键词能用于标引和检索,可提高网络稿件的检索率和利用率。

(3) 关键词能准确反映主题概念,可揭示网络稿件最核心的内容。

业务操作

任务1 网络信息采集

工作任务

能够找到有价值的、符合要求的信息,并能够对信息价值做出基本的判断。

实例解析

根据个人需求与兴趣确定所要收集的信息类别,利用搜索引擎、网站、论坛、网络数据库等采集信息并保存,并以收集到的信息从来源、价值等方面进行判断。

操作步骤

(1) 根据个人需求与兴趣确定所要收集的信息类别。如娱乐新闻。

(2) 上网搜索相关信息。如韩国歌手 CrownJ 被爆在美国常年吸大麻,回国时被捕。

(3) 对收集到的信息从来源、价值等各方面进行判断。

信息来源:搜索引擎——娱乐新闻八卦。

信息价值:该信息体现了其真实性、权威性、时效性。

(4) 挑选出合适的稿件

韩国演艺界最近接连发生吸毒丑闻,继演员金成泽被爆常年吸毒后不久,韩国歌手 CrownJ 也因在美国常年吸食大麻而被韩国警方处以了不拘留立案措施。CrownJ 在 12 月 2 日从美国返回韩国时就被警方逮捕,不过因为他没有潜逃的危险,因此警方并未采取拘留措施。据警方负责人透露,CrownJ 在前往美国准备新专辑时,曾多次在美国当地购买大麻吸食,这违反了韩国相关法律,因此将在进一步的调查后转交给检察院进行处理。

CrownJ 在 14 岁时去美国留学,并在完成学业后回到韩国并于 2006 年作为歌手出道,之后他又和徐仁英一起出演 MBC 综艺节目《我们结婚了》而获得了很高的人气。

任务2 网络稿件的归类

工作任务

对给定稿件设置 3~5 个关键词,并将之归到网站合适的栏目中。

实例解析

能够为稿件设置恰当的关键词，并能够根据关键词对稿件正确归类。

操作步骤

(1) 阅读文章

姚明养伤不忘做慈善　谈到未来小巨人坦言不放弃

"燕尾服与网球鞋"慈善晚宴是火箭队每年举行的传统节目，要求嘉宾身着燕尾服和网球鞋出席，每年姚明都会积极参与到这项慈善活动中。

今年姚明虽然还在养伤，但仍如期赴约，并带上了妻子叶莉。从图中可以看到，姚明目前仍需要借助双拐行走，左脚上还套着厚厚的保护靴。但这丝毫没有影响姚明的心情，他不仅主动与总经理莫雷进行了交流，也在术后首次接受了媒体采访，姚明说："医生认为我可能至少还要10周的时间才可以做场上的跑动恢复。"而在谈到自己的未来时，姚明表示他不会放弃，并没有打算离开休斯敦。

(2) 分析出关键词

姚明　做慈善　未来小巨人　不放弃

(3) 归类稿件栏目

体育　传媒

项目知识结构图

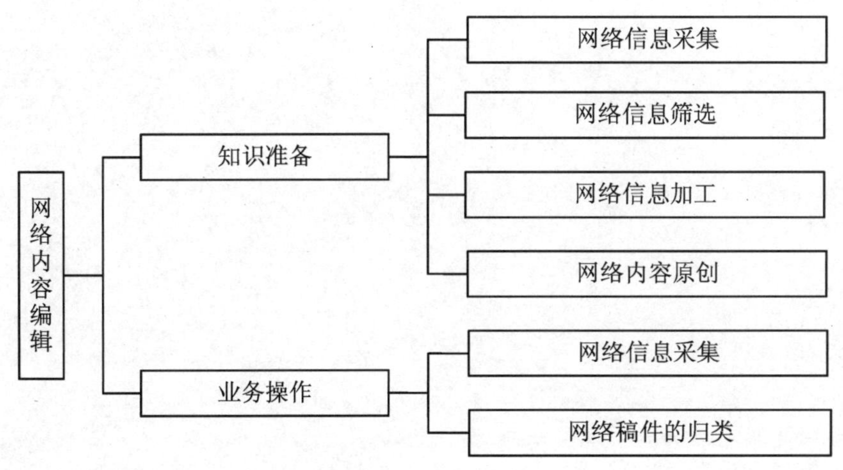

课后自测

1. 简答题

(1) 网站频道与栏目的划分原则有哪些？

(2) 如何确定网络文稿的主题？

(3) 列举并说明对网络文稿进行归类的主要方法？

(4) 稿件改正包含哪些内容？

2. 案例分析题

人民网讯(记者杨艳)　　30年来，北京市检察机关共批捕26万余人，立案侦查的贪污贿赂案件达1.6万件。其中,包括原全国人大常委会副委员长成克杰受贿案等在内的10多位高官案。今天上午,记者从北京市检察院"纪念首都检察机关恢复重建30周年"座谈会得到上述信息。

北京市检察院检察长慕平介绍,1951年1月3日,北京市人民检察署成立,时任公安部部长、北京市公安局局长的罗瑞卿兼任检察长。1966年"文革"开始后,北京市检察机关受到严重冲击,至1975年被彻底取消。1978年7月6日,北京市人民检察院恢复成立。

30年来,北京市检察机关共批捕26万余人;决定起诉26万余人。在此期间,检察机关还立案侦查了一大批职务犯罪,包括贪污贿赂案件1.6万件,渎职侵权案件2636件,为国家挽回经济损失数十亿元。

中共中央政治局委员、北京市委书记刘淇与最高人民检察院检察长曹建明共同出席座谈会,并对北京市检察院的各项工作高度赞许,同时也对北京市检察院的今后工作,提出了新的要求和希望。

【案例分析】上述稿件是人民网原创的稿件,并将之归类到了社会频道中的"法界动态"栏目中。此新闻的关键词可以设置为检察院、贪污贿赂。这则新闻被多家网站转载,而对于这则新闻,中华网则将之归类到了"国内新闻"栏目中,搜狐网将之归到了"国内新闻"的"时事"栏目中,这反映了不同网站稿件归类方式的不同。

【案例思考】问题1:在稿件归类时需要注意哪些方面?

问题2:网络稿件的归类方式有哪些?

项目7

网络专题策划与制作

理论知识目标

(1) 了解网络专题的概念、分类和特点；
(2) 熟悉网络专题的选题、专题材料的选择和组织；
(3) 掌握网络专题的网络版式设计和导航设计方法；
(4) 掌握网络专题的制作步骤。

职业能力目标

(1) 能进行网络专题内容策划；
(2) 能进行网络专题形式策划。

典型工作任务

任务1　网络专题内容策划
任务2　网络专题形式策划

“斯诺登，何去何从”网络专题

2013年6月，前中情局(CIA)职员爱德华·斯诺登将两份绝密资料交给英国《卫报》和美国《华盛顿邮报》，并告之何时发表。按照设定的计划，2013年6月5日，英国《卫报》先扔出了第一颗舆论炸弹：美国国家安全局有一项代号为“棱镜”的秘密项目，要求电信巨头威瑞森公司每天上交数百万用户的通话记录。6月6日，美国《华盛顿邮报》披露称，过去6年间，美国国家安全局和联邦调查局通过进入微软、谷歌、苹果、雅虎等九大网络巨头的服务器，监控美国公民的电子邮件、聊天记录、视频及照片等秘密资料。从欧洲到拉美,从传统盟友到合作伙伴,从国家元首通话到普通公民通话,美国惊人规模的海外监听计划在爱德华·斯诺登的揭露下,引起全球哗然,也有引发美国外交地震的趋势。

2013 年 7 月 1 日晚,维基解密网站披露,美国“棱镜门”事件泄密者爱德华·斯诺登在向厄瓜多尔和冰岛申请庇护后,又向 19 个国家寻求政治庇护。由于斯诺登事件事发突然,短时间就引起了全球的关注,为了让人们清楚地了解斯诺登事件,了解斯诺登是谁,斯诺登揭露的“棱镜”计划是什么,斯诺登为什么会引起全球关注?哪个国家会又为斯诺登提供政治庇护等一系列问题,凤凰网的工作人员特意策划了“斯诺登,何去何从”网络专题。其截图如图 7.1 所示。

图 7.1 “斯诺登,何去何从”网络专题截图

(资料来源:凤凰网 http://v.ifeng.com/special/snowden/#nav4.)

思考与讨论:网络专题制作是网络编辑的一项重要工作,那什么是网络专题?如何进行网络专题制作?网络专题在网络媒体解读新闻事件、引导舆论方面又起了什么作用?

7.1 网络专题的内容策划

网络专题是伴随着网站的产生、发展和不断完善而适时出现的。任何一个网站都由大量内容组成,如何整合信息内容,是网站吸引用户关注的关键。网站将部分信息内容从海量数据库中提取出来展示给大家,就产生了专题。网络专题不仅种类繁多而且数量庞大,如何做好网络专题,这就需要对网络专题的选题和内容把握得更清楚。

7.1.1 网络专题的概念

7.1.1.1 网络专题的由来和定义

随着网络的发展,网络媒体在人们生活中起着越来越重要的作用,已经成为人们获取信息的重要来源,但是,网络中的信息不仅繁杂多样,而且更新频繁,让人们无法及时有效地抓住有用信息,为了解决这一问题,网络专题就应运而生。

最早的网络专题是以专题栏目和专题报道两种形式出现。这两种形式不同之处在于访问方式的不同。专题栏目是将相同主题的网络新闻集合在一起,访问者点击专题栏目链接时,出现的是多条新闻标题的列表。这种专题形式不需要网络编辑过多干预,最多编写一个栏目导语。而专题报道则是围绕重大网络新闻,将相关背景资料、相关新闻报道作为链接一起出现在页面中。这种专题形式更注重对网络新闻的深度挖掘,背景资料更需要历史数据库的积累,相关资料则需要从海量数据库中提取,即时报道则需要时时更新。

在国内网络媒体中,新浪、搜狐、网易是最早一批尝试网络专题的网站,之后陆陆续续有其他网站加入"厮杀",网络专题越来越成为网络媒体进行报道和舆论引导的武器,也成为各大网络媒体提高自身影响力的重要手段。网络专题对于网络媒体的重要,就像新闻调查、焦点访谈对于央视的重要。

那什么是网络专题?网络专题又有什么特点?网络专题的意义何在?

网络专题是指在一定的时间和空间内,以集纳的方式围绕某个重大的事件,运用各种题材及背景材料,调用图像、文字、图片、声音、视频等多种表现形式进行全方位的、连续的、深入的报道和展示事件前因后果的一种集中报道形式。

网络专题通过进行历史、横向和纵向的比较,能多层次、多角度地展示事件的全貌,同时还利用网络报道的延时性对事件继续深入挖掘,使报道得以长久延续,因而它被认为是最具有网络媒体特色,最能发挥网络媒体优势的表现形式,也是网络专题存在的意义所在。

注意:网络专题和网站专栏是不同的,不要把网络专题和网站专栏混淆。网络专题和网站专栏从集合的性质上看,两者都提供集纳的内容,但集纳的方式不同。网络专题一般是围绕某一主题或某一事件的,集纳的既有客观报道,又有分析评论,有时还特别安排同主题的争论性内容以及调查反馈部分。而网站专栏属于网站的常设分类,不针对某一具体事件,集纳的一般都是同类的相关内容,不加入分析评论和争论性内容。

7.1.1.2 网络专题的特点

网络专题与传统媒体相比,不论是表现形式、内容形式,还是传播形式、报道深度,都有不同的特点。

(1) 形式丰富,具有多媒体性

传统媒体传播信息表现形式相对单一,如电视广播传播信息的表现形式为音频和视频,报纸杂志主要表现为文字和图片。而网络专题传播信息表现形式则非常丰富,不仅包括音频、视频、文字、图片,还包括电子书、电子报、电子邮件、网络调查、网络论坛、网友互动、站内搜索等形式,具有多媒体性。

(2) 超文本结构,具有集纳性

网络专题在传播形式上表现为集纳性,运用超文本结构即超链接把多种不同的新闻信息、多种不同的报道手段和报道方式集中起来进行整体传播,以实现传统媒体无法实现的信息传播的量度、深度、强度效果。并且在超文本结构下,用户可以在多页网页之间任意链接,形成一张无边无际的大网，通过这张大网可以不断地把更新的信息加入到专题文本中，从而使网络专题的信息量被无限地扩充下去。

(3) 信息海量，具有超容量性

传统媒体由于受版面或时长的限制，传播容量只能在一个很小的时间和空间内进行，传播的信息量是很有限的。而网络专题以互联网为载体，通过主题网页利用文字、图片声音、动画、视频等多种方式对相关信息进行系统介绍，对相关主题进行深度挖掘，既能保证传播信息的丰富性和多样性，又能实现网络专题的及时性和深入性。

(4) 网民参与，具有互动性

网络专题以互联网为平台，它呈现了传统媒体无法比拟的互动性，无论是电视广播还是报纸杂志都是一种“我说你听”的单一传播形式，用户在信息接收过程中处于一种被动的位置。而在网络专题中，互联网不仅能够满足很多用户浏览信息、获取信息的需求，同时还能满足用户发表自己的意见，参与讨论的需求，表现了强烈的互动性。

(5) 信息来源广泛，具有全面性

网络是一个整合信息的平台，网络上的报道有多个信息来源。不同信息来源的报道看待分析事务的角度有很大不同，呈现出的观点也大相径庭。网络专题利用网络的整合优势，收集各种媒体的报道整合加工，并加入相关信息的背景材料，保证了报道的全面性和公平性。所以说，网络专题的目的不是为了给用户提供一个统一的结论，而是尽可能提供给大家一个全面思考的材料，每个人根据自己掌握的材料独立得出自己的结论。

(6) 信息实时更新，具有动态性

网络专题在一定时间和空间内，对事物的报道呈现动态性。既要提供现在进行时的报道——滚动报道，又要提供现在完成时的报道——综合报道；既要提供有关事件的来龙去脉、背景材料的报道，又要提供有关事件的发展分析、前景预测的报道。所以说，网络专题的报道从横向上表现了报道的广度，从纵向上表现了报道的深度，是一个更全方位的报道。

(7) 选题多样，具有广泛性

网络专题的选题多样，具有广泛性。传统媒体的报道大都集中在国内外事件、方针政策、典型社会问题等方面，而网络专题的选题不仅涵盖了传统媒体的所有题材，还包括了传统媒体没法报道的一些话题，如备受关注的“郭美美”事件。这种受市场驱动的选题策略体现了报道的多样性，扩宽了报道的范围。用户根据需求任意选择，享受网络媒体多方面的服务。

(8) 信息集中，检索方便，节省时间

网络专题利用网络将围绕某一主题把分散的各种信息集中起来，并存储在网站的数据库中，用户检索起来非常方便，节省大量时间。而传统媒体的信息是则非常分散和凌乱，信息检索很不方便。

注意：网络专题是网络编辑主导的报道方式，是在编辑部内对所获取的信息进行再加工的结果，这种报道方式呈现了比较鲜明的编辑思维和编辑特色，网络编辑的水平直接决定了专题的质量水平。而传统媒体的报道主要是采访调查记者担任主要角色，缺少一定的构思和设计。

7.1.2　确定专题的选题

网络专题的选题极其重要，好的选题不仅能为网站带来流量，吸引用户，还能提高网站的实力，提高网站被搜索到的几率。可见，一个专题制作的好坏，首要条件就是选题，选题是专题的灵魂和宗旨。

7.1.2.1　专题的选题分类

对于网络专题没有公认的选题标准，目前比较流行的分类方法主要有以下两种：

(1) 按照专题的来源和生存周期的不同，分为主题类专题、事件类专题、栏目类专题和挖掘类专题

① 主题类专题

主题类专题一般来源于可预见的主题，主要分为活动主题、人物主题两种，由于前期的可预见性，所以这类专题的宣传性、服务性较强，网络编辑在策划上往往是主动的，在前期通常就进行了周密的策划，专题的持续周期由编辑自主策划或由主题自身进程共同决定。

主题类专题的内容涵盖范围非常广，包括时政、国际、军事、教育等众多领域，如"奥运""黄金周""春运""世界杯"等。例如：人民网特别制作了 2013 年两会专题，专题栏目包括察舆情、微播报、硬新闻、好声音、记者体会、炫图表、深阅读、名嘴评等栏目，形式上就像一个微型网站，这些栏目的设置涵盖了不同的方面，方便人们对两会有全面的了解。专题截图如图 7.2 所示。

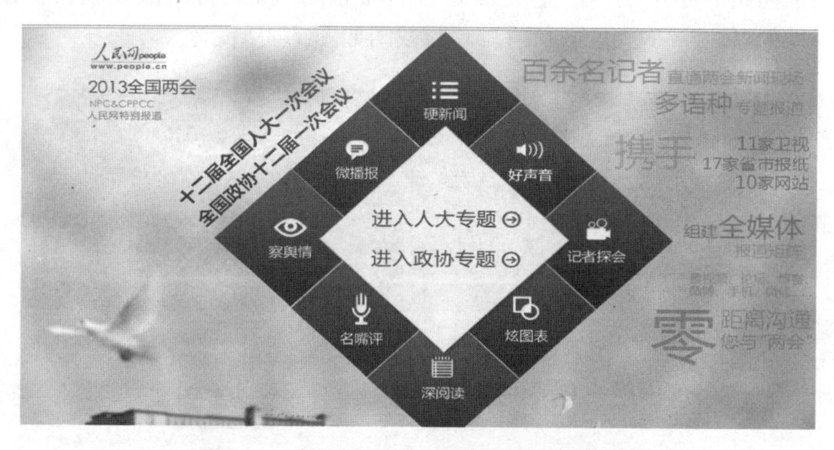

图 7.2　人民网 2013 年全国两会网络专题

（资料来源：人民网 http://lianghui.people.com.cn/.）

② 事件类专题

事件类专题一般来源于重大突发事件，主要分为自然性重大突发事件和社会性重大突发事件。由于是突发的不可预见的重大事件，这类报道在策划上往往是被动的，一般也不需要花太多的选题功夫，只需依据事件本身的大小和影响范围，决定是否采用专题形式予以报道，专题的持续周期由事件的发展进程决定。

事件类专题报道着重于报道主题的延伸性挖掘，需要及时添加、更新事件的新闻事实，追踪整个事件的发展过程，并提供背景材料满足人们需求。例如：2013 年腾讯网针对"美国汽车之城底特律破产"制作的网络专题，专题栏目包括美国三大车企回应、破产原因、破产企业、和汽车的关系、专家评论、最新报道等栏目，这些栏目既有关于该事件的及时报道，也有

对事件来龙去脉的阐述;既有新闻事实,又有深度分析,方便人们对该事件形成自己的观点。专题截图如图 7.3 所示。

图 7.3 腾讯网 2013 年“汽车之城底特律申请破产”网络专题

(资料来源:腾讯网 http://auto.qq.com/zt2013/detroit/index.htm.)

③ 栏目类专题

栏目类专题一般来源于不特定的事件、人物,但围绕同一个主题,持续周期往往是长期的,基本等同于网站的固定栏目。这类专题进行报道时间相当长,最终就会演变为一个专栏。例如:网易的“每日一站”网络专题。专题截图如图 7.4 所示。

图 7.4 网易“每日一站”网络专题

(资料来源:网易 http://tech.163.com/dailysite.)

④ 挖掘类专题

挖掘类专题是对某一事件的深度报道,每个部分都是编辑对信息资源“再加工”后的成果,这类专题能让人耳目一新,一般不强调及时性,由编辑、专家学者依据事实,对事件进行深入研究和系统总结,让人们看到新闻背后的新闻,领悟到新闻事件的实质。挖掘类专题是含金量最高的网络专题,也是未来网络专题的一个走向。例如:新浪网制作的“重庆女童殴打婴儿”网络专题。专题包括女童殴打婴儿的新闻信息、发展进程、原因分析等多个方面，让人们对该事件有全面了解。专题截图如图 7.5 所示。

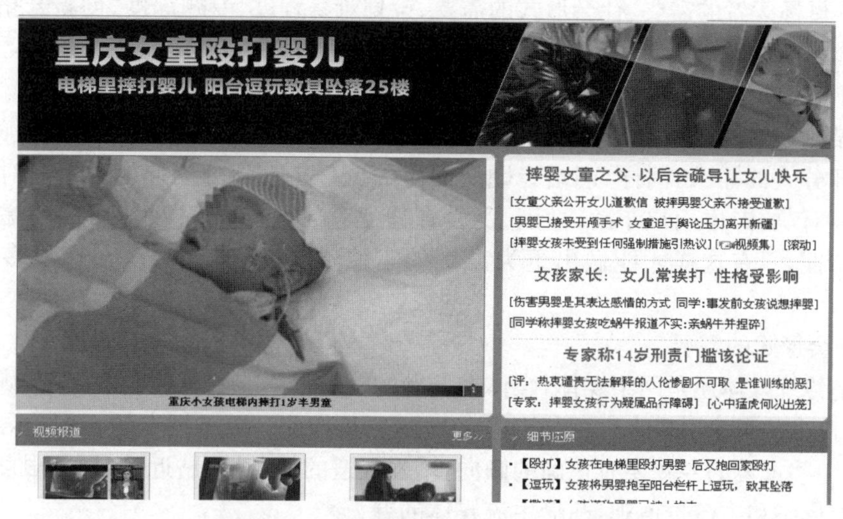

图 7.5 “重庆女童殴打婴儿”网络专题

（资料来源：新浪 http://news.sina.com.cn/s/z/nhdtsdye/.）

（2）按照专题的内容的不同，分为主题类专题、事件类专题和资讯服务类专题

主题类专题、事件类专题上面已做详细说明，不再重述，这里重点介绍资讯服务类专题。

资讯服务类专题一般围绕某个特定主题以向人们提供具有指导性的实用信息为主，具有较的提供服务和传播知识的功能。如投资理财类专题、汽车类专题、旅游类专题等，这类专题比较贴近人们的日常生活所需，满足人们的实际需求。例如：2012 年，搜狐旅游制作的专题“惜春季—五城联游”，专题从“五光十色，春意闹”“五花八门色，花怒放”“三山五岳，山为高”“五湖四海，水长长”“五味俱全，食之味”等多个栏目，展示了北京—上海—成都—广州—昆明五座城市的特色，对旅游的人有将强的指导性和实用性。专题截图如图 7.6 所示。

图 7.6 “惜春季—五城联游”网络专题

（资料来源：搜狐旅游 http://travel.sohu.com/s2012/zhoumojiadao146/.）

7.1.2.2 专题的选题标准

网络专题做的成功与否,关键就是选题质量。如果选题选好了,网络专题也就成功了一半。下面从目标读者的需要、社会形式的需要、策划难易程度、专题深度、创新开拓五个方面对专题的选题标准进行说明。

(1) 目标用户的需要

网络媒体面对的是所有用户,但是任何一家网络媒体都不可能满足所有人的需要,只能满足一部分人的需求,同样,网络专题所面对的也只是一部分用户。从用户对象的定位来看,网站不仅要考虑用户年龄、性别、受教育程度等数据特征,还要尽可能考虑用户的心理与行为特征,只有这样才能做出更为准确的定位,才能从不同层次上提供多元化信息服务。

(2) 社会形式的需要

不管是传统媒体还是网络媒体,媒体在选题的时候都不能脱离社会的发展,媒体的首要责任是“以正确的舆论引导人”,网络专题的选题更是如此。要重视专题在舆论导向上的正确性,对待一些重要的专题要有正确的倾向,增强报道的针对性、贴近性,最大限度地传播社会主流意识形态和主流价值观,凸显主流媒体的魅力。

(3) 策划难易程度

网络作为信息的传播载体,传播速度的优势非常明显。策划人员在策划选题的时候同时也要考虑到专题实施制作的可行性。再好的创意,如果实施起来很难,就违背了网络作为信息传播载体传播速度快的优势。

(4) 专题深度

现在做网络专题的网站非常多,竞争激烈。用户已不再满足简单罗列的专题,如果编辑策划的专题不能达到一定的深度,不能明确表达自己的观点,就不能满足用户需要,也不能成为真正意义上的专题,当然,资讯服务类专题除外。

(5) 创新开拓

网络专题必须与时俱进,达到一定的创新度。每一个选题都应该有新的构思,形成鲜明的个性特色,避免和已经出现的专题雷同。一个好的选题策划必须要有自己的个性,有自己的思路、见解和风格,必须具有独特的视角,不能一味模仿,抄袭别人的选题模式,只有这样,制作出来的专题才能在网民中留下鲜明的印象。

7.1.3 选择和组织专题材料

在确定好网络专题的选题后,网站编辑面临的重要工作就是专题内容的挑选。专题内容的挑选不仅要能全面反映问题,让用户满意,还要符合网站形象、功能定位。所以这项工作是最能体现网站编辑能力的工作。

7.1.3.1 专题内容的分类

专题内容就是信息资料,一般来说,按照资料的时间来分,可分为新资料和历史资料;按照资料的来源来分,可分为一手资料和二手资料,其中二手资料又有已加工资料、再加工资料之分。下面根据信息资料的不同来源,对一手资料和二手资料等进行分析和阐述。

(1) 一手资料

一手资料,也叫原始资料,是指直接经过搜集整理和直接经验所得,没有经过编辑或者记者加工过的资料，这类资料具有原始性、实证性、生动性和可读性的优点。如一些文献资料（指原创的）和实物资料、口述资料都是一手资料。

在网络专题中，一手资料主要包括党和政府的文件、法律法规原文、写实图片、原声记录、现场视频或者记者的所见所闻等。一手资料对于网站专题来说，是原始性作品写作的重要渠道，也是突出其与其他网站有所区别的重要特征之一。

(2) 二手资料

二手资料，又称次级资料，是指调查者按照原来的目的收集、整理的各种现成的资料，如年鉴、报告、文件、期刊、文集、数据库、报表等。二手资料比较容易得到，相对来说比较便宜，并能很快地获取。它和一手资料相互依存、相互补充。

在网络专题中，二手资料又有已加工资料和再加工资料之分。已加工资料是指经过编辑或记者选择、加工过的信息资料，一般来说主要集中在电视广播、报纸杂志等传统媒体和互联网上已经刊登播发的各种文字、视频和音频资料等。这些资料对于网络专题来说，只需要在合法的范围内对其充分运用，就可以充实自己的专题，能节省大量的人力、物力和财力，并且可以建设重要的数据库。但需要注意的是，这些资料明显编辑过，带有记者的主观性和导向性。

再加工资料相对于已加工资料来说，主要是指经过编辑二次以上加工过的信息资料，即在已加工资料的基础上再次进行编辑形成的信息资料。一般来说，网站编辑很难区分加工资料和再加工资料，但对于新闻体裁来说是很容易识别的，如，在新闻的信息头上“据××消息或报道”等字样，这类信息一般都是再加工资料。

对于网络专题来说，一方面要多采用一手资料，保证专题的原创性；另一方面又要广泛集纳不同媒体和网站加工过的资料，保证专题的全面性。

7.1.3.2　专题内容挑选的方式

网络专题内容的挑选方式比传统媒体丰富的多，并且还需要对挑选出来的内容进行组稿，组稿的速度和效果也直接决定着专题是否能让用户满意。一般来说，专题内容的挑选方式主要有以下几种。

(1) 引擎搜索

引擎搜索是目前网站编辑最常使用的搜集材料的手段。它主要运用搜索引擎比如Google、百度、Yahoo 等，把“关键词”输入搜索框，点击“检索”按钮，搜索引擎就会自动找出相关的网站和资料，并在网页上显示所有符合所要查询条件的全部资料，并把最精确的网站或资料排在前列。其中关键词就是输入搜索框中的文字，也就是编辑要寻找的东西。关键词的内容可以是：人名、网站、新闻、事件、软件、游戏、星座、工作等，也可以是任何中文、英文、数字，或中文英文数字的混合体。例如：您可以搜索“2013 年博鳌亚洲论坛”“中国式过马路”“马云卸职”“2014 年澳大利亚网球公开赛”。关键词可以是词语或词组，也是可以是一句话。比如搜索：“春运”“旅游攻略大全”“未来的汽车是什么样子的?”等。网站编辑可根据专题策划方案的需要，利用搜索引擎软件输入相应的关键词检索，就可以获取专题相关信息，然后对其进行分类整合，形成自己的专题。

(2) 与传统媒体形成战略联盟，做到信息共享

虽然网络媒体在传播信息的速度、覆盖面、容量等方面具有传统媒体无法比拟的优势，但毕竟传统媒体的形成、发展经过了一个较长的历史发展阶段，它也拥有网络媒体没有的优势，如传统媒体拥有庞大的资源网络和采集信息的队伍；由于传统媒体的发展历史比较长，

因此它保留着相当宝贵的背景资料，这些都是当今网络媒体所不具备的。因此网络媒体可以与传统媒体结成战略联盟，实现优势互补，对于一些重要的信息实现资源共享。特别是一些重大事件发生或重大活动的举行，通过这种方式组稿，既可以减少投入成本，又能够在最快的时间获取最有效的信息，同时也为宣传对方提供了较好的传播平台。

（3）向专家、学者或创作者约稿

有些专题，编辑通过以上的两种方式可能都不能获取相关的信息资料，在这种情况下，编辑就需要通过各种渠道联系到相关的专家、学者、创作者或权威人士去深入挖掘、创作出相关的稿件。网络编辑根据主题整理成篇，形成一个好的专题。组织创作大量的独家专题是网站生存与发展的重要条件之一，这就需要网站编辑一方面要具备良好的专业素质和社会活动能力，要充分运用自己手头的资源，另一方面要对某个行业、某个领域，有清醒的认识，知道谁在研究这个行业或领域，谁是这个行业或领域的权威人士，这个行业或领域有什么样的成果等等。

7.1.3.3　专题内容选择的原则

在今天信息过剩甚至泛滥的网络上，网络专题是网络编辑比拼策划眼光、展示编辑实力、进行引导舆论的一种重要手段。网站编辑把哪些事件或话题制作成专题，内容选择原则尤为重要，一般来说，专题内容的选择有这样几个原则。

（1）重要性原则

一般来说，专题内容的重要性包含两个层面，一个层面是宏观层面的重要性，比如“2013年两会”“安倍晋三参拜靖国神社”“曼德拉追悼会”等等。这些事件是对全国或者世界的政治、经济、军事、外交等方面产生重要影响的事件，必然会引起大多数人的关注。这个时候，网站就需要设置相应的专题，高密度、大容量地提供各方面的信息，满足人们的知情权和求知欲。另一个层面是微观层面的重要性，比如“某市道路改造的问题”“蔬菜水果涨价的问题”“学生校车的问题”。这些事情虽是人们生活中的小事，但是由于它事关千家万户，因此也就有了相当的重要性。这样的专题制作出来，当然能吸引用户注意，同时这种专题对地方性网站来说也特别重要，因为它是体现地方特色、培养用户忠诚度的重要手段。

（2）突发性原则

变动产生新闻。那些突发性的、体现事件剧烈变动的信息总是比渐变性的信息更容易吸引人们的眼球。这样的事件，既有像“棱镜门事件”这样的突发的、空前重要的新闻，也有那些重要性小得多的突发事件，比如车祸、火灾、爆炸等。只要报道及时，内容充分，都能在第一时间内迅速锁定众人的注意力，成为人们关注的焦点。

（3）冲突性原则

冲突性是日常的平淡生活中能够激起人们兴奋的主要原因。专题的冲突性也有两个层面的含义，一个层面是事实本身的冲突性，如“新西兰恒天然奶粉出现质量问题”“日本福岛核污水泄漏”等。这些事件牵涉正在发生或者曾经发生过激烈冲突的双方，有着强烈的冲突色彩和不确定性。另一个层面是价值层面的冲突性，如“重庆女童殴打婴儿事件”“中国大妈的黄金梦”，这些事件本身都说不上是什么惊天动地的大事件，但它背后所蕴藏的价值取向的差异，对我们转型期的社会有着特别重要的意义。网络编辑依靠其敏感地意识，意识到这些事件和冲突背后的新闻价值，通过专题吸引人们的目光，营造舆论的热点，同时这些观念的冲突与交流有利于开阔人们的视野、活跃人们的思想，有利于中国社会日益走向文明、宽容与开放。

(4) 人情味原则

人情味是指新闻事件中蕴含着强烈的人情和人性,能够调动起人们内心的种种情感,比如对真善美的向往,对自由的渴求,对生命和真挚情感的珍惜等等。新闻中的人情味元素能够超越国家、地理和种族的界限,把全世界人们的心连在一起。网络编辑善于感受并捕捉新闻中的人情味因素,并将之在专题里发扬光大,不仅能吸引人们的眼球,还能在更深层次上牵动和凝聚网友的情感,凸显网站的人文关怀。

7.1.3.4　专题内容选择的注意事项

专题内容选择要围绕专题主题进行,网站编辑对专题内容有充分的选择权利。因此在专题内容选择上还要注意一些相关的事项。

(1) 要选择真实的材料

真实是网络专题的生命。我们在网络专题中所运用的一手材料和二手材料,无论是人名、地名、时间、数字、引语等,都必须真实、准确;各种背景资料也必须有根有据,准确无误。

(2) 要选择有代表性、权威性的材料

网络专题具有数据库的功能,所以选择的专题内容要有代表性、权威性。比如旅游类专题,人们可以通过它了解某地的旅游景点、旅游特色、优秀的旅游线路等,这就是专题内容的代表性或典型性。同时,旅游类专题还会有旅游局有关发展的政策、条文,景区当地政府机关发布的旅游报告,专家、学者、资深游客的旅游文章和论文等,这些材料就体现了专题内容的权威性。权威性是增加专题内容的可信度的重要手段之一。当然,专题材料也会随着时间的推移而变得和实际情况不符合,如旅游景点价格的变化等,这些都要即时更新,保证专题的权威性。

(3) 要重点选择未经加工过的一手材料

网络专题的独特性,主要在于它的内容。一般来说,原创性的内容多,独特性就比较突出。网站要充分利用自己的优势,多刊发具有原创性的内容。比如企业网站,可以把新商品信息发布于网上,定期上网发布有关公司的资讯,让企业和客户之间及时保持联系;可以第一时间报道企业原料需求信息,让各方原料经销企业根据自己的实际情况决定是否参与竞标等。这些内容是其他类型的网站所不具备的优势。

(4) 要考虑正反两方面的材料

网络专题与传统媒体的专题不同就是其包容性大。正面的、反面的材料,有利的、不利的材料,优势、劣势材料等,都可以放置在网络专题中。人们可以根据自己的需要,根据专题内容对某一事件、问题做出自己的判断。

7.1.3.5　专题内容的标题

标题,是一篇或一组文本外,用以揭示内容或特点的简明文字。它是专题内容最简明、最有力、最好的体现,是吸引用户第一眼的重要手段。在信息爆炸的互联网时代,摆在用户眼前的免费资讯浩如烟海,人们要看的东西很多,如何能在一扫而过之后,有选择性的进一步点击和阅读,重要的一种办法就是,运用精彩的标题。

(1) 网络标题的构成要素

网络标题就是要用最简练的文字将信息事实中最有新闻价值的那部分内容概括出来,以吸引用户在最短时间内了解专题想要表达的信息和内容。一般来说,网络专题的标题由以下几种元素组成:

① 主标题

主标题是网络专题标题中最主要的部分，它的作用是描述专题中最重要的事实或者说明专题的思想和价值。主标题一般使用最大的字号，来引起用户的注意或者强调本专题的重要性。例如：千龙网 2013 年 4 月制作的主标题为“勇敢面对地震，灾难后的心理调整”的专题，主标题就是用了大字号的黑体字，来强调专题的重要性。具体如图 7.7 所示。

图 7.7 主标题

（资料来源：千龙网 http://life.qianlong.com/36311/2013/04/23/Zt6484@8648563.htm.）

② 副标题

副标题一般位于主标题的下方或后面，字号要比主标题要小，主要作用是对主标题所描述的内容进一步解释。当然更多的时候，副标题补充说明主标题由于字数原因没有说明的部分，或者对主标题中新闻事件的重要意义、原因、影响进行强调。例如：网易 2013 年 7 月制作的专题“厦门 BRT 公交车起火”就使用的这样的副标题：数十人伤亡，部分伤者为高考学子。具体如图 7.8 所示。

图 7.8 副标题

（资料来源：网易 http://news.163.com/special/xiamenbrtgongjiaoqihuo/.）

③ 小标题

网络专题中所反映的事件比较复杂，由几个方面构成，往往就需要使用小标题。小标题一般是专题中的主干部分的标题，可以帮助补充主标题的新闻事实，延伸内容，同时将负责的新闻事实通过不同角度分要点、分层次地进行叙述，起到全面提示专题要点的作用。如图 7.9 中，小标题“售卖机系统故障药店售奶粉全暂停”和“奶粉进药店北京试点启动首周有点冷”就是对专题主标题“奶粉进药店换汤还需换药”的分要点、分层次的叙述。

注意：专题中副标题和小标题都位于主标题下方，但两者有所不同，副标题是主标题的补充，主标题对新闻核心内容概括，副标题进一步揭示本质，是对主标题的辅助和补充。而小标题则是专题主干个体部分的主题，对下列将要叙述的事实予以揭示。

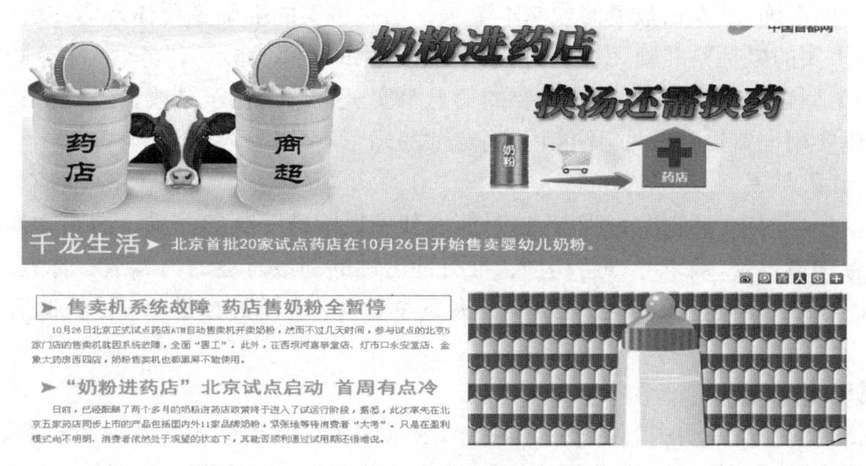

图 7.9　小标题

（资料来源：千龙网 http://life.qianlong.com/36311/2013/10/29/Zt4682@9093163.htm.）

④ 导语

导语通常是位于主标题之后的一段文字，以一段较为具体的文字对标题做出解释、概括、补充说明，或者交代新闻的主要事实、观点、意见或问题等。如图 7.10 中，在主标题为“中石油卖的是油还是水”后面的一段文字，就是导语，用导语的方式对标题进行了解释和说明，同时引导网民对下面信息正文要说明的内容有个大致的了解。

中石油卖的是油还是水？

▶导语 柴油掺水超标40倍！中石油卖的是油还是水？可悲的是，这已经不是中石油的“处女作”，做为央企的杰出代表，中石油是不是该出来说句话？更可悲的是，中石油的态度是“希望不要报道”！中石油，掺水的不止是油品，还有你的诚信！

图 7.10　导语

（资料来源：新浪 http://finance.sina.com.cn/focus/zhuiwenzhongshiyou/.）

⑤ 标题配图

大幅的新闻照片配标题的网络专题是比较常出现的形式，一般用于主标题，方式是在标题的下面或者上面放置大幅的图片吸引网民的注意力。如图 7.11 所示。

图 7.11　标题配图

(2) 网络标题的制作原则

网络标题的制作，可以在内容上千变万化，可以在形式上层出不穷，但标题制作最基本的原则是没有太大变化的。网络标题的制作原则，简单地说有以下几种：

① 信息事实准确

信息事实准确，是专题报道的最基本要求。信息事实的准确主要体现为：在制作标题方面，对信息事实的概括要准确无误，对信息事实发生的时间、地点、任务、事件等的描述要准确，不能因为标题的字数限制，就对重要的信息事实进行忽略甚至篡改；在修辞方面，对信息事件的描述要用词要恰到好处，不能用“确定”“的确”等字眼。

② 突出亮点

网站众多新闻中，标题能否吸引人，是能否使网民眼睛一亮的关键。编辑在制作标题时要把该信息中最重要、最新鲜、最吸引人、最有冲击性的和最有趣的内容放在标题上。例如：2014 年新浪网制作的反腐专题，就用“中央重拳反腐”这样的标题，一下子吸引了用户的眼球。

③ 用词简洁凝练

标题作为对专题主要内容的概括和引导，要求编辑在制定标题时做到用语简洁凝练，用最简单的词语清楚地概括出最重要的信息事实。标题要做到用语简洁凝练，首先必须删繁就简，去掉不需要的修饰限制部分，使用约定俗成的简称或别称；其次概括性强，言简意赅，能够用最少量的词语表达丰富的内涵，但必须要以信息事实的准确作为基础，不能以牺牲信息事实作为代价。

④ 使用亲切而生动的语言

专题标题，除了准确、简洁之外，亲切而生动的语言，也能在用户浏览信息的同时拉近用户和信息之间的距离。如 2014 年凤凰网制作的专题“李娜澳网夺冠——我和春天有个约会”，这则标题把“李娜澳网夺冠”比作“我和春天有个约会”，十分生动和形象，也更易于被用户接受和理解。

⑤ 单行标题，虚实兼顾

单行标题有长有短，长的单行标题可由两个断开的短句组成，可以是主题和副题、实题和虚题。网络标题一般采用实题，虚题部分可有可无，是否需要应根据信息事实本身的性质、重要程度来决定。如果需要发挥标题的宣传鼓动作用，提炼信息的本质精神，也可以有虚有实，虚实结合。

7.1.4 设置专题栏目

网络专题内部栏目是构成整个网络专题的骨架，若处理不当，就容易导致专题内容的不丰满，甚至产生畸形。好的栏目设置主要从网站的服务重点以及用户需要出发，充分运用编辑的发散型思维，尽可能地在有限的版面上合理地设置栏目。

一般来说，常用的栏目设置主要有以下几种。

7.1.4.1 编者按语

编者按语主要分为文前按语、文中按语和编后语，其中文前按语地位最重要。所谓编者按语即编辑在文稿前加上的简要评论。编者按语在网络专题中，主要有两种常见的表述方式：一是评论性的，这种评论方式是表明编辑对此专题的一种态度，是赞成还是反对，是赞扬还是批评等；另一种是说明性的，说明编者为什么要选择此专题，它的重要意义在什么地方，能给我们什么样的启示。

在网络专题的实践中，并不是所有的专题都需要编者按语，而是根据专题内容的实际需要来定。一般来说，在以下情况下需要加编者按语：一是估计到用户对此事件、问题或现象持有疑虑时，比如人民币该不该升值等等；二是要对发生的事件、问题、现象进行必要的舆论引导，就可以通过编者按语加以赞扬、肯定或批判与否定；三是有些不良风气、习气或生活习惯需要加以纠正时，需要通过编者按语来说明专题的重要意义等。

7.1.4.2 要闻栏

一般也称“动态栏”，是指关于某个事件、问题、现象的最新进展、最新成果、最新发现的动态报道，它是专题的重心所在。要闻栏的篇幅有长有短，篇幅不限。对于新闻专题来说，要闻栏可能所在版面篇幅较大；而对于其他普通型专题，要闻栏中可以是一条或几条关键性的要闻，所在的篇幅相对短小。

要闻栏相对于专题的其他栏目来说，是变动、更新频率最快的栏目之一。这是由要闻栏自身的特性——关注的是专题的最新动态来决定的。对于那些已经失去时效性的内容可以逐渐转移到其他栏目中去了。这就要求编辑要时时刻刻关注着相关专题的最新进展、变动，并且随时更新。这也是网络专题区别于一般传统媒体的地方，可以随时更新，并且还可以对一些过时的东西进行剔除。

7.1.4.3 评论栏

评论栏主要包括权威人物、领导人的论述、重要媒体的评论、专家学者的评论、网友评论等。在专题实施中，也可以把这几项评论分开，设置成不同的栏目。

如果说要闻栏中主要是网民叙述事件的进展情况，仅限于动态性的消息；那么评论栏中主要就是评论者对事件的发生、进展、问题、现象的产生与发展的思考和基本态度的表达，表明评论者的一种立场和观点。网站编辑通过设置评论栏，一方面引导舆论，另一方面帮助用户认清事件、问题、现象的本质。

一般来说，评论栏目在更新速度上有两种：一种是要求紧跟事件、事态的发展，随时更新评论栏目的内容，比如时事评论，就要求及时、快速；另一种是资料性的评论，更新速度较慢，有的甚至不用更新，比如已故领导人对某个问题的论述、评论，或者一些经典的理论论述等等。因此，评论栏要根据专题情况适时而动。如图7.12所示。

图7.12 凤凰网网友评论栏

7.1.4.4 背景栏

背景栏也是网络专题中很重要的栏目之一。在背景栏中，网络编辑要更多、更全面地安排相关的背景资料。这些背景资料主要包括解释性背景资料、对比性背景资料和说明性背景资料等等。在背景栏的整体设计中，可以考虑以多种文本形式传播，比如纯文字的、图片的、视频的、音频的、动画的等等，力求形象、生动，同时能给广大用户更多的背景信息。

背景栏与要闻栏相比，更新的频率相对比较慢，有时甚至不需要更新，只是会随着时间的推移，内容会不断地增加。因此背景栏对于网络编辑来说，只需要在设计的时候，全面收集资料，然后再定期注意把要闻栏的相关旧内容及时更换到背景栏。

7.1.4.5 互动栏

由于互联网的开放性、互动性,网络专题要重视与用户的互动,因此有必要开设互动栏。它的主要内容有刊登网友的评论、留言、疑问、意见和建议,以及为用户服务的内容等。这也是网络媒体与传统媒体的重要区别之一,用户的反馈及时有效。传统媒体很难在第一时间了解网友的想法,而网络媒体则能在第一时间与用户进行对话、沟通,及时调整传播策略。

互动栏的设置有较强的针对性,主要是针对本专题的。用户可以延展专题内容甚至能帮助网络编辑挖掘专题深度,能在第一时间为网络编辑提供智力支持。因此网络编辑要充分地运用互动栏来提升服务品质,共同把网络专题做得更深入、更全面。如图 7.13 所示。

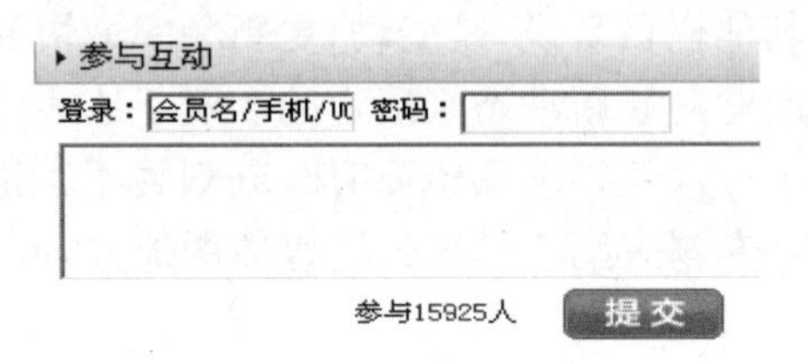

图 7.13 新浪网的互动栏

7.1.4.6 调查栏

"调查栏"也称"读者投票栏"。它的设置是为了与用户进行互动、联络,以了解用户对某个事态、问题、现象等的看法。它不同于互动栏,"互动栏"提供给用户的是各抒己见、畅所欲言的空间,而"调查栏"相对来说比较规整、统一。它通常是编辑根据具体情况设置的几个问题和答案,放置在页面上,然后由用户根据自己的情况选择符合自己的答案。通过及时统计软件,用户能在第一时间了解自己选择的情况与大多数人的想法是否一致。此统计结果对于网站来说,就是一笔非常好的原始资料,为以后类似的事件、问题、现象等设置网络专题提供较好的决策依据。

调查栏设置的通常是一个问题,有的也有两三个问题。这些问题的设置通常与专题内容相关,但不涉及专题中的具体内容。一般来说,它的主要内容是有关用户对专题内容态度、行为的调查。例如:凤凰网 2013 年制作的一期网络专题中,就设置了调查栏,具体如图 7.14 所示。

图 7.14 凤凰网专题中的调查栏

7.1.4.7 常识栏

常识栏也是网络专题经常设置的一种栏目形式。通常情况下,一些常识性的问题隐藏在背景资料中,但有些常识是许多用户关注的。在这种情况下,编辑要了解用户心理,对于一些用户关心的问题可以突出出来,帮助用户了解一些基本的知识。当然,有些常识不是那么重要,可以把它隐藏在背景资料中。如果是特别重要或编辑认为网友会特别想了解这些知识的,那就需要设置一个栏目。一般来说,这种知识性的小栏目的内容不要太多。

7.2　网络专题的形式策划

在网络专题的内容基本确定之后，就要考虑专题的形式了。网络中有成千上万的专题，这些专题的用户定位以及理念很多都是相似的，如何才能展示网站的特色，引起用户的关注，就需要编辑在网站的形式上下工夫，做到让用户赏心悦目，这就是网络专题的形式策划。专题形式的作用就是把专题的内容以合理的方式加以组织和表现，充分考虑到专题的页面结构和板式问题。

7.2.1　网络专题形式编辑

7.2.1.1　网络版式设计原则

网络版式设计已经受到业界人士的普遍重视，版式已经成为网络媒体争夺用户眼球的重要手段。面对网络专题版式的发展，大致有以下原则需要遵守。

(1) 风格化原则

网络的版式风格是用户区别其他网络媒体的相对固定的特色。风格一旦形成，就不可轻易改变，只做一些细节上的微调而不宜做颠覆性的改变。风格不仅是网站的标志，更是用户从诸多网站中认出自己的依据。很多用户多年都浏览一个网站，已经成为习惯，如果突然网站做翻天覆地的改变，用户在心理上是很难接受和适应的。

当今社会，网络媒体日益争夺，网络媒体的竞争日益激烈。在成千上万的网站中，如何突出自己，展示自己的特色，版式风格就成为首要因素。版式设计最忌讳的是“千人一面”。但个性突出的目的不是追求形式上的标新立异，而是要根据网站的性质、网站的定位以及网民的喜爱来设计网站的风格。比如人民网的风格相对严肃，原因在于人民网的用户大都是成熟的理性上网者，他们更注重网络提供的新闻、信息；而像新浪网、搜狐网一些通俗化、大众化媒体及其网站则以轻松报道和生活服务内容为基本定位，网站的版面冲击力和节奏感更强，整体偏向色改鲜明、时尚气氛浓郁。

(2) 人性化原则

人性化原则就是指在符合人们的物质需求的基础上，强调精神与情感需求的原则，它强调在网络版式设计时要以人为中心和尺度，要满足人的心理和生理需要和精神需要，达到人物和谐。人性化原则作为当今网站设计界与消费者孜孜追求的目标，是真正体现出对人的尊重和关心，同时也是最前沿的潮流与趋势，是一种人文精神的体现，是社会发展、人类进步、文明高度发达的必然结果。

比如，现在的网络专题节目，他们的版式设计都在不同程度上体现了人性化追求，即每一栏字数减少，字号变大，标题颜色柔和，更符合现代用户的阅读习惯；扩大了字间距使版面更大气；大标题统一字体，色彩更趋于明快；文章的排列改变过去的“交错咬合”式为整版竖通栏式，使版面更整齐。如今，网络专题的版式在讲究风格化的同时，还要讲究人性化，这是网络版式设计的核心理念。

(3) 时尚化原则

一个网络专题制作出来之后是为了让更多的人来浏览，要达到吸引人们眼球的目的，并不是说制作完成就大功告成了，这就要求网络专题的版式设计要具有一定的时尚性、艺术性、观赏性。这就对版式设计者提出了更高的要求，他们不能就版式论版式，应开阔眼界，触类旁通，关注流行和时尚的相关艺术，增强自己的艺术修养，以及对设计规模的理解和把握能力，令版式紧跟时代的步伐。比如，对服装、电影、平面设计的新理念、新技术都要有所了解。另外，还可以和国外的流行的版式设计接轨，网络版式设计者要不断学习，开阔眼界，才能在实践中游刃有余。

(4) 合理化原则

合理化原则是一个传统原则，同时也是一个基本原则。这里说的合理化原则和传统的有些不同。网络媒体发展之初，多是坚持内容第一性，所以当时的版式设计仅仅是把内容简单地进行排版。而随着网络媒体的不断发展，如今的版式合理化则有了新的内涵，它的合理性更多地体现在风格化、人性化和时尚化原则之下的科学化。比如许多网站的导读功能增强、栏目设置相对固定、具体版面的分块修饰等。又如一些网站的内容都采用一种字体，改变了以前一个版面上各种字体混杂的局面。

以上四个原则看似老套，但实施起来并非易事，能否把它们有机结合、灵活运用，还需要设计者不断揣摩实践。

7.2.1.2　网络专题版式的设计

网络专题版式是网络专题形式美的重要体现。人们对专题的第一印象就是专题的版式，如果版式的设计符合用户的审美观，用户才会继续关注专题的的内容，所以说网络专题版式设计直接影响着网络专题内容的传播，内容永远滞后于视觉，在注重专题内容传播的时候，要充分考虑专题版式的传播。从现有的专题版面来说，主要有 4 种：综合式、重点式、对比式、集中式。

(1) 综合式版面

综合式版面是一种常见版面类型。它的主要特点是栏目多，并且内容、体裁和篇幅，都不尽相同。这种版面上的信息可吸引不同层次、不同兴趣的用户。如果专题栏目设置较多，涉及面广，没有特别重要的栏目需要强调时，而且选出的要闻与其他稿件相比，分量相差不是很大的话，那么版面就可以选择为综合式。如图 7.15 所示为腾讯网咨询中心设计的综合式版面。

图 7.15　综合式版面

(资料来源：腾讯网 http://news.qq.com/topic/feature.htm.)

(2) 重点式版面

重点式版面的主要特征是特别强调版面的某一局部,并运用各种编排手段,使其成为版面上引人注意的重点。当需要特别强调一两个栏目时,可采用这种版面,让栏目相对强势的地位。同时标题要做得醒目,采用不同的字体、字号和一些有冲击力的图片或不同的颜色等。图 7.16 为凤凰网为突出"回春——2013 凤凰体育年终策划"这一专题而设计的重点式版面。

回春——2013凤凰体育年终策划

许家印教给中国足球的方法论是:春不是叫出来的,而是真刀真枪干出来的。然而,在北京夕照寺大街的写字楼里,足协仍鼾声如雷。没有传承,没有积淀,没有感情投入,中国足球一直百无聊赖地用衰败和耻辱找寻着它的存在感。不过,在恒大风暴[详细]

- 舒马赫滑雪时受伤　2013-12-30
- 2012年凤凰体育年终策划　2012-12-28
- 易建联重回CBA　2012-09-23
- 2012-13欧洲冠军联赛　2012-09-13
- 皇马夺冠　2012-05-02
- 郎平重掌中国女排　2013-04-16
- 麦蒂签约青岛　2012-10-09
- 2012中网　2012-09-17
- 再见,达拉斯　2012-05-07
- 凤凰网伦敦奥运战略发布会　2012-03-07

图 7.16　重点式版面

(资料来源:凤凰网 http://sports.ifeng.com/special/.)

(3) 对比式版面

对比式版面是指版面上编排了相互对立和矛盾的两个栏目,使版面上形成强烈、鲜明的对比,使矛盾暴露得更加清楚,褒贬更加鲜明。对比式版面的形式主要是两个栏目的强烈对比,如图 7.17 所示。

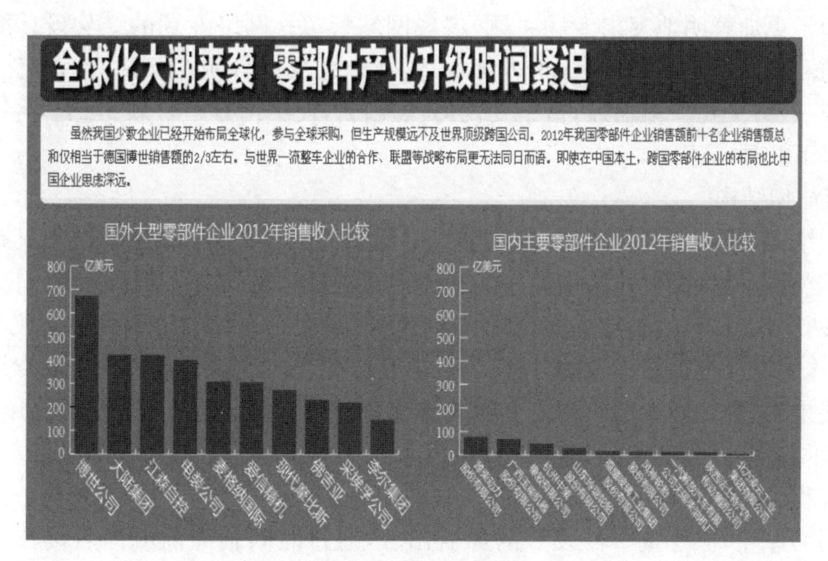

图 7.17　对比式版面

(资料来源:新浪网 http://auto.sina.com.cn/z/zglbjkj/index.shtml.)

(4) 集中式版面

集中式版面的最大特点是用整个版面或版面的绝大部分刊登有关同一主题的报道。往往针对重大的主题,例如:国际、国内重大事件等。这种版面内容集中,具有较大的声势,给人的印象深刻。这种版面内容单一,一般在十分必要时才用,否则会造成报道面的狭窄。运用集中式版面应注意,主题要单一,内容、体裁要多样。如图 7.18 所示。

图 7.18　集中式版面

(资料来源:网易 http://news.163.com/special/zongqinghou/.)

以上专题版式的四种主要类型,网络编辑在进行专题策划时要根据专题的类型、专题内容、专题主题等选择相应的专题版式,最终的目的是为了突出主题、强调美感以及视觉冲击力,在最大程度上吸引用户的浏览、阅读。

7.2.1.3　网络专题的结构设计

结构设计是网络专题形式策划的一个重要内容,它一方面是为了版面美观,更另一方面重要的是为了更加鲜明地突出专题主题,展现网站特色。网络专题的结构设计既要根据网络专题主题需要搞好整体布局,注重内部构造,使专题层次分明,上下一致,浑然一体,使结构有一种统一感;又要新颖别致,富于变化,大胆创新,使结构有一种新奇感。网络专题常用的结构有以下几种:

(1) 简洁型结构

简洁型结构是网络专题的初级结构形式。所谓简洁型结构,即在专题中只有一两个栏目,有的甚至没有栏目设置的结构形式。这种结构主要呈现了以下几个特点:首先是栏目数量少,一到两个栏目,有的是纯文字,有的是纯图片;其次是内部的主要内容比较杂、比较散,由于栏目少,编辑没有去做细致的分类,许多内容都搅和在一块。这种结构的专题从未来网络业的发展来看,会慢慢地退出网络。网络专题高级的结构形式是比较受网络用户欢迎的。

(2) 纵向进程结构

纵向进程结构是最常见的一种时效性强的专题结构形式。这种专题结构方式是以事件发生的时间为原点,从尊重事件发展的原貌出发,通过时间轴向前或向后推移来寻找新闻点,或者依据事件的发展态势来顺次拓展,以期引起广大用户的注意。一般来说,纵向进程结构主要运用于事件性新闻专题的报道,重点是对新闻事态进展的关注。这种结构的网络专题,脉络清晰,编辑容易策划,用户易于理解,能在很大程度上满足目标受众在第一时间获取信息的需要。对于纵向进程结构的网络专题来说,编辑要注意的是尽最大可能紧跟事态、事件的发展进程，保证专题的显要位置的信息都是最新的。例如：凤凰网2014年1月制作的“陕西蒲城大巴车爆炸”专题报道，就是从事件的发展态势来进行栏目设置的。

(3) 横向维度结构

横向维度结构主要是指搜索与专题相近的话题和资料，从专题的不同侧面、方面安排结构，这种结构包括对事件背景的收集整理，对事件发展态势的前瞻，以及寻找类似发生的过往事件等等。网站编辑在采用这种结构时一定要处理好点与面的关系，做到以点带面，以面托点，相互补充，相互映衬，不能使其成为面面俱到的大杂烩。例如：千龙网2013年制作的“双十一，电商大战震撼来袭”专题报道，除了滚动、图集、视频、评论、电商备战等几大专题外，还设置了分栏目。如“双十一”：网售狂欢实体惨淡、双11小心被奸商“秒杀”七大陷阱需提防、北京警方发布“双11”网购防骗攻略、“双11”：新事物也有新压力、双11网购狂欢季达人支招等栏目，让用户对双十一有个清楚的认识。

(4) 多点聚合与单点分解结构

多点聚合是指将多个零散的新闻点或者新闻事件加以整理加工，找寻出共同点，筛选出所需的新闻话题。单点分解则是将某一新闻主题细化分解，对分解出来的新闻点再进行深入报道，挖掘出新闻背后的信息。多点聚合与单点分解多适用于非事件型报道，例如：形势的分析、政策的解读等。一般来说，这类结构的专题，时效性比较弱、新闻性不强，专题的题目比较抽象、范围比较大。

7.2.2　网络专题导航设计

网络专题的内容繁多而且复杂，为了使用户在浏览网络专题时不至于迷失方向，最好的办法就是为网络专题设计导航系统，并且通过导航系统方便用户回到专题首页以及其他相关内容的页面。网络专题导航系统设计的专业与否直接影响着用户对网络专题的感受，也是网络专题信息是否可以有效地传递给用户的重要影响因素之一。

7.2.2.1　导航设计原则

(1) 明确性

当我们访问某个网站时，会本能的询问三个基本问题：这个时候我在哪？我能回到刚才去过的地方吗？我怎么去某个特定地方？明确性好的导航，可以对这三个问题给出明确的答案。如果回答不好，就说明这个导航设计的不到位。无论采用什么导航策略，导航设计应该明确，让浏览者一目了然。

(2) 便捷性

导航系统应该在显眼的位置，让浏览者可以简单地跳转到某个特定地方。例如：如果专题的目的是吸引用户来参加一项活动或下载某一种软件，这里的操作键一定要明显，让浏览者在第一眼看清楚专题内容后就能够在最短时间内找到参与的入口，这样才能够很好地达到我们要的效果。

(3) 动态性

导航信息可以说是一种引导，动态的引导能更好地适合浏览者，解决浏览者的具体问题。即时、动态地解决浏览者的问题，是一个好导航必须具有的特点。

7.2.2.2　导航设计结构

浏览者需要知道他们当前所处的位置，对此，要通过设计导航系统来帮助浏览者建立空间感。一个完整的导航系统应该包括全局导航、局部导航、辅助导航、上下文导航、友好导航、远程导航等。

(1) 全局导航

全局导航又称主导航,它是出现在专题的每一个页面上一组通用的导航元素,以一致的外观出现在专题的每一页,扮演着对用户最基本的访问方向性指引。所以全局导航需要出现在网站的每一个页面上,不论用户目前在哪里,都可直接连向重要的区域和功能。

(2) 局部导航

局部导航为用户提供一个页面的前驱和后继通路,当用户进入某个栏目中后,该栏目还会分很多小栏目,把这些小栏目列出来,方便用户可以立刻浏览那些内容,所以局部导航是用户在专题信息空间中到达附近页面的路径,局部导航设计的好坏直接影响到整个导航系统的质量。有些网站会把全站导航和区域导航整合成一致且统一的系统,如下拉菜单。和全站导航一样,在同一个站点中他们的表现形式最好一致且统一。

(3) 辅助导航

辅助导航提供了全局导航和局部导航不能快速到达相关内容的快捷路径,用户转移浏览方向不需要从头开始,是确保大型网络专题可用性和可寻性的关键。例如:网站地图、索引、指南等。

(4) 上下文导航

上下文导航,又叫情境式导航,当用户在阅读文本的时候,会有一些内容指向特定的网页、文件、对象。准确地理解用户的需要,在他们需要的时候提供一些链接,要比用户使用搜索和全局导航更高效。例如:专题中文章叙述中的文字链接。

(5) 友好导航

友好导航通常是一些用户不会使用的链接,确实需要时又能快速有效地帮助用户。例如:专题中的联系信息、反馈表单和法律声明等。

(6) 远程导航

远程导航是以独立方式存在的导航。例如网站地图,它简明地展示了网站的整体结构。当大多数人在网站上找不到自己所需要的信息时,一般可以把网站地图作为一种补救措施。

7.2.2.3 导航设计技巧

导航结构在网络专题设计中起着决定性的作用,同样导航菜单外观也是关系到整个设计成败与否的关键。导航菜单栏通常通过颜色、排版、形状和一些图片来帮助网络专题创造更好的视觉感受,它是专题设计的关键因素。当然,再好的导航菜单的视觉效果也不能影响到网络专题的实用性。比较理想的导航设计时:专题导航的外观既能吸引人,又不会夺走专题内容的焦点。

除了上面的内容外,还有许多导航技巧可以应用,下面介绍几种主要的导航技巧:

(1) 导航一般要求放在网页最醒目的地方,帮助用户更便捷地在网页上快速的寻找,快速地完成对网站各主要内容的浏览。

(2) 导航的文字要清晰,一般要粗体,并且比正文的字体要大一号。

(3) 导航不要用图片按钮,一定要用文字描述,这样做是为了让搜索引擎清楚网络主题,以便在搜索排名中获得更靠前的位置;图片可以用作导航的背景,而链接肯定要用文字。

(4) 导航要抓住能传达主要信息的文字作为超链接,这样可以控制超链接的字串长度,避免字串过长或过短,而不利于用户的阅读或单击。

(5) 超链接的颜色应该与单纯叙述文本的颜色有所区别。

(6) 不要在短小的网页中使用太多的超链接，过分滥用超链接，会损坏网页文章的流畅性与可读性。

(7) 暂时不提供超链接到尚未完成的网页。

(8) 导航栏目不能随意修改，那样会让搜索引擎认为网站不稳定，会降权。

7.2.3　制作网络专题

网络专题从构思到制作，需要经历一个个步骤，一个完整的网络专题实施共有四个阶段：前期准备阶段、制作专题阶段、专题推出阶段和专题结束阶段。具体操作流程如下：确定选题——确定方案——专题策划——收集汇总资料——组织资料——设计栏目——设计版设金额导航——审核——发布。

7.2.3.1　前期准备阶段

前期准备阶段的制作流程主要包括确定选题——确定方案——专题策划。

(1) 确定专题

主题的选择是整个专题的灵魂，是网络专题整个活动的思想纽带和思想核心。主题的确立往往建立在掌握各种资料和整合各种资源的基础上。一般来说，新近发生的大事、当前社会比较热议的事件、百姓关注的问题都可以作为专题的选题，抑或自己去挖掘一个具有新闻价值的点子，那种比较具有煽动力的事件或者能够引起人们共鸣的事件更能达到表现效果。

选题是专题制作的基本功，又是难点。做好每一个专题，要严格控制专题选题，更多地把握及挖掘选题，在质量上要有严格的保证，尤其是在角度把握方面，一个好的选题，有时甚至会引导整个媒体的舆论导向。所谓角度，指的是新闻报道中发现事实、挖掘事实、表现事实的着眼点或入手处。对于网络专题来说，角度是使选题增值的一种方式。好的角度可以使好的选题进一步增色，也可以使一些原本平淡、老套的选题，变得新颖，让人眼前一亮。

(2) 确定方案

一个网络专题可以从不同的角度来做，不同的角度有不同的重点，不同的角度会产生不同的方案。一般来说，编辑们要从多个方面中选择并确定一个方案，具体做法是：每位方案制作者提交方案——负责人汇总后分发给每位方案制作者——每位方案制作者对所有方案分别进行打分——负责人根据打分情况进行加权处理——选出分值最高的方案——汲取落选方案中的亮点引入其中——确定方案。而确定这个方案的标准就是宣传效果的大小和追求价值的最大化。这里所形成的方案往往比较宽泛并有待于进一步细化。必须说明的是，在最初的讨论时期，方案的宽泛有利于从多个层次展开采访活动。

(3) 专题策划

当选题确定好之后就需要对专题进行策划。所以专题策划就是指对选题进行有创意的设计、指挥和调控。其目的在于充分挖掘客观事物的新闻价值，选择最适当时机、运用最恰当的方式进行报道，以求达到预期的传播效果。专题策划从实施的角度来说，一般由四个步骤：

① 策划分析

要做一个策划，首先应当认真分析自己网站的特点，并有效结合当前社会动态以及网络需求趋向，及时有效地把握信息脉搏；其次要对策划对象所在的环境有深入的了解，比如对象的历史、对象的现状、对象发展的新特点，相关的法律等。了解得越详细，掌握的信息越多，越有可能从中挖掘出更有价值的新闻点。最后懂得将有限的信息无限化，信息无限化是指将简单的信息演绎出一个完整的故事形态，充分展现信息内容，延伸信息面。

② 确定目标

对专题策划来说，确定目标非常重要。专题策划的目标在于明确专题所要面对的社会动态基础以及专题策划的一个思路方向。只有明确目标，才能懂得如何更有针对性地收集资料、提出协助等等。对专题策划来说，主要需要确定的是宣传的范围和宣传的目标人群。这一点很重要，因为宣传目标影响着后面的宣传形式、手段和预算的编制等步骤。比如，宣传的范围只是地域性的，那么就不需要策划出轰动全国的新闻事件，编辑只需关注地方就可以了，预算也会比全国性宣传低很多。再比如，宣传是针对旅游者，那么策划的专题必须能吸引他们的关注，宣传的形式和手段也应针对性选择旅游者的特点。

③ 编制预算

专题报道必须要有财力的支持，但是资金是有限的，这就需要有周密的预算安排。策划不同的专题所需要的费用往往会根据具体的策划而有所不同，为此应采用“目标任务法”预算。所谓“目标任务法”，就是根据确定的专题策划的目标，估算出每个费用，包括新闻事件采集费用、版式设计费用、人员工资等等，这些费用相加就是一次专题策划的总费用。

④ 策划的实施和控制

策划的实施和控制也是专题策划中的一个重要环节，再精妙的策划，也需要强有力的实施，如果没有各部分的配合，专题是不可能获得成功的。在专题的策划中必须要有明确的专题工作人员表、制作日程表等，把任务分解成单元，分配到每个部分和每个人，进行分工和计时，同时还要确立一个有效的配合机制协同作战。分工与计时具体包括：根据编辑工作的不同点，把编辑对象和编辑内容分配到每一个相关人员，提出注意事项。分工的策划最终形成两张表：工作人员表和日程表。工作人员表是把任务分解到人，每个参与者互相监督。日程表主要用于时间的控制，一般以时间进度表的方式来表现，时间的安排要合理。

当整个前期准备阶段完成之后，就要进入制作专题阶段。

7.2.3.2 制作专题阶段

制作专题阶段主要包括：收集汇总资料、组织资料、设计栏目、设计版设和导航、审核和发布。

(1) 收集汇总资料

内容是专题的血肉，空洞的专题是没有任何意义的，一个好的专题除了要有好的选题外必须要有好的内容，内容的选取必须符合选题的要求，不要选择与选题不相关的内容来充当专题的内容。制作专题的时候，遇到的最大困难就是收集和汇总表现内容的资料。在网络专题推出前通过网站推荐或者其他的形式在社会上为自己的专题造势，联系于此专题相关的单位、商家，以及社会上关心此类事件的民众，建立起拥护群体，为丰富专题内容集思广益，也为资料的收集做准备。网络专题的资料一方面要多采用原始材料，保证专题的原创性；另一方面，要广泛集纳其他媒体和网站加工过的二手资料，保证专题的全面性。

(2) 组织资料

组织资料是对前期收集上来的材料进行分类整理，选出有代表性的、权威性的、符合专题要求的资料，同时对原始材料进行深加工，挖掘出更有价值的信息，通过编辑对材料的加工体现专题的舆论导向。

(3) 设计栏目、设计版设和导航

专题最终要以专题页面的形式表现出来,在设计专题的栏目、版设和导航时首先要与自己的网站风格保持一致,这样才不会让用户产生突兀烦躁的感觉;其次要能体现专题的原定意图;第三是编辑最好与页面美工设计师一起设计,毕竟专业的美工在技术上和审美观上要强很多。

(4) 审核和发布

当专题的内容和形式都已经完成之后,就要交由本站专家审核,审核的重点是文章的内容、体裁和风格。当审题通过后,即可发布专题。发布专题的方式很多,一般而言可以以FTP上传的方式将专题页面发布到网站的服务器上。同时也可以以发布文章的方式从网站文章发布系统发布专题,并对其他位置进行关联,让这个专题出现在想要的位置。

7.2.3.3　专题推出阶段

专题推出之后就要对专题所表现的新闻热点进行及时的跟踪报道,尤其是对事件的关键人物等进行视频采访等,充分突出网络专题的优势。

在专题推出的过程中,我们可以对此事件进行不断的旁敲侧击,不断地找出与此相关的新闻线索,对这类事件进行归纳总结,形成一系列的响应话题,同时可以在专题中开设独立的版块,如评论栏、投票栏等,充分发挥网络强大的互动性,让更多的用户参与到网络专题的讨论中来。还可以联系相关的专家,或者学者发表评论,以此来形成网络专题的科学性和权威性,形成一种专家效应。只有这样才能达到好的宣传效果,才能在民众中赢得好评,形成共鸣,才能使更多的人参与其中。

7.2.3.4　专题结束阶段

在专题结束阶段,最主要的工作就是利用论坛和博客进行互动,通过互动将专题的效果推向一个新的高潮。网络社区在如今的网络中有着非常高的人气,充分利用资源对专题是否成功有着很大的影响。一个网站的影响力要看它的网络社区的参与人数,而一个专题的影响力要看网络社区中讨论的人数。当然,社区中的讨论要及时进行引导,不能对社会造成负面影响。当专题页面上的内容结束时,论坛上的版块依然可以继续保留,让人继续发表观点,引发后来人的思考,以保持专题的热度。

注意:事实上,很多网站的编辑包括门户网站的编辑都没有注意到专题维护的重要性。专题也是需要维护的,而且大有必要性。专题维护在于检查专题内的图片是否缺失,专题中的链接是否失效,专题页面是否还能访问,以及在专题中增加新内容等过程。一个好的专题,当它的上线时间达到一定长度后,搜索引擎会对其格外重视。因此,从搜索引擎过来的用户会取代从自己网站上过来的用户。此时,编辑就有必要向这个专题中加入新的内容,推广最新做的专题或最新上线的栏目等等,形成一个链接网,让用户尽可能多地点击链接。

网络专题的发展

网络专题发展虽然历史不长,但已渐渐形成自己的套路,而且正在表现出许多新的发展趋势。多媒体技术(音频、视频、Flash动画)的运用以及和传统媒体融合是影响网络专题发展的两大因素。多媒体技术的应用一直在影响网络媒体的表现形式,对网络专题也不例外。

网络专题中大量多媒体技术的应用,既增加了网络专题的特色,又吸引用户强烈关注。同时网络专题的互动性越来越强,很多网络专题允许访问者通过网上投票发表自己对该事件的态度,并将统计的民意结果实时公布。

网络专题除了在多媒体技术方面加强表现外,也越来越注重和传统媒体的融合,注重向传统媒体学习,尤其是向电视媒体学习,加强内容的挖掘。很多网络专题已经脱离了早期堆砌素材的原始模式,更多地进行高层次的信息再加工。这种加工要求对原始信息的深加工,要分门别类,面面俱到,深入精细,要有透彻专业的眼光。如今,网络专题的竞争越来越激烈,要想在众多媒体制作的网络专题中脱颖而出,必须从以下三方面入手:

一是变"被动"为"主动"。如今的网络专题大多是被动的展示,等待关注,缺乏对用户的拉力。这种现象的出现最主要的原因是:对专题入口和专题整体缺乏规划性和与用户的融合性,缺乏对大环境和用户的研究。改变这种情况最行之有效的方法就是使专题在充分实现信息传递的基础上,增加其可看性,让用户充满兴趣地主动关注。

二是变"死专题"为"活专题"。目前的网络专题大多停留在自说自话、守株待兔式的死专题形态。然而,专题是一个长期系统工程,专题只有具备了活性才能收到更大的效果。所谓专题的活性是指专题本身的活性和围绕专题的延伸传播。通过对网络专题的系统规划,使之成为活专题,放大传播效果。

三是变"文字"为"图片"。网络进入读图时代,网络专题要改变之前单一的文字报道,图片已经成为专题的一个重要元素。专题需要大量的图片,这些图片应该清晰,能准确说明问题,有代表意义。同时图片还应积极补充,不断更新。为了美化版面,有时需要对图片进行进一步编辑,以求达到最佳效果。

任务1　网络专题内容策划

工作任务

选择某一主题或事件进行网络专题内容策划。

实例解析

网络专题内容策划主要包括专题的选择和内容的采集。一个好的专题,首先选题要好。所谓选题就是网络编辑要表达一个什么样的主题,没有主题的专题最多也就是几篇文章拼凑起来的文章列表,是没有任何意义的。主流媒体在选择专题主题的时候,往往要经过激烈讨论,从多方面剖析什么样的主题最符合用户的需求和自身的需要,合理科学地确定正确的选题,专题等于成功了一半。

确定好选题后,内容的采集就成为关键。一个好的专题除了要有好的选题外必须要有好的内容,内容是用来表达选题的,内容的选取必须符合选题的要求。中小网站制作专题的时候,遇到的最大困难就是内容的采集,因为信息来源少,而且自身资源也不够深厚,所以采集的内容非常有限,也就不能很好地展示主题。

操作步骤

(1) 结合近期社会热点新闻,确定专题的选题。

(2) 根据专题选题,策划专题的角度。

(3) 根据专题选题及角度,策划专题的栏目。

(4) 根据专题栏目需要,利用信息采集的各种途径组织专题内容。

(5) 撰写专题的策划方案。

任务2　网络专题形式策划

工作任务

对任务1进行网络专题形式策划。

实例解析

网络专题形式策划主要只是根据专题的选题情况及专题内容,进行专题版式和结构的设计。通过网络专题形式策划能够将专题内容以合理的方式加以组织和表现,并能够利用所学技术制作选定的专题版式和栏目,完成专题网页的设计与制作。

网络专题版式是网络专题形式美的重要体现,只有版式设计符合用户的审美观,用户才会继续热情关注专题的内容。在注重专题内容传播的时候,要充分考虑专题版面。结构设计是网络专题形式策划的另一个重要内容,网络专题的结构设计是根据主题的需要设计整体布局,注重内部结构,使专题层次分明,上下一致,具有统一感;同时又要新颖别致,富于变化,大胆创新,具有新奇感。

网络专题通过形式策划最终要以专题页面的形式表现出来,页面的制作也是专题形式策划的一个重要环节。专题的页面制作要符合选题的要求,对专题的表现和页面布局要胸有成竹,这样才可以让专题最终符合自己的愿望。在专题页面制作的时候最好与页面美工设计师一起制作,因为他们无论是在技术上还是和审美观上都更具专业性,也更能制作出符合自己要求的专题。

操作步骤

(1) 确定专题的结构;

(2) 确定专题版式布局;

(3) 合理编排栏目及内容;

(4) 设计并制作专题网页。

项目知识结构图

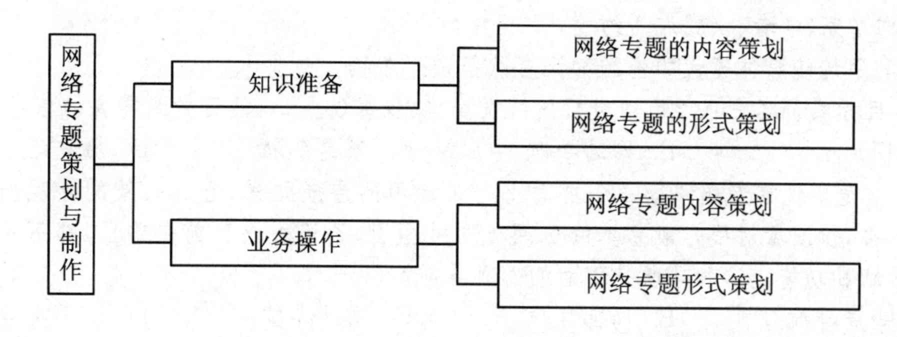

课后自测

1. 单项选择题

(1) 通常网站(　　)来显示其网站的整体结构,网站编辑可以通过它了解网站的全面构成情况。

A. 网站设计　　B. 网站规划　　C. 网站分类　　D. 网站地图

(2) 北京时间2014年2月8日0时14分索契冬奥会开幕式正式开始。如果以索契冬奥会为主题制作网络专题,请问,它属于下列哪类专题?(　　)。

A. 主题类专题　　B. 事件类专题　　C. 栏目类专题　　D. 挖掘类专题

(3) 以下有关网络专题的选题描述不正确的是(　　)。

A. 网络专题制作的好坏,首要条件就是选题,选题是专题的灵魂和宗旨

B. 网络专题的选题可以大到国际热点问题、重大的天灾人祸,也可以小到大众生活的小事

C. 网络专题的选题要满足网络媒体所有人的需要,而不能只满足一部分人的需要

D. 网络专题的选题必须与时俱进,不能脱离社会的发展

(4) 网络编辑在制作标题的过程中需要做的一个最基本的判断是(　　)。

A. 选用生动、富有个性的词汇

B. 对稿件中出现的事实进行分析、提炼,决定将什么样的事实放在标题中

C. 巧用好标题的修辞手法

D. 决定是采用复合型标题还是采用单一型标题

(5) 网络稿件的来源是多元化的,不同来源的稿件质量可能不一样,有些来源的稿件甚至是不能在网站上发表的。对稿件来源做出判断是处理稿件的基本出发点,也是判断稿件价值的一个因素。关于网络稿件的来源,下列选项中,错误的是(　　)。

A. 本网站原创稿件　　B. 转载国内传统媒体稿件

C. 转载国内其他网站稿件　　D. 任何稿件

(6) 网络专题编辑组稿不同于传统媒体编辑组稿,专题内容挑选的手段比以前丰富,组稿的速度也越来越快,下面哪种是目前网站编辑最常用的收集材料的手段。(　　)

A. 引擎搜索

B. 与传统媒体形成战略联盟,信息共享

C. 向专家、学者、权威人士约稿

D. 利用传统媒体庞大的资源和记者队伍进行组稿

(7) 目标索引客户可以不用进行关键词查询,仅靠(　　),便可找到需要的信息。

A. 图片　　B. 网站导航　　C. 分类目录　　D. 历史记录

(8) 它是出现在专题的每一个页面上一组通用的导航元素,它以一致的外观出现在专题的每一页,扮演着对用户最基本的访问方向性指引,不论用户目前在哪里,都可直接连向重要的区域和功能。这种导航是下面的哪种导航?(　　)。

A. 全局导航　　B. 局部导航　　C. 辅助导航　　D. 上下文导航

2. 多项选择题

(1) 网络专题制作的分类包括哪些?(　　)

A. 主题类专题　　B. 事件类专题　　C. 栏目类专题　　D. 挖掘类专题

(2) 网络专题的特点有哪些?(　　)

A. 形式丰富,具有多媒体性　　B. 超文本结构,超容量性

C. 信息实时更新,具有动态性　　D. 双向交互性

(3) 网络专题的选题标题有哪些?(　　)

A. 目标受众的需要　　B. 适应社会形式的需要

C. 策划难度程度　　D. 创新开拓

(4) 网络专题的版面有哪几类?(　　)

A. 综合式　　B. 重点式　　C. 对比式　　D. 集中式

(5) 网络专题的结构设计有哪些?(　　)

A. 简洁型结构　　B. 纵向进程结构

C. 横向维度结构　　D. 多点聚合与单点分解

(6) 网络版式设计要遵守哪些原则?(　　)

A. 风格化原则　　B. 人性化原则　　C. 时尚化原则　　D. 互动化原则

(7) 下面关于网络标题制作法则描述正确的是(　　)。

A. 网络标题应以明示内容为第一要旨,即信息事实准确

B. 让标题亮起来,把最有冲击性的内容放在标题上,内容与标题无关乎联系不大也没关系

C. 网络标题是对专题主要内容的概括和引导,要求用语简洁凝练

D. 网络标题可以使用亲切而生动的语言拉近用户和信息之间的距离

(8) 网络专题的制作主要包括哪些阶段?(　　)

A. 前期准备阶段　　B. 制作专题阶段　　C. 专题推出阶段　　D. 专题结束阶段

项目 8

网 络 时 评

理论知识目标

(1) 掌握传统时评和网络时评的概念及特点；
(2) 理解网络时评的社会意义；
(3) 了解网络时评与传统时评的区别及优势；
(4) 了解 BBS 时评的传播形式及特点；
(5) 了解博客时评的传播形式及特点。

职业能力目标

(1) 会编辑和写作一般的网络时评；
(2) 能完成简单的网络时评策划工作；
(3) 会利用论坛和 BBS 编辑、写作时评。

典型工作任务

任务 1　策划论坛辩论活动
任务 2　撰写博客时评

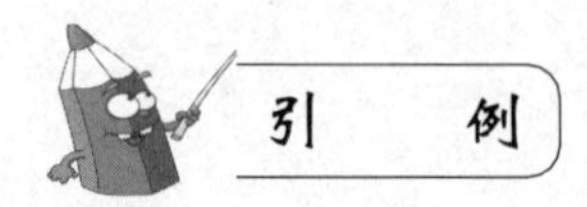

引　　例

激发"到此一游"的文明耻感

文明习惯的养成不分海内外，文明素养的提升，更需要每个人的日常践行。

埃及卢克索神庙有着 3000 多年历史的浮雕上，刻画着汉字"丁××到此一游"。近日，有人在微博上贴出这样一幅刺目的照片，发布者"无地自容"的心情，也成为很多网友的一致感受。

“没到过卢克索，就不算到过埃及。”神庙与汉字，两大文明竟以如此方式相遇，实在让人尴尬。不管是真心喜爱、跟风模仿还是年幼无知、出于炫耀，这种行为不仅污损了人类文明的瑰宝，也为中国游客添了一笔不良记录。

相对大多数中国游客的有序有礼，少数人的不良表现更容易被放在公共外交的聚光灯下。不讲卫生、不遵守公共秩序、踩踏黄线、在飞机上争夺行李架空位……因为这些行为，中国游客甚至在国外一家市场调研机构的调查中，名列“最差游客榜”第二名。当中国出境旅游人数从2000年的1000万人次快速增长至2012年的8300万人次，“每个人都是一部中国读本”，这句提醒更有特殊含义。

“到此一游”的风波，理应成为反思文明素养的契机。面对刻字，现场中国游客莫不感觉羞愧，甚至连导游也赶紧走开。微博热议、媒体讨论中，惭愧、耻辱的情绪，谴责、反省的主调，也让人看到整个社会对文明素质的强烈吁求、一个国家文明意识的自我审思。当事孩子的父母也主动联系媒体，流下忏悔泪水，坦言“孩子犯错误，主要责任在大人，是我们监护不到位，平时教育做得不好”，公开道歉。未成年人犯错在所难免，应予以必要宽容并助其改正，但整个社会则应以此为镜、自我检视。

的确，“到此一游”远涉重洋，也是国内不文明言行的不自觉“输出”。从被刻字弄得遍体鳞伤的长城，到赫然出现在故宫大水缸上的涂划，都是孩子耳濡目染的“活教材”。习惯了乱闯红灯，出了国可能也会“红绿色盲”；习惯了大声喧哗，在国外也难以主动调低音量。从这个角度说，文明习惯的养成不分海内外，文明素养的提升，更需要每个人的日常践行。

有人说，最好的“到此一游”，是把旅途中所有的美好都刻在心上。而提升文明素养，也需在心上刻下这让人蒙羞的“到此一游”。在拥堵的公路上随意并道时，在地铁的长队里加塞插队时，在逃票成功洋洋得意时，在网络空间掐架骂娘时，这几个字就该闪动警示之光，提醒你触碰到了文明的红线。谨记“到此一游”激发的文明耻感，以此自戒自省，以此校言校行，整个社会的文明程度才能迈进一步。

今日中国，吃饭穿衣已经不是问题，甚至海外奢侈品商店促销都会挂上汉语海报。然而，很多人也感觉，“两手满当当，心中空荡荡”。的确，现代化的过程中，怎能少了人的行为举止、思想意识的现代化？国务院会议倡导“健康文明旅游方式”，政府机构出台“文明行为指南”，这些都让人看到，在社会管理者那里，文明素养、人的素质，已越来越成为“发展的必修课”。

同样是神庙，雅典阿波罗神庙的一块石板上，刻着这样的铭文：认识你自己。反思埃及神庙刻字事件，以此为契机省察自我文明素养，才能在国际交往中赢得尊敬，更让我们在文明复兴之路上“递进一层”。

评析：各传统媒体纷纷设立网络版面，网络时评更是以其灵活的形式、广泛的参与性、即时的互动性，迅速发展起来。本例曾引起热烈讨论，跟帖评论达数百条。

（资料来源：人民网人民时评，李浩然）

8.1 网络时评的概念与意义

我国历来就有重视评论的传统。评论常常重于新闻，而时评以其反应快捷、不拘形式、观点新鲜自由、战斗力强等特点，一直受到人们的欢迎。作为新闻传播的附属功能，观点传播是对新闻传播的延伸。时评作为观点传播、舆论引导的重要途径，在经济快速发展、各种思想激烈碰撞的今天，有着极其深刻的现实意义。作为时评的新品种，网络新闻时评和传统媒体的时评在质的规定性上没有太大的区别。它往往针对刚刚发生的新闻事件进行迅速及时的评说，它常常以新闻事件为由头，一事一议，不求长篇大论，而求精悍深刻，追求时效是其突出特点。时评之"时"，一为评时事，二为迅速及时。网络时评与传统媒介时评的不同之处是它选择了承载时评的新型媒介——网络。网络媒介的特质，影响着时评的表现形态、编排方式、表达效果等，从而形成了网络时评与传统媒体时评在外在形态和内在功能等方面的诸多不同。下面对网络时评的这些特点、功能和优势进行分析，对网络时评存在的一些问题做简要探讨，以便摸索、寻找出网络时评在写作和策划上的一些规律性的东西，并以此来指导我们的工作。

时评是新闻媒体对时事发表的评论的文体，它以快捷、深刻、尖锐等特点帮助受众及时解读新闻背后的意义，具有聚焦、"消化新闻"、宣泄公众情绪、调节社会舆论等作用，历来为传统新闻媒体所重视。在网络媒体这个广阔的平台上，信息传送的渠道更多，传递的速度更快，有更充分的反馈和交流的空间。可以说"现代网络"极其体贴地迎娶了"传统时评"，双方实现了完美的契合，这种契合更延伸了传统新闻时评的外延。网络时评拉近了时事与百姓之间的距离，给了普通老百姓一定的话语权，变得更加平民化、大众化，这实际上可以说不单单是一种民主进程的体现，也是一种民主发展的促进。

8.1.1 网络时评的概念

8.1.1.1 网络时评概述

对于什么是网络时评这一问题，目前还存在着争论。有人从维护新闻评论体裁特征的角度出发，认为只有那些在网络媒体上发表的较为完整地表达了一定意见的"成文"的文章才称得上是真正意义上的网络评论，至于那些讨论区里的你一言我一语的讨论，即便有一定的主题，也算不上是网络评论。也有人从发展的角度看待新闻评论体裁，认为新闻评论体裁诞生于报刊，在报刊之后每诞生一种新的媒体，新闻评论体裁就会有新的媒体传播方式与之相结合，并在实践中逐步形成有别于其他媒体评论的具体表现形态和个性特点。

与传统媒体一样，网络新闻媒体除了发布新闻、提供信息服务外，同样应该及时对重要事件发表意见和看法，这些意见和看法就可以叫做网络时评。只要其"新闻性""政治性"的特征还在，"不成文"的讨论应当和"成文"的文章一样，纳入网络评论的范畴。

8.1.1.2 时评的概念

要搞清楚什么是网络时评,就必须先弄清楚时评是什么?顾名思义,就是"因时而评","合事而著",属于新闻评论范畴。它是传播者借助大众传播工具或载体针对现实生活中的新闻事实、现象、问题,在第一时间直接发表意见、阐述观点、表明态度和看法的一种有理性、有思想、有知识的论说形式。评论和新闻一虚一实,如同鸟之比翼,构成传媒的两大文体。以与新闻结缘为前提,但凡各类具有新闻价值的论说文,不拘长短,不论署名与否,均可称为时评。

第一,它因时而评,往往评论当前时事、社会热点问题,具有较强的新闻时效性。第二,缘事而发,寓理于事,往往源于具体事件,有感而发,不会流于空泛议论,具有较强的现实意义。第三,题材广泛,内容灵活生动。第四,新闻的视角多元化,可以表达个人的看法,也可以站在某一社会群体的角度来透视新闻热点问题。

8.1.1.3 网络时评

网络时评以网络媒体取代传统媒体作为传播的主要载体和途径。那么基于互联网互动性之上的网络新闻时评与传统时评的区别仅仅是传播的载体不同吗?答案当然是否定的,互联网的特性大大拓展了传统时评的功能,增添了新鲜的活力,翻开了新闻时评崭新的一页。

(1) 网络时评与传统时评的区别

网络时评具有交互性评论特点。当今社会呈现多样化趋势,即时新闻已经不能满足网民的需要,新闻正向专题化、评论化方向发展。互联网强大的实时交互功能,使网民不再像电视、报刊等传统媒体一样只是被动地观看阅读,而可以积极而及时地参与讨论。每一个人都可以既是信息的获取者,也是评论的提供者。我们可以把自己知道的信息或发表的意见传播给别人,或者针对别人的信息来发表自己的见解。很多新闻网站在主要新闻后面经常加上"添加评论"等字样,以鼓励网民对新闻的互动参与。

网络评论与网上交流是平等自由的。在传统媒体关系中,由评论传播者完全掌握话语权,对受众拥有绝对权威,高高在上,新闻评论具有居高临下的优越感。今天的互联网络在信息传送上,为普通人提供了平等交流、不受空间限制的物质条件,真正实现了信息传播的对称性。评论者要求以一种平视的目光多角度的方向来关注生活,着力从受众的意识、情趣和情感世界去寻找、认识和衡量新闻价值。在网络传播体系中,普通老百姓也可以获得一定的话语权。

网络评论具有多样性、多元化特点。当今社会呈现出多样化、文化多元化、价值多元化的客观趋势,而网络评论最能反映出多元而驳杂,甚至在形式上以各种超文本的形式呈现着它的多样化特性。事实上以网民为主体的网络评论不同于传统媒体评论,除了形式上的多变,它还带来了新的内容不确定性,纷繁复杂、新奇百怪的各类网络评论层出不穷,良莠不齐是肯定的。所以,网络评论理应进行正确的舆论导向,符合正确的道德观和价值观。在对社会产生影响的同时,也必须承担社会责任,有责任引导网民正确认识新闻事件,正确参与社会热点问题。

(2) 网络时评的定义

我们知道了传统新闻时评的概念,了解了网络时评相对传统时评所独具的特点,那么究竟什么是网络时评呢?

网络时评就是传播者借助互联网这个广阔的交流平台,并利用其特性针对现实生活中的新闻事实、现象、问题,发表意见、阐述观点、表明态度,展开具有互动性、多样性、平等自由等特性的一种有理性的论说形式。

网络评论作为一种议论文体,与传统媒体的评论并无本质上的区分。但互联网对我们的影响是如此之大,使网评已不再是传统媒体概念中的新闻评论。只有充分地认识网络评论的概念和特点,才能有效地把握网络评论;只有正确地反映网上舆论,才能有效地引导网上舆论。

8.1.1.4 网络时评的意义

基于互联网互动性之上的网络新闻评论,已经是当前新闻网站的关注点和生长点。仅仅依靠即时新闻已经不能满足网民的需要,新闻正向专题化、评论化方向发展。人民网的"强国论坛"和"人民时评"、新华网的"发展论坛"和"焦点网谈"等在新闻媒体中已具有很大的影响力。网络评论中最具互联网特征的无疑是网民的交互性评论,这是新闻网站吸引网民的新颖形式,也是与传统媒体的核心竞争力之一。

(1) 网络时评的出现具有划时代的重要意义。今天的网民对于网络新闻不仅仅满足于消费,网络评论为现实社会提供了前所未有的舆论多元的空间。其强大的互动性,吸引了天南地北的网友广泛参与,在重大社会事件发生时迅速形成舆论。网络新闻评论可以看做是一种"互动式评论"。许多网站都开设了"我要评论"新闻栏目且人气很旺。这种实时交流的新闻栏目能够快速地反映民意,显示着网上舆论急遽更新的趋势,让受众有可能亲身参与到讨论中来,表达自己的意见,激发关注社会发展的热情。

网络时评更多地关注来自媒体以外的声音,是受众反馈的良好途径,使新闻活动不再是媒体的独角戏,而成为人民群众和媒体互动共存的社会现象,反映了现代新闻传播活动的历史进步,是对作者话语权的解放,使时评写作进入了一个全新的时代。

(2) 网络时评的交互性和超文本多样性导致书写和阅读方式产生变革,全民参与的形式,对提高民族文化素养具有积极意义。

网上评论的强人之处,还在于突破传统媒体的技术限制,让评论内容图文并茂、视听共赏。正是有了图片、音频和视频,才使网评世界更加绚丽。充分发挥多媒体优势,以便形成既"活"而又"动"的评论专题。网络评论受众追求的主动、平等的新闻信息传播在互联网络上比传统媒体更容易得到满足。这一切使得更多的人积极关注、参与时评的热情高涨,在构建一个百姓各抒己见、集思广益的交流平台的过程中,对社会舆论价值方向的正确引导,对普通百姓文化素养的提高,明辨是非的判断力和价值观的提高都具有积极意义。

(3) 网络评论的高集纳度使网络评论拥有跨时空、超文本、大容量、强互动的魅力,推动了新闻评论向专栏集纳化方向发展,尤其对新闻热点问题的报道评论更加集中、深入和广阔,也更有效地对社会弊端和丑恶现象起到了监督作用。

网络评论以尽可能快的速度跟进事件的发生发展,通过网民的互动对新闻评论进行整体推进。网络具有最广泛的参与和较为公开透明的环境,以及信息资源共享的优势,这些都有利于发掘新闻事件的真相,并对敏感问题给予广泛、持久的关注和监督。

时评是一种社会利器,理应捍卫正义,鞭笞邪恶,对社会起监督作用。而网络时评可以让广大群众畅所欲言,对丑恶腐败现象和社会弊端的揭露和抵制尤其有效。

(4) 网络时评目前存在的问题。网络评论的高度开放和参与度,也带来了新的内容不确定性。网民评论的自发性、随意性和爆发性的特点,也使得网络时评需要规范引导和加强监督管理。同样对有"问题的"网络评论也要分析后区别对待,应根据实际情况采取不同的管理措施。目前对网络舆论，主要有以下三个层面的引导策略：① 加强网络传播的法律法规建设，这是一种硬性控制手段；② 加强网络道德规范，虽然这只是一种软性的控制手段，但也相当有效，能够防患于未然；③ 通过技术手段封杀一些违法信息。

8.2　网络时评的传播形式和特点

网络时代的到来，使得原本竞争很激烈的传媒业竞争更加白热化。许多门户网站都把评论作为其重要的传媒产品之一。像人民网、光明网等国家级的大型网站都开辟专门的评论栏目来发表网络评论，像人民网的“人民时评”，光明网的“光明观察”等。以供给新闻为主的，如新浪网，也有自己的评论专员。同时，网络评论是人们表达观点、交流意见的重要方式，为人们提供了发表自己看法的场所，这与网络传播本身的匿名性、开放性和交互性是分不开的。

网络时评的传播形式多种多样，按照不同的分类标准可划分成不同的种类。例如：按照其表达的符号来分，可以分为网络文字评论、网络多媒体评论、漫画评论等多种形态。同时，网络时评的传播形式还可以分为网站评论、电子论坛(BBS)形态和博客(BLOG)形式，它们彼此都有不同的特点。

8.2.1　BBS网络时评的传播形式与特点

8.2.1.1　BBS概述

BBS的英文全称是Bulletin Board System，翻译为中文就是“电子公告板”。BBS最早是用来公布股市价格等信息的，当时BBS连文件传输的功能都没有，而且只能在苹果计算机上运行。早期的BBS与一般街头和校园内的公告板性质相同，只不过是通过计算机来传播或获取消息而已。一直到个人计算机开始普及之后，有些人尝试将苹果计算机上的BBS转移到个人计算机上，BBS才开始渐渐普及开来。近些年来，由于爱好者们的努力，BBS的功能得到了很大的扩充。目前，通过BBS系统可随时取得各种最新的信息；也可以通过BBS系统来和别人讨论各种有趣的话题；还可以利用BBS系统来发布一些“征友”“廉价转让”“招聘人才”及“求职应聘”等启事；更可以召集亲朋好友到聊天室内高谈阔论……

8.2.1.2　BBS网络时评的传播形式

这里所说的BBS就是我们通常所说的社区BBS论坛，例如：天涯论坛、西祠胡同就属于这一类。这类网站本身就是一个大的电子论坛，然后在其下又分成许多小板块，在小的板块之下再设话题。

网络时评在BBS上的传播形式主要有以下几种：

(1) 主题式。每个话题一般都会有一个主帖，而评论就发表在主帖的后面。这是自由跟帖式。

(2) 访谈式。例如：×××做客新浪，××访谈等。由媒体出面，邀请某方面的专家、学者，针对当前社会中出现的某一问题或者现象，来回答网友的疑问。

(3) 辩论式。辩论式就是由论坛方组织，针对当下的某个富有争议性的问题，设正反两方或者正、反、中立三方，然后网友在后面自由跟帖进行辩论。

这种网络评论充分发挥网民的自主性，网络媒体相对于传统媒体的交互性和开放性就体现在这些方面。因此，这种形态的网络评论能够集聚多方的意见，其信息容量相当大，同时由于其自主参与性和互动性，能够以此吸引网友的参与，网络媒体的魅力因此而显现。但是，另一方面我们也应当看到，由于网民素质的良莠不齐，而且对这种论坛的监管又不能太过于苛刻，这种网络评论的水平也就良莠不齐。同时，还会有一些如“口水帖”之类的，纯粹是网民发泄心中情绪的文字。

8.2.1.3　BBS网络时评的特点

BBS网络时评具有如下特点：

(1) 连续动态性

网络评论是一种连续动态的评论。传统新闻评论一般是静态的评论，在时间和空间上具有一定的间隔性。网络新闻评论，是网络媒体在互联网上为网民提供的就新闻和社会问题发表、交换意见的场所，在相互传递和交换信息的过程中形成了一种无形的用户交流网。网络新闻评论强大的互动性，吸引了大量的网民参与评论，从而就某一问题形成连续的、动态的评论，使评论的时效性大大增强。“全天候的滚动新闻是网络媒体独有的新闻形式，在网络上，新闻文本的时间已经细化到了几分几秒。”网络新闻评论借助着网络传播的即时性实现了无时不评。

(2) 交互性

网络是一种双向交互的媒介，BBS更是体现了这种特点，受众直接通过网络就能与传播者进行交流。从这个意义上说，受众既是接受者，也是传播者，这从根本上改变了传统的大众传播模式中普通受众只能被动接受，而不可能发布信息和意见这一状况。在这种交互性的特点下，读者通过媒体了解了新闻，媒体通过读者了解了民众对新闻事件的看法及民众的思想动态等。这样，读者和媒体之间的互动就基本实现了。

受众都能接收和发布信息，他们内部之间也存在着互动，这一点在聊天室和论坛里体现得最为突出。在聊天室，网民可以与室内任一网民就任一问题进行交谈。在BBS里，网民可以选择自己感兴趣的专区发表意见，还可对别人的意见发表自己的看法。

在交互性上，传统媒体，无论报纸、广播或电视，都无法和网络相比。

(3) 意见表达的多元性

网络以最先进的计算机技术作为后台支持，它提倡多元的思考，为公众的言论自由和表达自由提供了前所未有的空间，为现实社会提供了舆论多元的空间。当然提倡多元化的思考并非是让新闻媒介放弃自己的主体价值判断，而是要综合各方面意见，在把握事实的基础上，做出与时代精神相符合的、与时代同步的价值判断。例如：2005年4月，日本想加入联合国安理会常任理事国的消息一经传出，便引起我国人民强烈的反日情绪，不仅在网络上出现了一些过激的非理性言论，同时许多城市也出现了抵制日货等过激行为。在这种情况下，许多保持理性的网民立即在BBS中发帖，纷纷呼吁人们的理性行为，论坛中理性网民的发言引导了大众行为。

(4) 网络评论的开放性

网络受众追求开放的新闻信息传播的要求在互联网络上比传统媒体更容易得到满足。开放的心态、平和的态度是网络评论实现传播和交流的基础。网络评论的开放性还体现在网民对新闻热点事件的超时空关注上。在这里没有空间距离，没有时间间隔，也没有人为障碍，网民即时对同一社会热点共同论说。

(5) 网络评论的参与性

最具互联网特征的网民评论,是一切传统媒体所望尘莫及的。今天的网民对于网络新闻不仅满足于消费,而且表现为强烈的参与。它为现实社会提供了前所未有的舆论多元的空间。其强大的互动性,吸引了天南地北的网友广泛参与,在重大社会事件发生时迅速形成舆论,体现出大众参与的特点。

(6) 网络评论的随意性

以网民为主体的网络评论与传统媒体评论相比,带来了新的内容的不确定性。网络评论应进行正确的舆论导向,符合正确的道德观和价值观。由于互联网的开放平等、即时交互等网络特性,导致"无害的"网络新闻评论的外延远比"有益的"网评概念来得宽泛。它们的客观存在对互联网的发展是有意义的,对丰富网民的文化生活也有促进作用。由于网络评论反映社会的多元而驳杂,导致了有些网络新闻评论总体上是有益的,但是评论的枝节上有不正确之处。此外,网络评论中不可否认存在着不少有害信息,有害评论比有害新闻有更强的煽动性和更大的破坏性。

(7) 网络评论的集纳性

网络新闻评论拥有跨时空、超文本、大容量、强互动的魅力,与传统媒体评论相比成为一个全新概念。随着人们对新闻评论认识的日趋成熟,仅仅依靠单条新闻评论往往不能满足网民的需要,新闻评论正向专栏集纳化方向发展。它要求随着新闻事件向纵深发展,不断向专题评论充实最新、最快的信息,争取以尽可能快的速度跟进事件的发生、发展,同时将与新闻事件相关的横向报道和背景资料等容纳在专题新闻评论中。

8.2.2 博客网络时评的传播形式和特点

8.2.2.1 博客概述

"博客"一词是从英文单词Blog翻译而来的。Blog是Weblog的简称,而Weblog则是由Web和Log两个英文单词组合而成的。Weblog就是在网络上发布和阅读的流水记录,通常称为"网络日志",简称为"网志"。

博客通常由简短且经常更新的帖子构成,这些帖子一般是按照年份和日期倒序排列的。而作为博客的内容,它可以是纯粹个人的想法和心得,包括对时事新闻、国家大事的个人看法,或者对一日三餐、服饰打扮的精心料理等,也可以是在基于某一主题的情况下或在某一共同领域内由一群人集体创作的内容。它并不等同于"网络日记"。网络日记是带有很明显的私人性质的,而Blog则是私人性和公共性的有效结合,它是对网络信息进行收集、排列和整理,并通过链接使零散的信息汇集,以提供"增值"信息的中介服务类型。它绝不仅仅是纯粹个人思想的表达和日常琐事的记录,它所提供的内容可以用来进行交流和为他人提供帮助,是可以包容整个互联网的,具有极高的共享精神和价值。简言之,Blog就是以网络作为载体,简易、迅速、便捷地发布自己的心得,及时、有效、轻松地与他人进行交流,再集丰富多彩的个性化展示于一体的综合性平台。

8.2.2.2 博客网络时评的传播形式

博客技术、BBS、即时通信、个人网页等主要网络信息传播形式有各自的特点,也有一些相似之处。我们通过将博客技术与其他网络传播方式进行比较,就能够发现博客技术是网络交流手段的一种新的突破。研究博客的传播路径和特点,成为当前互联网必须注意的问题。研究博客传播是如何发生的?它的传播模式主要有几种主要形式?以下将对几种主要博客传播形式进行分析。

（1）博客网主页推荐传播形式

互联网传统新闻时评主网页版式，是一个汇集编辑整合起来的信息阅读浏览窗口。它的特点是，密集而重点突出，显而易见，起到了导航作用。博客网主页继承了这个特点，将分散式的个人博客主页进行编辑式整合，让大众化创造的资源获得了一次集体化的呈现，虽然并不是全部博客内容，但却为每一个博客，预留了一个顺序呈现的窗口，并带着自我更新秩序和速度。自然排序的力量，凸现了个性鲜明的博客和优秀的博客，从而决定了博客传播的快速扩张力。新浪、网易、搜狐、博客网、和讯都采取这种传统方式推介博客快速传播，这种传播带着主流文化和传统认同的推荐力量，将边缘化的博客迅速带入到主流文化浪潮，同时也影响了新闻阅读的方式。

（2）个人网页链接式传播

友情链接和互联网资源在博客里随处可见，那些已经链接的博客和网站都成为博客传播的区域，这种方式拓展了个人博客传播的范围和可能涉及的领域，并可能是未来博客传播的主要形式之一。你可以经过一个著名的博客，跳跃式地看到许多与他相关的博客。进入一个博客就进入了一个链接世界，再加上有些文章在写作中利用了超链接方式，使博客文本扩张了自己的文章内容。文本内链接与网页友情链接的方式，是博客目前主要的传播形式。踏入链接的博客网络世界，就踏上了一片互联网沃土。

（3）人际交流互动式传播

有些博客纯粹是私人朋友们聚集的地方，这个私营网络互动的圈子，就是一个可以自由交流聚集的平台。他们经常进行不同形式的交流，谢绝其他人进入圈子；同时，他们的文章也谢绝他人评论，开放性与封闭性相结合，灵活地表达了博客交流过程中隐蔽性与开放性的矛盾与问题。在这里，人们的交流是完全被对方保护和同意接受的，是一种文化和亲情，或者说是信仰的认同。私密性博客传播会让博客个性化更加凸现出来，在一定程度和范围内满足了人们窥视他人的欲望，又引发了熟悉群体更加活跃的交流和更多样化的互动。

（4）社区圈子联邦式传播

具有不同文化价值认同的网络人群，会通过博客建立自己的网络社会，例如：网易博客部落圈子就是由一个个不同博客群落组成的。他们之间爱好相同，或者说信仰和价值观一样或相近，这是一种开放式的博客传播形态。在网络社会中，不同的博客群体自觉地结为一体，并且与其他群体进行广泛的传播互动。在这里，一些圈子中的主要组织者积极发挥作用，他们团结不同社区的博客进行共同交流互动。许多博客圈子就如同网络加盟共和国，实行着自己认可的原则和思想，对不同博客群体进行相互认同。虽然，不同的博客处于不同的圈子里，但却和谐地生存于整个网络社区之中，他们之间的交流传播是和谐生态网络追求的目标。

（5）纸媒新闻出版式传播

自从新浪推出博客服务以来，纸媒报道和新闻出版博客的传播构成一道风景，新浪用专门版面转载纸媒出版物对博客的系统报道，这种使博客走出网络向现实社会靠近的做法，是利用传统媒介来传播博客的主要手段之一。用传统宣传方式来推荐博客浪潮，是主流社会文化对博客的一种认同。只有这样传统的方式经由纸媒的宣传，才能更快地推进博客大众化的进程。博客网曾以图书形式传播博客概念，也是借用传统的方式推荐博客的做法。他们先后推出博客书籍、博客杂志或博客电子网刊造成影响。总之，从网络中走出来寻找现实肯定了博客道路，这是纸媒介对博客传播的一种强有力的推动，它影响了网民对于博客的快速认识，也将博客文章从电子虚假的文本转换成现实可读的出版物，这是虚拟与现实共同传播的一种形式，今后还将得到更快的发展。

8.2.2.3　博客网络时评传播的特点

博客上的网络时评更具开放性和建设性，它能根据博客者个人的喜好进行更新，它追求简洁明快的风格，集中体现传播者的主体情绪、意见、智慧和思想。博客时评作为一种新的文化现象，使得网络时评步入一个更高的个性化阶段。

(1) 集合性

博客的成功就在于集众多个人网页于一体，将分散的信息组合在一起，通过一个站点将旗下各个博客页面的最新信息通过链接的形式收集起来，形成对外统一的信息传播界面(网站门户)。再利用博客个体对站点内容的不断更新形成大规模的信息流动，最终形成一个信息流量大、思想丰富的信息阀门。

(2) 开放性

博客是一种“零门槛”的网上个人写作、出版的方式，博客对作者是完全开放的，只要你手边有台计算机，能上网，会简单的计算机操作，你就能成为一名博客。博客对读者同样是完全开放的，这种全新的网上个人出版方式让传统的“把关人”角色不复存在，博客集信息的接受者、发布者与传播者于一身，各种思想均可在此充分地分流、整合。

(3) 交互性

在博客中可以迅速地产生传播效果，并逐步衍生出以兴趣、话题归类的群体传播链。与传统的单向媒体完全不同，他们的读者和编者可以实现真正意义上的实时互动，甚至读者和编者的身份也模糊了，两者之间已成为真正意义上的对话者。博客与读者的交流是博客生命力之所在。当你的一篇文章、一个思路获得诸多反馈时，你就会明白博客除了给读者奉献知识外，同时也从读者那里获取了更多的智慧。

(4) 即时性

网络媒体在新闻时效上的特点就是它的全时性，可以实现和新闻事件的同步。在网络上，庞大的博客群即时更新博客的写作方式很好地满足了网络的时效性。博客成为人们每天的“必修课”，经常更新是博客文体区别于其他个人文章、著作的主要特征。

(5) 个人性

每个人都有独立表达和交流的需求，而博客则充分地满足了人这一需求，并且，人们可以在自己的博客上“当家做主”。博客作者可以把自己在现实生活中的压抑和快乐，对自己关注的外界事件在网络世界里进行自由的、个性化的记叙和评述，通过这种方式实现自我和自己与社会之间的信息互换，这实际上是一种“使用与满足”。

8.3　网络时评的写作与策划

网络时评是媒体思想、观点的体现和表达。网络时评的撰写和策划的成败，关系到网民对网站印象的形成，关系到网站长期、忠实受众群的形成。好的网络时评策划和写作方式可以大大激发阅读者的兴趣，聚拢人气，形成热议的氛围，完成时评更广泛、更有效地传递和影响，也有利于时评的观点、立场得到更多的支持和认同，实现时评创作者的初衷。

8.3.1 网页时评的写作与策划

网页时评是传统媒体评论的延伸，它在较大程度上保持了传统媒体新闻评论的特点，这些评论有的由网络媒体的编辑撰写，有的由专栏作家撰写，有的由网友撰写，也有的是转发传统媒体的评论。网络媒体在这里扮演布告栏的角色，充当传播媒介，只为作者提供一个发表其评论作品的地方。其作品是作者事先创作好的成型的文章。而在评论页的首页，像书的目录一样，一般都列出了评论的题目，网民可通过评论题目的链接来阅读评论文章。

8.3.1.1 网页时评的写作

网页时评一般都需经过严格的把关、审核和编辑修改，具有较高的质量要求，有一定的代表性。那么如何才能撰写出符合要求的网页时评呢？

(1) 选好题材

选材就是在收集资料信息后，通过研究找到合适的题材。

取材是写时评文章的第一步。取材其实很简单，每天从各个报纸、新闻网站上看看，当天发生了什么重要的或者备受关注的新闻，然后进行分析，这些新闻的背后是否有可以挖掘的东西。比如，最近发生的一些社会性事件有：钓鱼岛相关事件、全国大范围雾霾、昆明暴恐案、两会等，还有当地的报纸上刊登的地方性新闻、自己在生活中遇到的各类看似正常或本来就不正常的现象。这些新闻事件和现象背后一定有其深层次的原因和相关的因素值得去挖掘。这就是写作的取材。

(2) 选好标题

标题是评论的眼睛，好的标题，对于一篇时评的作用不亚于所谓的“画龙点睛”中眼睛的作用。网络靠的就是吸引眼球。能吸引大家阅读，才有可能实现传播目的。标题制作的成败直接决定了时评的点击率，换句话说，就是直接决定了时评是否能实现它的传播效果的关键。

(3) 选好引论

选择好的引论就是选择好的评论的由头、观点。要根据写作材料形成自己的观点，在立论时找到一个好的新闻由头。这样能引起受众的兴趣，为受众所熟悉，提高阅读率。比如全国大范围雾霾就可以由此来拷问社会发展与环境污染之间的问题，从发展角度或者环境角度去支持某一方，雾霾给人们生活带来的影响，等等。

(4) 组织好行文

行文组织要结构合理，组织有序，逻辑严谨。立意再深远，观点再正确，评论再精彩，也必须以评论自身的结构组织、行文来依托。评论结构安排是否合理，逻辑是否严谨，行文是否组织好了，决定了评论能否经得住推敲，能否入木三分。

8.3.1.2 网页时评的策划

策划，其基本含义是“计划、打算”。网络时评作为提供给受众，让受众理解、接受它所承载的信息的媒介，好的组织规划更利于让受众接受这种理解信息的方式，达到帮助受众、赢得受众的目的。网页时评的策划包括选题、评论方式方法和手段的选择运用以及观点呈现的方式。

(1) 网页时评的选题

网页时评的选题指的是评论的对象和论题讨论的范围以及深入的程度。从实际工作生活中去寻找选题，把群众关心的问题，群众迫切需要解决的问题，列入评论“选题策划”中是一种好的途径。同时，网络媒体自身的特点使其受众面更广，主动性更强、互动性更强，及时的反馈也成为可能。总的来说，网页时评的选题主要有以下两点。

① 热点选题。网络媒体的时效性和受众的交互性、参与性是传统媒体不可比拟的。因此，网络媒体将这两点很好地结合起来，在社会新闻动态问题、热点问题的选题上将比传统媒体能发挥更大的优势。同时，更应该在“评论”本身多下工夫，提高评论的质量，以质取胜。

② 冰点选题。所谓冰点选题就是在一段时期内，不是热点，被媒体所忽视，但又与人们的生活息息相关的问题。这类选题因为较少被关注，一旦选好了题目，投其所好，冰点选题将成为热点选题。

(2) 评论的方式

在网络传媒中传播者与接收者的角色重合，网民的交流，受众与传播者的交流，受众之间的交流成为网络时评中的重要环节，这种评论交流的方式也就显得格外重要。选择合适的评论方式，可以提高受众的参与度和论题的影响力，对于网络时评自身的成长建设有着深刻的意义。

① 跟帖评论式。现在很多网站的时评网页在其评论的后面，都会为受众发表评论设立栏目。例如：“我来说几句”“添加评论”“我有话要说”，等等。这些都是供受众发表对新闻事件看法的地方。一般而言，新闻、话题所引起的轰动效应越大，其争议性越大，跟帖者就越多，可能在跟帖里展开激烈的讨论，发表各自的意见。

② 嘉宾访谈式。一般是邀请专家、领导或者新闻事件的当事人、相关人与网友围绕某一主题，进行交流、展开讨论。在这种交流方式中，网友可以向嘉宾提问，后者提供解答，也可以展开相互的讨论。这种方式可以帮助受众理解新的社会事件、社会现象或者更接近事实真相，消除错误认识和误解，有利于受众理性认知的形成。

③ PK 辩论式。在这种方式中，网友往往被分成正反两个阵营，有时候也有中立的一方。网民们可以对事件展开充分的辩论，在激励的辩论中，让观点更加清晰。这种交流有利于舆论的形成，深化对各种问题的认识。

(3) 观点的呈现方式以及涉及的范围控制

以什么样的方式框架来呈现观点，观点的平衡性、涉及范围的控制，直接影响到受众对时评观点的接受及其自身看法的形成。要注意网络时评中集体的盲动和无意识将形成盲目一边倒的现象。在自由跟帖式中，由于网民素质高低不一，帖子也良莠不齐，这就需要引导和管理审核。新闻网页时评的观点也代表了该网站对某一新闻事件的基本态度，所以优化观点，控制涉及的范围尺度就显得尤为重要。

8.3.2 论坛时评的写作与策划

首先我们知道论坛本身就是一种网络传播平台，与其他网络传播方式有很多共同的特点。论坛时评的写作也与其他的网络时评写作有很多相似的地方，网络时评写作的一般规律同样也适用于论坛的时评写作。同时论坛时评也具有一些自身固有的特点，具有更大的开放性，更广泛的参与度，更多样化、随意性的表达方式。下面我们主要介绍论坛时评写作与其他网络时评写作的不同之处。

8.3.2.1 论坛时评的写作

论坛具有高度的开放性，参与者众多，可以说是鱼龙混杂，素质高低不一。我们在写论坛时评时首先要注意网络道德,遵纪守法,文责自负。表达的观点既要旗帜鲜明,又要留有余地,切忌绝对化、措辞激烈的言论。同时还要选好标题,提高行文质量,这样才能完成一篇优秀的论坛时评的写作。

(1) 文责自负,遵守网络道德

用户的隐秘特性,容易导致不负责任的现象发生,称为网络恶搞。不能在论坛时评写作中涉及、传播不当信息,比如传播恐怖、暴力、色情、欺诈、迷信的内容,诋毁和诽谤他人,发表有损国家民族尊严的言论,涉及知识产权侵权,这些可能发生的情况极易引起网民之间的互相恶意攻击,破坏网络文明环境。"网络文明,人人有责。净化网络环境,做一个文明网民,应该从我做起!"这是人们在网络论坛发表言论的基本原则。

(2) 选好标题

活泼生动、鲜明有趣、标新立异的标题才能吸引人去点击阅读。论坛中主题帖众多,一般来说,一个网民不可能每个帖子都打开看看,他只会选择一些标题能够吸引他的帖子来阅读。所以在论坛时评写作中,标题的选择显得尤为重要。有人甚至为了吸引眼球,选择一些夸大其词,甚至子虚乌有的,与内容完全脱离联系的标题,网上称之为"标题党"。这种方式当然不值得提倡,但也从一个侧面反映出在论坛写作中标题的重要性。我们写论坛时评时,当然不能选择那些夸大、虚假的标题,但是适当的夸张和提炼还是可行的。

(3) 写好内容

要有力有据,深入浅出地谈问题,泛泛而谈,流于形式,势必成为"口水帖"。论坛的读者与传统读者不同,他们阅读的习惯往往是浏览,这就要求论坛时评的写作要精简、提炼、字字珠玑,过多的空话、套话很容易引起读者反感,丧失兴趣。同时,论坛参与者素质高低不同,理解能力差别很大,在写作中还应注意行文的通俗易懂、言简意赅,切忌咬文嚼字、措辞晦涩。

8.3.2.2 论坛时评的策划

论坛时评的策划要注意以下几点:

(1) 找好切入点

这里说的找好切入点,既是指找出关键的问题,也是指找准发表位置的问题。首先要清楚从哪个角度入手。切入点的好坏直接关系到一篇时评的整体走向和写作价值。没有好的切入点,再好的文笔,作品也只是辞藻堆砌的空壳,没有灵魂。与此同时,一篇切入点准确,立意深刻的时评也必须找准自己发表的位置。目前,论坛数量众多,各类综合论坛,专业论坛林立,就是同一论坛里,也划分了诸多板块、专栏。在什么样的论坛或者什么样的板块来发布什么样的时评,是需要认真考虑的。不同的论坛,它的阅读群体也是不同的,时评发布要找准位置,否则就有可能是"明珠暗投"了。

(2) 找好组织形式

针对不同新闻事件的时评,也可以利用论坛的特色,采用不同的组织和表达方式。对于争议性较大的新闻事件,可以采用PK辩论的形式,这样可以使得正、反两方阵营立场明确,展开激烈、充分的讨论,在思想碰撞和思辨角力的过程中,接近事实的真相,明晰事故的原委。对于一些社会热议的问题,可以在表达自己观点之外,增加一种选择投票的形式,可以聚拢人气,吸引坛友的广泛参与。同时,这种允许和倾听不同声音的形式也是一种民主言论的体现。

(3) 找好表达方式

除去传统的文字表达方式之外,可以充分利用论坛网络资源,将对新闻事件的评论由单一的文字评论转变为由图片、视频、动画等多媒体方式构成的超文本式、立体式的评论方式。这种表达方式往往更加直观，容易被阅读、接受和理解，也更受欢迎，更能实现论坛时评写作的价值。

8.3.3　博客时评的写作与策划

博客与传统的传播方式相比，有着无可置疑的颠覆性，甚至和与其同根生长的其他互联网方式相比也有着诸多优势。论坛同样也在互联网上为传播者提供了一个畅所欲言的空间，然而，作为一个公共性的论坛，参与人员众多且身份复杂，话题的讨论难以集中和深入。而博客作为个人网络空间，主人可以实时维护讨论话题的纯粹性，满足专业领域的要求，提升话题的思辨深度。相对于可以随意发帖子的论坛，博客专栏显得更整齐有序、一目了然。博客作为个体在互联网上进行信息的创作和传播，但是，他们的单个个体并不是孤立的，他们整体构成了一个开放的"知识共同体"。博客具有更加鲜明的个性化特征，也更容易形成某种特有的风格格调，博主的观点立场也往往具有某种一惯性。

既然博客与其他网络媒体相比，有着独特的优势和特点，那么博客上网络时评的写作与策划也就有其不同的特点和方式。

8.3.3.1　博客时评的写作

博客时评作为网络时评环境下出现的新的时评类型，从其形式上看，它拥有简洁、立体、系统化的特点，它是人们个性化思想、个性化生活的记录以及个性化情绪的宣泄。写作博客时评要做到以下几点：

(1) 博客时评的写作要客观，要表达真情实感

博客时评的写作完全是自由的、随意的，是个性化的表达，无须为了几个稿费，接受编辑的审查、认可，甚至随意的删改。而它的空间在一定范围内又是完全公开的，可供别人阅读、评析。正是这种私人空间与大众空间的结合，我们在写作博客时评时，更应该避免写作的随意、自由，努力开拓生活视野，结合自己的生活体验，写出客观、深刻的时评。

(2) 根据个人爱好，表现自我特色

韩愈说"闻道有先后，术业有专攻"，博客的表现正是如此。与其写那些不伦不类的评论，不如根据自己的学识、兴趣和爱好，专注一点，主攻一面。这样，你的博客时评才有见地和深度，才会拥有读者，才会产生影响力，从而体现博客时评的价值。读者在搜索或单击网页时往往存在明确的目的性。当读者单击不值得看的东西时，他们就会对作为一种资源的博客网页失去信任，而且不大可能再来回访。

(3) 行文要简洁明快、活泼而且紧凑

网络资源的信息量十分庞大，令人眼花缭乱。网络读者一般没有时间、没有心思去对作品做细细地品读，大多采用略读和速读的方式完成初读，他们对又长又臭的文章往往不屑一顾。因此，博客文章特别要注意条理清楚，结构紧凑，形式活泼，内容生动。读者更喜欢开门见山，一目了然的作品。一部博客作品的成功系数等于高点击率和高回访率。

(4) 注意个人文化修养，规范网络语言环境

网络的出现，培养和拥有了亿万网民。网民成分的复杂性不仅造成了网络内容五花八门，异彩纷呈，而且使网络语言环境千奇百怪，甚至千疮百孔。比如，为了争取文字输入的速度，"笔误"可以连篇累牍，酱紫(这样子)、"jj"(姐姐)一类的缩略语层出不穷。加强语言文字修养，规范语言文字环境，保持祖国语言文字的纯洁性是一个博客应尽的义务和责任。

8.3.3.2 博客时评的策划

博客时评的策划在网络评论传播中大显身手。在2007年的两会期间,中央电视台国际网络有限公司开创了“名嘴两会博客”,开通了“两会博群”,囊括了央视主持人、记者和央视国际网络记者关于两会的博文,既是新闻传播渠道,又是影响广泛的互动空间。

(1) 名人效应策划

博客具有强烈的个人化色彩,使得人们对博客的发布者——博主给予了更高的关注。可以说,一个博客的博主是谁成了吸引眼球的一个重要因素。甚至有的网民只看×××写的博客时评,或者只要是××写的时评一定会看。利用博客的这种“名人吸引眼球”的效应,可以更有效地推广博客时评的传播。

一是名家博客,主要指专家学者,也包括部分演艺或体育明星。这些人是公众言论的代表或权威,是公众人物。他们利用自己的博客,对社会舆论和焦点事件以言论的形式参与公共事务。

二是记者博客时评,专业记者能在媒体上公开发表的文章,往往不过是采访中得到的信息总量的一小部分,大部分信息都被割舍掉,这应该看做记者信息资源的一种巨大浪费。如果很多有价值的观点无法出现在评论版面上,可以把这些消息在博客上刊出,让博客成为专业记者稿件的第二出口。

(2) 博客的主题策划

博客时评的写作要善于认识与理解网络读者的阅读需求与习惯,选择他们最感兴趣的主题。网络读者不是被动地接收信息,他们往往比印刷品的读者和影视观众更主动、更活跃。我们在写作博客文章的时候,要考虑博客网页的目标受众,提供积极健康、能引起他们关注的感兴趣的话题,并通过互动空间积极地吸收反馈意见。博客成功的标志取决于其点击率,这里的点击率直接反映在传播效率上。就传播效率而言,网站具有抵达全球的潜力,因此,写作博客文章时要把多元文化的适应性与普适价值考虑进去,以满足更多读者的胃口。

(3) 组织形式框架策划

① 采用多样的表现形式。运用超文本技巧,做到图文共赏,声情并茂。基于超文本技术的多媒体信息能使人产生深刻的印象。它的最大特点就是交互性,它和观看电视、电影、录像、VCD光盘的最大区别是能够让受众参与,受众可以控制整个过程,从而获得受众认为理想的结果和感受。

② 广泛地占有信息,提供相关性链接。和普通文章的写作过程一样,作者应该充分地收集用于写作的素材,通过充分地梳理、比对、分析、定位等一系列的整理活动,提炼出一个鲜明的主题,并围绕主题取舍、优化,谋篇布局,组织材料。写作一篇博客文章是一个非常精细的编辑加工过程,这个过程建立在我们对主题特别是对支撑主题的材料所建立的信心之上。但我们的信心并不能取代读者的心态,为了使读者确信,我们应该把所获取的网络信息资源和其他相关的博客时评通过超级链接的方式提供给读者参考。

③ 文章的排列、组织方式。博客文章一般是以日期为顺序进行排列的,越是近期完成的文章,在排列上越靠前。我们当然也可以根据实际情况,将文章按类别来分门别类地排列,设置专栏。尤其对于重大的新闻事件的连续评论可以采用这种归类的排列方式,以方便读者查阅,甚至可以将两种排列方式综合起来运用。

网络时评的发展趋势

1. “平民化”趋势

平民化是网络时评发展的总体趋势。① 如今，网络化进程的加快使各种新闻体裁也在潜移默化地发生变化。时评作为一种传统的文体，同样也受到冲击，这对其平民意识的建构产生了巨大的影响。以受众为中心的传播理论在市场经济条件下得到完善。一方面媒体企业化开始形成，媒体生产出来的产品(新闻报道、新闻评论、网络时评等)需要受众的支持，单靠国家的扶持是无法在市场经济环境下生存、发展的。因此，目标受众成为媒体发展的支柱。另一方面，媒体间竞争日益激烈，媒体为吸引更多的受众，不仅提高了媒体产品的质量，而且还建立了较完善的受众反馈网络，从而促进了平民意识的深入。② 在网络时评中，它们聆听社会的声音，分析现状与民情，能满足广大受众的需求，并成为媒体发展的动力。但这种对受众的依赖，不是对受众的迎合，而是通过辩理的形式，对受众的观念加以理性引导。

2. 集纳性的特点

随着人们对网络时评认识的日趋成熟，仅仅依靠单条网络时评往往不能满足受众的需要，基于此网络时评正向专栏集纳化方向发展。它要求随着新闻事件向纵深发展，不断向专题评论充实最新、最快、最精确的信息，争取以尽可能快的速度跟进新闻事件的发生发展，同时将与新闻事件相关的横向报道和背景资料等容纳在专题新闻评论中。由于网络时评拥有跨时空、超文本、大容量、强互动的魅力，新闻评论集纳性的特点在网络上体现得淋漓尽致。各个网站通常及时筛选网民发的帖子，通过网民的互动参与对网络时评整体推进。

3. 互动性

传统时评基本上是单向的点面传播，而网络时评则是大家皆可参与的评论方式，这同网络传播“互动性”的特点是分不开的。网络是一种双向交流的媒介，任何一台网络终端设备既是接收工具又是传播工具，这使受众不用借助其他媒介，直接通过网络就能与传播者进行交流。从这个意义上说，受众既是接受者，也是传播者，从根本上改变了传统的大众传播模式中普通受众只能被动接受信息的状况。

如许多网站在新闻栏目开设“我要评论”栏目，读者如想对这条新闻发表评论，只需双击，把自己的意见输入即可。读者通过媒体了解了新闻，媒体通过读者了解了网民对新闻事件的看法及民众的思想动态等。这样，读者和媒体之间的互动就实现了。

由于受众都能接收和发布信息，他们内部之间也存在着互动，这一点在聊天室和论坛里体现得最为突出。在聊天室，网民可以与室内任何一位网民就任何一个问题进行交谈。在交互性这一点上，传统媒体，无论报纸、广播或电视都无法和网络相比。传统媒体近年来也比较注重互动，刊登读者来信，开设热线，邀请嘉宾座谈，邀请大众参与，但无论在广度还是深度上，都不及网络。可以说是网络的发展实现了新闻评论的互动性，同时也推动了新闻评论互动性的繁荣发展。

任务1　策划论坛辩论活动

工作任务

在自己熟悉的论坛上，就教师节到底该什么时间过这个问题策划一次主题辩论活动。

实例解析

近日，国务院法制办公布《教育法律一揽子修订草案(征求意见稿)》，对教育法、高等教育法、教师法和民办教育促进法4部法律相关条款进行修订。意见稿中拟规定，每年9月28日为教师节。如果审议通过，1985年设立至今的9月10日教师节将被改期。

尊师重教是中国的优良传统，早在西周时期就提出"弟子事师，敬同于父"。教师节，旨在肯定教师为教育事业所做的贡献。1985年，第六届全国人大常委会第九次会议同意了国务院关于设立教师节的议案，会议决定将每年的9月10日定为教师节。1985年9月10日，是中国第一个教师节。

同时，改变教师节时间的声音由来已久。从2004年开始，时任全国政协委员的著名人文学者李汉秋以提案的方式，多次呼吁以孔子诞辰作为教师节。他们认为，经权威部门研究测算，孔子诞生于公元前551年9月28日(阳历)，这个日子也恰当其时，因为新学年开始时的繁忙已经过去，刚好有时间筹办教师节和国庆节。

到底该不该改时间，请你来谈谈自己的观点。

操作步骤

(1) 选择合适的论坛；

(2) 拟定标题；

(3) 写好内容，阐明观点，注意遵守网络道德及相关法律、法规；

(4) 利用PK辩论的组织形式，使得正反两方充分地讨论；

(5) 搜集、总结。

任务2　撰写博客时评

工作任务

在自己的博客上，就"3.01昆明暴恐案"，写作一篇网络时评，不少于500字。

实例解析

3月1日晚是一个令人悲伤而又愤慨的夜晚。当晚21时20分许，一伙暴徒持刀在云南昆明火车站广场、售票厅等处砍杀无辜群众。事件造成了29人死亡、130余人受伤。

据新华网、《新京报》等媒体报道，现场目击民众称，这伙暴徒统一穿黑色衣服、部分蒙面，其中至少有2名女性。这伙暴徒大约是从火车站广场铜牛雕像处开始砍人，在砍伤多名路人后，有暴徒在距离雕像100米左右处被民警开枪击毙。但剩余暴徒还是一路向火车站售票大厅砍杀过去，在售票大厅内制造伤亡后又尾随逃亡的民众追杀，沿车站广场左侧的临时候车区—临时售票区—铜牛雕像附近及火车站前主干道随意砍杀无辜群众……

恐怖主义暴行令人发指，愿逝者安息，伤者平安。

操作步骤

(1) 搜集此事件相关消息;
(2) 选好标题;
(3) 选好引论;
(4) 组织好行文;
(5) 注意个人文化修养,规范网络语言。

项目知识结构图

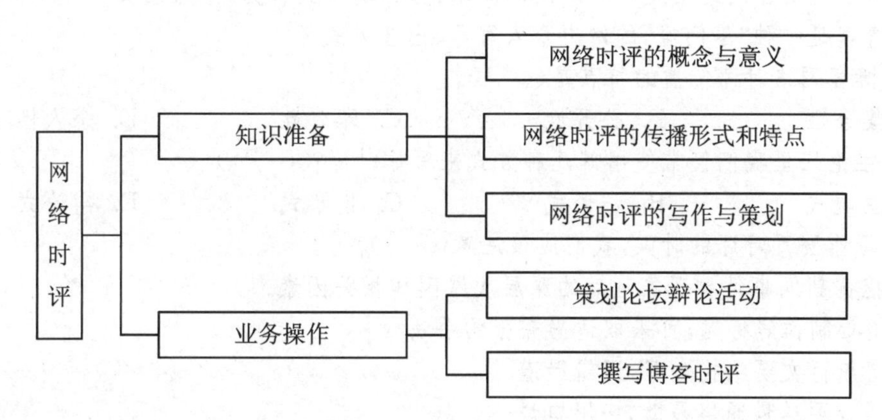

课后自测

1. 单项选择题

(1) 下列叙述错误的是(　　)。
A. 论坛里的讨论话题容易出现跑题现象
B. 论坛的语言可以不需要过多强调规范
C. 论坛时评的观点呈现应适当留有讨论余地
D. 论坛版主是论坛的主要管理者

(2) 在选择或提供论坛论题时应注意避免哪种情况?(　　)。
A. 论题应明确具体,让人一目了然
B. 论题要注意引导舆论,应有明确、毋庸置疑的结论
C. 论题现实性要强,才能吸引网民更多的关注
D. 论题本身要有讨论的余地

(3) 请看下面网络稿件中的一句话,分析它的语病是什么?(　　)。
"目前,我国各方面人才的数量和质量还不能满足经济和社会发展。"
A. 用词错误　　B. 指代不明　　C. 成分残缺　　D. 搭配不当

(4) 与传统媒体的时评相比,不属于网络时评基本特点的是(　　)。
A. 平等自由的交流特点　　B. 交互性评论的特点
C. 选题的个性、醒目　　D. 多样性、多元化的特点

(5) 网络时评的写作要注意很多问题,以下哪项不在此注意范围内?(　　)。

A. 标题要生动　　B. 注意时效性　　C. 语言要简洁　　D. 结构要多层

2. 多项选择题

(1) 网络时评传播主要包括(　　)。

A. 网页时评　　B. BBS 时评　　C. 博客时评　　D. 即时通信时评

(2) 下面对博客的描述正确的是(　　)。

A. 博客的私密性说明博客具有私密的个人性质,不能公开

B. 博客是集丰富多彩的个性展示和轻松有效的交流为一体的综合性平台

C. 博客就是在网络上发布和阅读的流水记录,通常又称为“个人网页”

D. 博客是一种“零门槛”的网上个人写作、出版方式

(3) 博客网络时评传播的特点是(　　)。

A. 集合性　　B. 公开性　　C. 即时性　　D. 个人性

(4) 在论坛里我们经常使用哪几种方式来写作时评?(　　)

A. 主题式　　B. 访谈式　　C. 投票式　　D. 辩论式

(5) 写作网页时评的时候,我们应该注意(　　)。

A. 挖掘新闻事件和现象背后的深层次原因和相关因素

B. 精心制作好标题,可采取适当夸张的手法

C. 组织行文要结构合理,逻辑严谨

D. 语言要尽量通俗易懂,多用口语

参 考 文 献

[1] 管会生.大学计算机基础[M].北京:中国科学技术出版社,2005.

[2] 中国就业培训技术指导中心.网络编辑员:国家职业资格四级[M].北京:电子工业出版社,2007.

[3] 范生万,张磊.网络信息采集与编辑[M].北京:北京大学出版社,2010.

[4] 方跃胜,张美虎.中文版 Flash CS5 项目化教程[M].上海:上海科学技术出版社,2012.

[5] 韩隽,吴晓辉,梁利伟.网络编辑[M].2版.大连:东北财经大学出版社,2011.

[6] 邢太北,王勇.Dreamweaver CS5 网页设计与应用[M].2版.北京:人民邮电出版社,2013.